教育部人文社科规划基金项目（14YJA751011）

| 光明社科文库 |

"日常生活"与
中国现代美学研究

赖勤芳◎著

光明日报出版社

图书在版编目（CIP）数据

"日常生活"与中国现代美学研究 / 赖勤芳著 .--

北京：光明日报出版社，2019.4

（光明社科文库）

ISBN 978 - 7 - 5194 - 5268 - 1

Ⅰ.①日… Ⅱ.①赖… Ⅲ.①生活—美学—研究

Ⅳ.① B834.3

中国版本图书馆 CIP 数据核字（2019）第 081546 号

"日常生活"与中国现代美学研究

"RICHANG SHENGHUO" YU ZHONGGUO XIANDAI MEIXUE YANJIU

著　者：赖勤芳

责任编辑：陆希宇　　　　　　　责任校对：赵鸣鸣
封面设计：中联学林　　　　　　责任印制：曹　净

出版发行：光明日报出版社
地　　址：北京市西城区永安路 106 号，100050
电　　话：010-63131930（邮购）
传　　真：010-63169890
网　　址：http://book.gmw.cn
E - mail：luxiyu@gmw.cn
法律顾问：北京德恒律师事务所龚柳方律师

印　　刷：三河市华东印刷有限公司
装　　订：三河市华东印刷有限公司
本书如有破损、缺页、装订错误，请与本社联系调换，电话：010-67019571

开　　本：170mm×240mm
字　　数：270 千字　　　　　　印　　张：17
版　　次：2019 年 9 月第 1 版　　印　　次：2019 年 9 月第 1 次印刷
书　　号：ISBN 978 - 7 - 5194 - 5268 - 1

定　　价：89.00 元

目　录
CONTENTS

导　论

　　使熟悉的成为陌生的、在平淡中见出惊奇，通常看来是作家惯用的技巧、手段，但是因此能够建立起颇具影响的文学理论。它的奥秘在于把文学与生活进行了创造性的联系。文学与生活之间本就是相通的。文学包含一种自由的、游戏的精神，文学创作是可以按照某种程式运作的艺术活动，文学欣赏则是愉悦性的接受行为。文学作品以具体、形象的方式显示生活真实，是作家的创造物、读者的接受对象。美国文论家诺曼·霍兰（Norman Holland）在借谈如何理解"每个人的不同反应"时，还说出了一段颇为辩证、尽显生活哲理的话："通过相同性的背景才能看出差异性。我们把相同性看成是通过差异性而始终坚持的某种东西。要认识到这两者中的任何一方，我们都需要它的对立面。"① 显然，文学（尤其是小说）为我们提供了认知"日常生活"的绝佳视角。

　　日常生活是人须臾不可脱离的生存领域。这种常常以惯例的、世俗化的方式出现的日常生活，在哲学、美学、社会学、文化研究中又能够处于"关键"地位②。对它的指认、挪用，在大众文化理论中表现得十分明显。西方大众文化理论采用"疏远""接近""丰富""能动""解放"等复杂多样的策略。与这种或消极的或积极的态度不同的是，中国大众文化理论基本持肯定态度，

---

① 诺曼·霍兰.文学反应的共性与个性[J].周宪，译.文艺理论研究，1987，3：83.

② 关键词"日常生活"研究，参见汪民安.文化研究关键词[M].南京：江苏人民出版社，2007：267-272；周宪.文化现代性与美学问题[M].北京：中国人民大学出版社，2005：52-78；洪子诚.当代文学关键词[M].桂林：广西师范大学出版社，2002：231-238.

并与精英文化的"悬置"、主流文化的"改造"形成了对比①。这表明"日常生活"在大众文化理论中具有本体性的地位和作用。

日常生活无时无处不在，用之无所不及。究竟如何理解"日常生活"？这里就此问题进行梳理、分析与整合，以形成本研究的视角。

（一）

理解"日常生活"，先要从哲学谈起。哲学与日常生活的关系始终是很密切的。冯友兰说："哲学之出发点，乃我们日常之经验，并非科学之理论。"②艾思奇主张"一面在日常生活的实践中努力清除神秘的要素，同时对于最进步最正确的哲学系统也得加以研究"③。他们都直指那种神秘化的认识论。众知，在以理性为传统的西方哲学中，主体性自由是人的基本活动原则，日常生活是一个被忽视的领域，不值得重视。不仅此，这种哲学还批评现代人的反牧歌式生活。按黑格尔的说法就是："每种活动都不是活的，不是各人有各自的方式，而是日渐采取按照一般常规的机械方式。"④随着非理性论、反理性主义的纷纷兴起，"日常生活"逐渐被纳入哲学视野，表现在各种现代人文思潮都将其收编麾下：肯定它的客观存在，把它意识形态化，甚至赋予它权力性质。日常生活在从传统到现代的西方哲学中经历的地位变更，其实是自身形象的重塑。在这一过程中，现象学和批判理论功不可没，是其中不可或缺的两个环节，也为我们提供了理解"日常生活"的基本框架。

日常生活的现象学以海德格尔（Heidegger, M.）、胡塞尔（Husserl, E.G.A.）、许茨（Schütz, A.）等为代表。海德格尔在《存在与时间》（1926年）一书中对日常生活有明确的表态，如"日常生活是生与死'之间'的存在"，"具有本质性的沉沦倾向"。所有的奥秘都包含在这句话当中："可以把此在的平均日常生活规定为沉沦着开展的、被抛地筹划着的在世，这种在世为最

① 张贞."日常生活"与中国大众文化研究 [M].武汉：华中师范大学出版社，2008：55–134.
② 冯友兰.新理学 [M] //冯友兰.三松堂全集：第4卷 [M].郑州：河南人民出版社，1986：15.
③ 艾思奇.哲学讲话 [M] //艾思奇.艾思奇文集：第1卷 [M].北京：人民出版社，1981：134–135.
④ 黑格尔：美学：第1卷 [M].朱光潜，译.北京：商务印书馆，1996：331.

本己的能在本身而'寓世'存在和共他人存在。"① 在他看来，"此在"是人的存在方式，而存在方式又分为沉沦态、抛置态和生存态，三种方式虽然在时间上是连续的，但是在现实中是整体的；揭示整体的过程，使人感受到各种存在的现实、可能或选择。这就是所谓的"平均日常生活"，即基本的人生态度。胡塞尔在前期的一些论著中提出了"经验世界""周围世界""体验世界""自为世界"等概念，用于反思科学与自然的关系。至后期，特别是在最后一本著作《欧洲科学危机和超验现象学》（1936年）中，他确立了"生活世界"（Lebenswelt）这个中心概念。"作为唯一实在的，通过知觉实际地被给予的、被经验到的世界，即我们的日常生活世界。"② 他认为，"生活世界"是一个被生活主体从他的角度所体验的世界，是主观的、相对的，但是又具有规定性、确定性。显然，这是一个与"日常生活"相通的概念。许茨在长文《论多重实在》（1945年）中认为，人影响世界是建立在与同伴活动所形成的世界中的，是"通过自然态度把这个世界当作一种实在来经验"。他把"主体间际的世界"称为"日常生活的世界"："它在我们出生很久以前就存在，被其他他人（Others），被我们的前辈们当作一个有组织的世界来经验和解释。现在，它对于我们的经验和解释来说是给定的。我们对它的全部解释都建立在人们以前关于它的经验储备基础上，都建立在我们自己的经验和由我们的父母和老师传给我们的经验基础上，这些经验以'现有的知识'的形式发挥参照图式的作用。"③

现象学赋予"现象"为"本质"，但并不直接追问本质，而只论及存在状态，按照胡塞尔的说法就是"立足于作为存在着的而在先被给予的世界之基地上""通过悬搁而在这个世界的存在与不存在方面超脱出这个基地之上"④。这是现象学的最为基本的逻辑，也是与传统认识论哲学迥异所在。在主客二分模式中，日常生活只是作为被动的客体而存在，它无法显现自身存在的意义。在现象学中，日常生活不仅是客观的，而且是主体性的，是构成一切存在的前提（自明性的先验结构）。作为日常生活理论，现象学的困境在于："日

---

① 海德格尔. 存在与时间：修订译本 [M]. 陈嘉映，王庆节，译. 北京：三联书店，2012：182.
② 胡塞尔. 欧洲科学危机和超验现象学 [M]. 张庆熊，译. 上海：上海译文出版社，1988：58.
③ 许茨. 社会实在问题 [M]. 霍桂桓，索昕，译. 北京：华夏出版社，2001：284.
④ 倪梁康. 胡塞尔现象学概念通释 [M]. 北京：三联书店，1999：405.

常生活世界就其生存样态而言具有很明显的散漫性与个体性,它拒斥形而上学,而又难以摆脱非理性的前定";"日常生活世界具有明显的直观性和自我封闭性,难以达到对日常生活世界的历史哲学批判,因而也就无法给予生活世界应该包含的生活理想提供一种必要的历史理性前提";"生活世界难以具备自觉的理论建构功能,……这一概念的传播正好暗合了人们的某种庸常而浮泛的心态",等等①。加上它运用抽象的术语、概念进行解释,更增添了神秘色彩。但是正是现象学首先提升了"日常生活"的哲学地位。此外,现象学的方法论是独具的,不仅在现象学派之中体现,而且在"批判理论"中得到继承和运用。

日常生活的批判理论以列斐伏尔(Lefebvre, H.)、赫勒(Heller, A.)为代表。列斐伏尔在《日常生活批判》第1卷(1947年)中说:"日常生活在某种意义上是一种剩余物,即它是被所有那些独特的、高级的、专门化的结构性活动挑选出来用于分析之后所剩下的'鸡零狗碎',因此也就必须对它进行总体性的把握。而那些出于专业化与技术化考虑的各种高级活动之间也因此留下了一个'技术真空',需要日常生活来填补。"在他看来,日常生活一方面是平庸的、低级的,在总体性上呈现着持续的重复性,另一方面则是构成了人的社会活动、社会关系的基础,"与一切活动有着深层次联系,……是一切活动的汇聚处,是它们的纽带,它们的共同的根基"②。不仅此,人类的完整的形态与方式的呈现,人的整体的作用,包括友谊、关爱、交往需求、游戏等的发挥,也只能在日常生活中才能实现和体现。正是因为专业化、科学化的分工研究,才导致日常生活出现意义和价值的亏空。这些认识注定了他对日常生活采取哲学式批判和革命性重建的态度。

赫勒在《日常生活》(1968年)一书中把"日常生活"(everyday life)视为一个既具有类特征又具有个性特征的综合概念。她认为,日常生活当中不存在纯粹的感觉、情感和认识;日常交往是在以人类为中心的空间中发生,是一般社会交往的"基础和反映";日常生活具有边界,它是我们行动和运动

---

① 邹诗鹏.人学的生存论基础:问题清理与论阈开辟[M].武汉:华中科技大学出版社,2001:64—67.
② 刘怀玉.现代性的平庸与神奇:列斐伏尔日常生活批判哲学的文本学解读[M].北京:中央编译出版社,2006:103.

有效辐射的极限，只有向上跃迁到自为的类本质对象领域，才可能至少在原则上超越世俗的边界，等等①。日常生活并非是纯粹的生活领域，由于各种异质性活动会占据其中，从而使之成为一种异化的领域。但是她也指出，日常生活并不必然是异化的，因为这种异化产生的原因不在于日常生活本身，而是社会关系。这种自在的对象化领域，既与自为的对象化领域形成对照，又是可以以自为的对象化领域为引导的，此是其一。其二，日常思维的重复性，与其说它是一种惰性，不如说它是一种"偏见"。所以，个体是可以体现为"自为存在"的，"每一个体都自觉地使自身成为自己行动和反思的对象"②。两方面使得日常生活成为一个由语言、对象和习惯等规则规范系统所维持的、重复性思维和重复性实践在其中占主导地位的自在对象化的领域。衣俊卿依据赫勒所论如此定义："日常生活世界是以个人的直接环境（家庭、天然共同体）为基本寓所、旨在维持个体生存和再生产的日常各种各样活动的总称，其中最为基本的是以个体的肉体生命延续为目的的生活资料获取与消费活动，以日常语言为媒介，以血缘和天然情感为基础的个体的交往活动，以及伴随上述各种活动的日常思维或观念活动。"③

日常生活的批判理论与现象学之间既有差异又有联系。生活世界理论在胡塞尔现象学中占据了中心位置，这与其"历史性"（Historizitt）的哲学转向有关。他区分了两种意义上的"历史性"："第一历史性"和"第二历史性"。前者是指人之此在的"自然历史性"或"传统性"，它涉及自然观点中日常生活的正常性、合理性、目的性；后者意味着"通过科学、通过理论观点对第一历史性的人之此在的改造"，由此而产生出更高阶段上的人类生活。从前者到后者的发展，是主体性的必然目的论的发展。胡塞尔从历史性哲学切入，看到了科学、理论观点的意义。赫勒是从个体与社会（类）的关系的考察入手，指出日常生活是"个体的再生产"，它与直接的和自觉的类活动之间所形成的关系，共存于道德、宗教、政治、法律、科学、宗教和艺术之中。所以，赫勒是先从抽象概念的定义再到具体实际的分析，而胡塞尔持以先验论立场，

---

① 赫勒．日常生活 [M]．衣俊卿，译．哈尔滨：黑龙江大学出版社，2010：252.

② 同①：286.

③ 衣俊卿．现代化进程中的日常生活批判 [M] // 李小娟．走向中国的日常生活批判．北京：人民出版社，2005：51.

"生活世界"只是通向其超验还原的一个通道①。可见，两者的切入点与方法是不同的。

赫勒的"日常生活"概念也不同于许茨的"生活世界"概念。后者是一种涉及行动和思维的自然态度，具有不可避免性和不可规定性这样双重的特征，是以使人们既依靠边界才能生活且又不至于完全贬低科学性为文化实践要求的（当然，这是一个不可能完成的理论任务）。前者不是一种态度，它是包含反思性的、理论性的，是每一项社会行动、制度和人的一般社会生活的客观基础。这种自在的对象化领域，一方面与自为的对象化领域形成对照，另一方面是以自为的对象化领域作为引导。对此，赫勒明确表示自己与许茨不同。另外，她自言她的日常生活理论是以现象学为方法，继承了马克思（Marx，K.）、卢卡奇（Lukács，G.）的遗产。尽管日常生活的现象学与批判理论，它们的内部还存在诸多差异，但是海格德尔在这两种解释框架中都占据着一个重要位置。"生活世界"就是由海德格尔等先行提出和使用的，胡塞尔借用了这一术语，并发展成为具有"自明性""主体间的""共时性""历史性"相统一的，且以"经验的基地"为特征的中心概念②。列斐伏尔的反异化观也是在与海德格尔对照基础上形成的。胡塞尔现象学要求"回到生活世界"，赫勒提出"自为的""为我们存在"的人道化路径，其实仍是要求"回到海德格尔"，回到人应该具有那种诗意的、自由的存在状态。

（二）

熟悉的并非就是我们所知的。日常生活或因其无所不在而遭盲视，但是现象学、批判理论的洞见无不显示出它的独特存在价值。"日常生活"受如此这般的"礼遇"，究其原因，根本在于它是"现代"的。正如周宪指出："日常生活是现代性的一个表征，它揭橥了现代生活的种种复杂和局限，同时又昭示着超越或变革的种种可能性。"③因此，进一步理解"日常生活"需要借助"现代性（modernity）"概念。关于"现代性"，存在诸多解释，如：贝斯

---

① 倪梁康. 胡塞尔现象学概念通释 [M]. 北京：三联书店，1999：213.

② E.W. 奥尔特. "生活世界"是不可避免的幻想：胡塞尔的"生活世界"概念及其文化政治困境 [J]. 邓晓芒，译. 哲学译丛，1994（5）：63-68.

③ 周宪. 审美现代性批判 [M]. 北京：商务印书馆，2005：385.

特（Best, S.）和凯尔纳（Kellner, D.）的"一个特定的历史时期"，吉登斯（Giddens, A.）的"一种独特的社会生活和制度模式"，利奥塔（Lyolard, J—F.）的"一种特殊的叙事方式"，哈贝马斯（Habermas, J.）的"自启蒙以来尚未完成的一个方案"。它的特征，也有不同的概括，如：韦伯（Weber, M.）的"世界的祛魅"和理性化，海德格尔的"主体形而上学"、鲍曼（Bauman, Z.）的"矛盾性"。它还可以分类，经典的是卡林内斯库（Calinescu, M.）的"启蒙的现代性"与"浪漫的现代性"（或"审美现代性"）。在日常使用中，"现代性"与"现代化""现代社会""现代意识""现代主义""后现代"等有时可以互换、替代①。多重的含义、鲜明的特征、不同类型和可以灵活使用，这些体现出现代性问题的多面和复杂。

　　"现代性"是一个与众不同的概念。简单的理解是，把它等同"现代社会"或"工业文明"。稍显复杂的解释是，它涉及对世界的一系列态度，关于实现世界向人类干预所造成的转变开放的想法，以工业生产和市场经济为代表的复杂的经济制度，包括民族国家和民主在内的一系列政治制度。这彰显出"现代性"的"活力"，作为与任何其他社会秩序类型的区别所在。英国学者吉登斯说：

　　在现代社会规则中，全世界的时钟都按标准时间调校。这一联系根本上依靠于标准化社会规范的构成；没有了这一联系，现代世界就不可能正常运行。想象一个没时钟的世界就是想象一个没有标准时空的社会。我们认为这样的标准时空是理所当然的，它已成为我们日常生活中一个熟悉的部分。但是，人类历史的大部分时期并不是处于这样一个有标准时空的世界中。早期的文明是以有规律的时间和空间联系在一起的，最明显的表现就是历法的发展。但每日、每月、每年社会生活的主导仍总是约束于重复的传统特征。②

　　现代社会的形成核心在于技术、制度，现代性是一种以技术（时间标准

---

① 俞吾金.现代性现象学：与西方马克思主义者的对话 [M].上海：上海社会科学院出版社，2002：36.

② 吉登斯.社会理论与现代社会学 [M].文军，赵勇，译.北京：社会科学文献出版社，2003：156.

化）、制度（社会规则）为前提的生活筹划。由于技术改变时间观念、加快生活节奏、扩大日常交往范围，人类的生活方式日显多样化。社会生活结构被切割，并分化出日常生活这么一个相对独立的领域。也就是说，"日常生活"概念源于生活结构从同一到分立的现代化进程。在前现代社会，日常生活与非日常生活是同质化的，两类生活世界仍然处于一种领域合一的结构关系，而现代社会由于确立了明确的社会分工关系，使得两个领域被区分出来。通常地说，日常生活是自然的、重复性的、传统性的（衣食住行、生老病死、婚丧嫁娶等），而非日常生活是组织化的、制度化的（政治、经济、公共事务等），精神性的和知识性的（科学、艺术、宗教、哲学等）。由此看来，两类生活有明显冲突，如创造性的艺术思维与重复性的日常思维形成了某种对立，但也正是它们的互动促进了现代社会历史的演进。

"现代性"包含现代化所显现出来的各种可感知的要素，涉及现代社会生活中价值观念这样的抽象层面。价值观念是"人们在价值基础上形成的具有对行为的指导性和取向性的有关事物效用的观念意识"[1]。作为评判各种事物、现象和行为的理想的标尺，价值观念通常与价值目标、价值标准和价值评判等因素相联系，形成观念体系、评价框架，从而表现为一种取向准则，并发挥社会功能。另外，价值观念并非恒定，它随社会发展、情境变化而生成、变化。现代社会的价值体系由现代性价值观念构成，包括独立、自由、民主、平等、正义、个人本位、主体意识、总体性、认同感、中心主义、崇尚理性、追求真理、征服自然等。它们不仅是主导性价值，而且构成了"现代性的标志"。从这方面说，现代性价值实现问题在于如何从"依附"到"独立"，防止从"总体性"到"差异性"。现代性总是力图进行自我合法化，同时赋予他物以合法性。这种诉诸合法功能的"元叙事"（meta narrative），由于是通过知识立法而得以确立形式，故极易产生结构上的危机，从而表现出虚妄性、主观性。所以，现代性并非坚固一体，而是由一系列对立、冲突的因素组成的混合体，其中既有肯定理性、自由，又需承受限制、担当灾难，前者促进了进步，后者成为异化的价值来源。现代日常生活理论家普遍地把矛头指向现代生活结构，通过分析其矛盾性，以求得问题解决的方案。

---

[1]　安应民. 试论价值与价值观念 [J]. 社科纵横，1993（5）：71.

确立日常生活要以非日常生活为前提，并以对它的超越为指向。基于此，西方日常生活理论形成了两种批判类型。"压抑论"以韦伯、海德格尔、阿多诺（Adorno，T.W.）为代表，他们把日常生活作为一个纯粹被工具理性控制而受到压制的领域，认为自身不可能存在救赎的可能。"反抗论"以列斐伏尔、赫勒为代表，他们把日常生活作为可以通过自身进行反抗的领域，谋求自我式的救赎①。如海德格尔把"日常生活"理解成"日常性""日常状态"，即所谓的"常人"。在他看来，这种日常性是为他人而在的，并不是此在的状态，故把根源指向日常生活本身。如列斐伏尔的日常生活批判是："通过创造一种日常生活中异化形式的现象学，通过对这些异化形式作精巧、丰富的描写来进行的，即通过对诸如家庭、婚姻、两性关系、劳动场所、文化娱乐活动、消费方式、社会交往等主题的研究，对日常生活领域中的异化现象进行批判而进行的。"②列氏试图将"日常生活"概念和"被异化的生活"批判概念融汇到"日常性"这个术语中。他视日常生活为一种"剩余物"，并要求必须从整体上进行定义（见前述）。因此，这两种类型又可以概括为横向型超越和纵向型超越，前者是从日常生活外部调动非日常生活因素，后者是从日常生活内部发掘非日常生活因素③。

在日常生活超越的理论中，科学、艺术构成了极为重要的方面。胡塞尔就是通过先验反思的态度，搁置本质而以存在为优先考虑地位。"生活世界"构成了科学唯一可能的起点，它不仅能够拯救科学、人类生存的危机，而且可以消除自然科学与人文科学之间的对立，这也就是胡塞尔提出此概念的价值所在。许茨重在分析"多重实在"（realities），阐明日常生活世界的与理论的、科学沉思的两种实在之间的关系。卢卡奇认为，科学与艺术是"对现实更高的感受形式和再现形式"，不仅源于日常生活，而且反哺日常生活。他又要求在"艺术的必要性"的前提下推进"哲学的必要性"④。赫勒认为，哲学是科学和艺术的汇合，是人类发展的意识，也是人类发展的自我意识，"通过向

---

① 周宪.文化现代性与美学问题[M].北京：中国人民大学出版社，2005：70–73.

② 陈学明.让日常生活成为艺术品——列菲伏尔、赫勒论日常生活[M].昆明：云南人民出版社，1998：37.

③ 周宪.审美现代性批判[M].北京：商务印书馆，2005：385.

④ 卢卡奇.审美特性：第1卷[M].徐恒醇，译.北京：中国社会科学出版社，1986：1–2.

我们表明我们生活于一个样的世界中，在这一世界中如何赋予我们的生活以意义，从概念上解除对人的世界的盲目崇拜"，正是"为处于日常生活关联之中的每一个传达类本质价值。"①这种哲学取向包含着某种反宏大叙事的动机，指引着人道化日常生活改造的方向。

（三）

从"现代性的表征"理解"日常生活"，就是在深入理解"现代性"本身。现代性作为"现象"，还牵涉现代社会生活中更为深刻层面的认同（identity）问题。对此，查尔斯·泰勒（Charles Taylor）通过描述现代性起源来界定"现代认同"。他把焦点放在认同的三个主要侧面："现代的内在性，即作为带有内部深度存在的我们自身的感觉，以及我们是'我们自己'的联结性概念"；"由现代早期发展而来的对日常生活的肯定"；"作为内在道德根源的表现主义本性概念"。在谈到第二个侧面时，他说：

我相信，这种对日常生活的肯定，尽管并不是没有争议的，并常以世俗化的形式出现，已经成为现代文明的最有影响力的观念之一。它奠定了我们当代的"资产阶级"政治学的基础，这种政治学极为关心福利问题；与此同时，它也强化了我们世纪最有影响的革命的意识形态，即把人作为生产者加以歌颂的马克思主义。这种人类生命的日常生活的重要性，连同其关于忍受痛苦的重要性的推论结果，改变着我们有关什么是对人类生命和完整性的尊重的全部理解的色彩。伴随着把核心地位赋予自律，它也就界定了这种要求的版本，而这是我们的现代西方文明所特有的。②

强调现代性的文明本源性，这对我们理解"日常生活"确有裨益，但是问题亦随之而来。且不说作者对"日常生活"做了狭隘的界定（"人类生活涉及生产和再生产方面的技艺术语，生产与再生产指劳动、生活必需品的制造以及我们作为有性存在物的生活 [包括婚姻和家庭]"），仅论及所说这种"版

---

① 赫勒 . 日常生活 [M]. 衣俊卿，译 . 哈尔滨：黑龙江大学出版社，2010：107–109.
② 查尔斯·泰勒 . 自我的根源：现代认同的形成 [M]. 韩震，译 . 北京：译林出版社，2001：18–19

本"是"我们的西方文明所特有的"就未免偏颇。现代性现象的本质是人类生存意欲或意志的冲动。这种始源性是"此在与共在、此在与世界、生存与生产、时间与空间、认同与异化、个体性与总体性、合理性与合法性、科学与技术、全球化与瞬时化"系列关系展开的基础。现代性的全部的价值体系也必须借助于这种始源性的冲动,才能得到合理的说明①。与西方人的情况一样,当传统中国人的生存结构、历史处境发生变化,则必然产生现代性冲动。因此,西方之外的"日常生活的肯定",也是必然存在的,只是对于长期处于现代转型之中的中国来说,过程更显曲折。即便在今天看来,中国的日常生活理论建构依然任重道远。

中国现代性的发生受到西方现代化的显著影响。近代以来中国人惊羡于从西方传入的现代器物,并从自身体验中充分地领会现代性的优越性,表现出一种急迫的热爱。但是这些陌生的外来器物,又无情地冲击着固有的传统,因而难免产生抗拒心理。正是这种矛盾使得中国人逐渐意识到器物之变革对现代中国之"道"的确立具有积极作用②。以康有为为例。他在《大同书》(约1902年)中主张天赋人权论("以人为本""依人为道")、博爱论("去苦求乐")、自然人性论("性实则全是气质")。他认为,欲望是人的自然本性,求乐是人的共同愿望。"生之乐趣,人情所愿欲者何?口之欲美饮食也,居之欲美宫室也,身之欲美衣服也,目之欲美色也,鼻之欲美香泽也,耳之欲美音声也,……此人之久愿至乐。"③他不仅以此作为人生的唯一目的、支配人的一切行为的准则,而且把它作为检验一切政治、法律、学说、道术、宗教是否可行的唯一标准,甚至作为道德评价的依据。具体地看他所说的大同之"乐",包括居处、舟车、饮食、衣服、器用、净香、沐浴、医视疾病、炼形神仙、灵魂,涵盖了日常生活的方方面面。显然,这些人道主义主张,兼具传统与现代的色彩,实际上又是受到西学之启发。如其《我史》(1899年)所曰:"……于是舍弃考据帖括之学,专意养心。既念民生艰难,天与我聪明才

① 俞吾金.现代性现象学:与西方马克思主义者的对话[M].上海:上海社会科学院出版社,2002:40-42.
② 王一川.中国现代性体验的发生:清末民初文化转型与文学[M].北京:北京师范大学出版社,2001:130-132.
③ 康有为.康有为全集:第7集[M].北京:中国人民大学出版社,2007:32.

力拯救之，乃哀物悼世，以经营天下为志。……既而得《西国近年汇编》、李圭《环游地球新录》及西书数种览之。薄游香港，览西人宫室之瑰丽、道路之整洁、巡捕之严密，乃始知西人之治国有法度，不得以古旧之夷狄视之。乃复阅《海国图志》《流环志略》等书，渐收西学之书，为讲西学之基矣。"①自叙的这一思想转变过程，反映出过渡时代中国启蒙知识分子的共同心理状态，是对现代性的向往。

近代以来中国人遭遇现代性，无疑最先是在日常生活层面。特别是那些诗人，他们感觉敏锐，意识到既"先进、文明"又"恐惧、危险"。这两种特征、感觉，共时地挤进他们的心理世界，促使他们变革传统汉语诗歌，也使这种变革带上了"实用性""物质性"的日常生活特点②。汉语诗歌只是我们审视近代以来中国人日常生活观念发生变革的一个"窗口"。其实，汉语本身就是中国现代性认同的途径和方式，日常生活现代性也表征为现代汉语形式的"日常生活"。该词从古代汉语（如"生""事"）转换而来，经过"日用之生活"（王国维《哲学辨惑》，1903年）等语词形式过渡，至"五四"时期逐步定型，发展成为普遍使用的术语、概念。对此较早直接阐明的是发表在《学生杂志》第8卷第9号（1921年9月）的《论日常生活》一文。作者杨贤江说："一个人的生活，大概可分为两种：一是职业生活（professional life），一是日常生活（daily life）。职业生活依职业的种类及性质，是各个人不能相同的。日常生活为做人的'例行故事'，如吃饭、睡觉、游戏、娱乐等，应是大家相似的。不过在现代的社会制度底下，有许许多多不公平的地方，所以就在日常生活上，也发生了不少的'阶级'，实在是不妥当的。"又说："日常生活的式样是构成伟大人格（big personality）的一种要素。"故他主张生活"要有意味"③。这种界定和认识，正是现代性意识的明确体现。大体看，近代以来中国人对于"日常生活"还局限于某种观念上的认识，论述还比较零碎，尚未系统化。但是这已经表明：对日常生活的批判与重建，的的确确在那时候就已经展开了。梁启超、王国维、蔡元培、杜亚泉、李大钊、陈独秀、杨贤江等一批先得风气者无不注目于此，他们并以汉语方式塑造出最初的"日常生活"形象。

---

① 康有为. 康有为全集：第5集 [M]. 北京：中国人民大学出版社，2007：62-63.

② 李玥. 在日常生活中遭遇现代性 [J]. 江苏社会科学，2003（4）：47-48.

③ 杨贤江. 杨贤江全集：第1卷 [M]. 郑州：河南教育出版社，1995：364-370.

无疑，"日常生活"作为一个被建构的社会文化形象，能够带来价值实践意义。埃利亚斯（Elias, N.）的《文明的进程》（1976年）通过考察就餐、擤鼻涕、吐痰、卧室中的行为、攻击欲的转变等，发现使人类的行为发生特殊变化正是"文明"这种自我意识。海默尔（Highmore, B.）的《日常生活与文化理论导论》（2002年）通过把日常显示为现代性，即当作前行的叙事成为可能的时间性，在民意调查、本雅明（Benjamin, W.）、席美尔（Simmer, G.）、超现实主义、列斐伏尔和塞托（Certeau, M.D.）的工作中，提供了一系列的"美学"。现代化是一个世俗化变迁过程，现代性中容纳了与传统的生存方式迥异的丰富内涵，突显出日常生活的生产性意义。"日常生活生产着庞杂繁复、时空跨越度极大的经验内容，它并非如其显示的那样自在和无为，众多现象之间的夹缠、纠结、未经辨析的关系，无一不逼迫和邀请跨学科领域的研究介入到这块新的现象和问题域，质询陈旧的概念术语，刷新知识范式，寻找新的阐释与思考。"[①] 通过日常生活，我们可以识见广泛的历史和广阔的未来。

正如赫勒所言："个人与他的世界的相互关系是一个历史性问题，因而是一个历史的问题。"[②] 日常生活与历史是统一的。历史是自然界、人类社会的运动过程，是人类通过日常生活衍发、汇集的主动行为。日常生活并非只是历史的"注脚"，本身就是历史。"社会各层次的衣、食、住方式绝不是无关紧要的。这些镜头同时显示不同社会的差别和对立，而这些差别和对立并非无关宏旨。"[③] "最能反映一个时代、社会特点和本质的，其实并不是这个时代、社会中那些轰轰烈烈的重大事件，不是那些政治领袖、英雄豪杰的升降浮沉，而是无数平民百姓日常生活中的'细节'。"[④] 故观察琐碎的日常生活，可以使我们置身物质生活环境之中，发现个别的事件或者杂事，而它的"反复"正是生活方式的一种显现。历史观的真正建立，必须还历史以普通的面目，亦唯此才能体现对历史、人性的尊重。梁启超在《中国历史研究法》（1922年）中认为，"匹夫匹妇日用饮食之活动"，对于"一社会一时代之共同心理、共

① 张意. 趣味与日常生活 [M] // 周宪，陶东风. 文化研究：第16辑，北京：社会科学文献出版社，2014：46–47.

② 赫勒. 日常生活 [M]. 衣俊卿，译. 哈尔滨：黑龙江大学出版社，2010：27.

③ 布罗代尔. 日常生活的结构：可能与不可能 [M]. 顾良，施康强，译. 北京：三联书店，1992：27.

④ 雷颐. "日常生活"与历史研究 [J]. 史学理论研究，2000（3）：125.

同习惯"的形成具有重要意义。他在拟定"适合于现代中国人所需要之中国史"的"重要项目"中，专门设有"自初民时代以迄今日"的"衣食住之状况"一部分①。将本是微不足道的日常生活纳入历史的想法，突破了"传统"，是对历史观的校正和对生活观的更新。正如有学者所评价："历史的正统观和典籍观常常以忽视日常生活的原生态为前提，把帝王将相的意识形态生活不断推向神圣，从而形成一种非日常的形而上学文化路线，却日渐忽视日常生活本身的存在特征、诗意化栖居的原初生命含义。"②

　　历史常常表现为"物欲"的形态，具有某种非理性、不可预知性。因此，对于历史还必须持以理性。杜亚泉在《说俭》（1917年）中批评人类的"野蛮"行为。"顾野蛮无明日，日常生活但求餍足其欲望，一日所获，即以供一日之耗费，不为未来之预备。"③这意味着仅仅满足于日常生活这种认识是远远不够的，还需要将对日常生活的反思上升到生存伦理的层次和高度。海德格尔创造了"此在""常人""共在"等概念，用于揭示存在特征的"日常生活"（Alltgslickke，亦译为"日常状态"或"日常性"）。他之所以对日常生活做这种细致的分析，就是为了批判工具理性和技术异化，以建立"诗意的栖居"之生存理想。以王尔德为代表的唯美主义者提倡"为艺术而艺术"，主张以艺术的"美"来对抗日常生活之"丑"，具有鲜明的反道德色彩。以朱光潜为代表的中国现代美学家提倡"人生艺术化"，致力追求通过艺术、美来改造社会，显示出走向生命崇高的美学、道德之关怀。而这种诉求当中，包含某些唯美主义的因子，"也并不排斥对日常生活的美化"④。所以，"人生艺术化"不仅是对人生整体进行形而上的观照，而且是对日常生活诗意的张扬。蔡翔如此评价："对于中国知识分子来说，日常生活常常具有一种诗性象征，是人的精神自由舒卷之地，亦是对现实逃避的家园，因而常常处于世俗社会对立的文化系统之中。因此，对日常生活的诗性消解，在文化上，便具有了一种对传统的挑战意味，它牵涉到一系列问题，比如诗意人生与世俗人生，知识

---

① 梁启超．梁启超全集：第14卷 [M]．北京：北京出版社，1999：4088–4090．
② 兰爱国．日常生活：喧嚣与拯救：20世纪文学的"现代性"历程 [J]．文艺争鸣，1997（6）：35．
③ 杜亚泉．杜亚泉文存 [M]．上海：上海教育出版社，2003：313．
④ 金雅．人生艺术化与当代生活 [M]．北京：商务印书馆，2013：224．

分子的主体地位，人的终极价值，等等。"①总之，日常生活的意义超出我们一般的想象。日常生活是我们在研究历史、文化、文学、美学时根本无法避开的领域、对象，自然也能够为我们提供新的研究视域。

（四）

对日常生活的反思、批判和重建，美学是十分重要的方法和策略。美学涉及经验及其形式。鲍姆嘉滕（Baumgarten, A.G., 现通译鲍姆嘉通）称"美学"作为艺术理论，是对自然美学的补充，它的功用之一就是"在日常生活的实践中，提供一个在同样条件下超越所有其他人的特定的优势"②。他把美学定义为"感性学"，旨在把粗朴的材料转变成纯粹的感性，而后者正是处在低级的日常王国中。也就是说，美学作为话语，充当了超越日常经验世界的程序，这构成了感性和日常（生活）的关系一种最简单的说明。两者关系的复杂性在于日常现代性的审美形式。海默尔认为，"现代日常生活的经验的人"是一系列与日常有关的自由选择的"替代物"。"它可以取代为日常生活进行编目的各种尝试的工具性；可以取代高等文化与日常发生关联时表现出的主体主义的倾向；可以取代科学的冥顽不化的实证主义。"显然，美学又是一种"替代""实验"策略，是"在一个经常为它自己的审美草案所遗忘的领域之内发现一个处所"③。伊格尔顿（Eagleton, T.）通过与艺术话语的比较指出美学话语的特殊性："它一方面植根于日常生活经验的领域，另一方面，它详细地阐述了假定是自然的、自发的表现方式，并把它提升到复杂的学科知识水平。"④美学的作用及其在人文科学中所扮演的角色绝不可忽视。究其实，美学是一种日常生活话语。所以，无论是美学还是美学研究，只有立足日常生活，才能获得具体、生动的生活形式。

美学在当代人日常生活中得到广泛渗透，诉求美学、文艺学要与社会学交融的呼声在新世纪中国日益高涨。"日常生活审美化"或"审美日常生活化"，凸显为一个重要命题，引起广泛争议，并就其在思想、文化、美学

① 蔡翔. 日常生活的诗情消解 [M]. 上海：学林出版社，1995：17.

② 鲍姆嘉滕. 美学 [M]. 简明，王旭晓，译. 北京：文化艺术出版社，1987：13-14.

③ 海默尔. 日常生活与文化理论 [M]. 王志宏，译. 商务印书馆，2008：42-43.

④ 伊格尔顿. 美学意识形态 [M]. 王杰，译. 桂林：广西师范大学出版社，1997：2.

的表现方面形成了诸多值得注意的意见。艾秀梅指出，日常生活的审美化是一个"开放的范畴"，是以"推翻工具理性对日常生活控制"为目的一种诉求，是以"解决启蒙现代性以来生存困境"为宗旨的一切努力。它上承席勒（Schiller）、尼采（Nietzsche）的审美理想，贯穿整个20世纪的艺术运动和社会改革实践（以历史先锋派和大众文化运动为代表）①。彭锋认为，日常生活在西方有一个从"态度变容""观念变容"再到"技术变容"的审美变容历程，并且"只有经过技术变容，日常生活才朝审美化的方向迈出决定性的一步，全面的审美化时代才真正来临"②。陆扬认为，"日常生活审美化"是一个外来的译名，如今已显示为"地地道道的中国本土文化的作风"，成为"本土名称"。在他看来，"日常生活审美化"是不同于1990年代流行的"审美文化"话题，而是作为当代中国文艺学和美学历经的"文化转向"的一个成功尝试，"其问题的提出和孰是孰非的论争，可谓水到渠成，势所必然"③。这些对西方的或对中国本土的"日常生活审美化"做出的思考富有启示。

　　中国当代文化语境中的"日常生活审美化"讨论，对增进中国美学的新发展确有裨益，促进了对美学基本问题的反思，也引发了对本土美学传统的重视及总结。如以此解读唐宋文学、现当代都市文学、民国生活史、大众文化、中国传统生活美学家（如陶渊明、白居易、李渔）等的学术成果大量涌现。但是我们注意到许多研究成果，或是纯粹搬用西方理论，或把它当成是一个既成的命题而在反复运用，比较缺乏本土性关怀。特别是在学术资源利用方面，大都来自西方的现象学、批判理论及各种社会学、艺术学等。重点引介的理论家，除前面已提及的胡塞尔、许茨、海德格尔、赫勒、卢卡奇、列斐伏尔、塞托之外，还有韦尔施（Welsch, W.）、费瑟斯通（Featherstone, M.）、鲍德里亚（Baudrillard, J.）、丹托（Danto, A.C.）、舒斯特曼（Shusterman, R.）、曼德卡（Mandrekar, V.）、杜威（Dewey, J.），等等。应该说，西方日常生活审美化理论大多是基于理性文化批判和针对技术异化问题而提出，显然这与中国美学传统中特别重视态度的、观念的日常生活艺术化理论形成某种区隔。可见，"日常生活"不仅有自身范围，而且有文化的边界。研究"日常生活审

---

① 艾秀梅.日常生活审美化研究 [M].南京：南京师范大学出版社，2010：91.

② 彭锋.日常生活的审美变容 [J].文艺争鸣，2010（5）：44-48.

③ 陆扬.日常生活审美化批判 [M].上海：复旦大学出版社，2012：86.

美化"，必须从本土的原创性出发，而不是一味地唯西方是从。

　　本研究的范围是"中国现代美学"。关于此，又有称"现代中国美学""中国现代性美学""现代汉语美学"或"20世纪上半叶中国美学"。这些说法的分歧点在于对"中国现代性"的特定理解。不同的理解，自然形成在有关逻辑起点、时段划分等方面的差异。对于发生于19世纪末20世纪初至20世纪40年代的"中国现代美学"，这里只强调两点：一是作为"现代"的中国美学，决定了其蕴含日常生活的理论旨趣及其审美化（或艺术化）的实践要求；二是作为"中国"的现代美学，决定了它是面向解决中国本土实际问题的。中国现代美学产生于中国现代性语境，是具有本土原创性的，不是对外来美学的简单的复制、嫁接，更不是用"影响"这样大而无当的语词能够概而论之。中国现代美学语境中的日常生活问题有其特殊性，这决定了它有极其复杂的问题域和外来理论在深入展开研究时的有限适用。

　　可以先行承认的是，"日常生活"这样一个在新时期以来泛流的概念，事实上在一百多年之前就已经进入了中国启蒙知识分子的写作文本当中，与此相关问题也已持续了一个多世纪的"批判与重建"，只不过在今天重新进行热议而已。也许是过于偏重"审美化"的现象分析，反而让我们忽视"日常生活"才是问题起点；也许"日常生活"一词司空见惯、习以为常，反而让我们忽视它的语义变迁情况。汉语美学性质的日常生活观念之生成，这一问题值得我们重视。从日常生活维度研究中国现代美学是一个有意义的、值得深入探讨的课题。对此进行研究，可以总结中国现代美学的理论成果，体现其关怀现实的实践品格，从而推动中国现代美学的研究和民族美学的发展；可以为中国当代美学发展提供历史经验及其本土形式。此外，对构建当代人的和谐生活也能起着积极的引导作用。

　　本研究的重点在于如下3个方面：

　　其一，本土视域中的"日常生活"概念。"日常生活"是一个十分普通的现代汉语词汇，但从语源学和文化学角度而言是有自己的身世和身份的。从古至今，中国人的日常生活发生了显著变化，这就需要我们把握这一概念的历史发展过程及其特征。在中国现代美学的不同发展阶段、不同派别、不同的学人那儿，"日常生活"具有不同的被认同情况，因而具有多重的价值取向。如"五四"新文化运动期间，日常生活既成为被批判的生活领域，又成是改造社会的起点。事实上，中国现代美学基本问题形成，也都离不开日常生活这个基点。"日常生活"在被建构的中国本土美学理论中所具有的意义，需要我们进行重点分析。

其二，审美现代性精神的重构。中国现代美学并非是纯粹的美学理论，它的存在是与社会改造、文化建设、思想启蒙等问题的解决结合在一起的。生活参与与文学、艺术的体验成为许多学人的共同经验方式，这是他们表述中国现代性的重要基础。可以认为，"日常生活"既是使审美现代性意识发生的切入点，又是在审美现代性建构过程中极易被"改写"的领域。这些都要求我们对各种方式呈现的美学文本进行细致梳理，并参酌不同的美学见解进行比较分析（包括与西方），如此才可能有一个客观而全面的评价，从而在整体上得以把握中国美学现代性特质。

其三，多重语境中的自我理解。对于任何一个置身中国现代性情境中的个体而言，都始终存在现代与传统、中国与西方、自我与他者等多重关系的规约。在这多重关系语境中，这些力量是如何同时参与到一场对话中来的？又是如何展开对话的？个体又是如何诗意地抵抗或臣服于某种外来的决定性力量的？这些又是如何在个体的日常生活中得以表征？在古今中外这个思想坐标轴上，自我又呈现出了何种非连续性和连续性的特征？这些问题既深刻又复杂，需要我们对代表性学人进行专门分析，毕竟学人的心态史也是一部"眼光向上"[1]的日常生活史。

为了更好地进行论述，突出上述重点，本课题研究循此路径：从调查中国现代美学文本开始，即从梳理客观的文献出发，而并非人为地进行设定或移植现成的西方日常生活理论作为研究起始；进而详细考察"生活艺术化"这一重要的中国现代美学命题，尔后是回归到提出这一命题的各种身份主体，即通过他们各自的日常生活状态去审视包蕴其内的心理冲突以及呈现出的悖论式生存情境。在研究中，侧重从语言、社会和文化的角度进行多侧面的解读，以标明"美学"在中国现代化进程中所具有的象征性价值。在研究中，也力求清晰显现中国现代美学发展的基本理路及演绎路径。通过这些分析，进而进行归纳、总结，以突出中国现代美学作为一种特殊的文化存在及其所

---

① 胡悦晗，谢永栋.中国日常生活史研究述评 [J]. 史林，2010（5）：181–182.

带来的启示。

　　研究方法则以如下3种为主：

　　其一，关键词研究法。"关键词"是一种关注语词意义变迁状况及相关性的分析方法。通过关键词，可以看到更为广阔的生活思想——与语言的变迁明显有关的变迁。它是产生在某些历史关键时期的，包含了对社会、政治及经济机构以及对各种教育、文艺活动等与这些机构和目的的关系的看法，是一种可成为人对共同生活所持特殊看法普遍改变的见证。关键词研究的要义在于以关键词带动问题的研究。所以，梳理代表性的关键词及命题、美学家，可以清理中国现代美学中诸多具有实质性的问题。为此，研究中也特别注重文本调查，力求客观，避免主观臆说。

　　其二，语境还原研究法。这是将问题还原到发生的特定语境中进行审视，通过追溯某一种理论提出时所直接面对的实际的本土问题，描述从特定问题所生发出来的思想，分析和阐释其特定和深层的内涵，而不是对文献作表面的解读。这里又将力求"大语境"与"小语境"的结合，前者是宏观的、整体的，如时代、社会、文化等背景，后者是文本内部语境，即由语言显示的术语、概念、命题等结构而成的。通过两者结合，达到呈现问题及有效评价的目的。

　　其三，个案研究为辅助。个案研究具有突出、强调的作用，亦是展开平行研究、比较研究的基础。本研究致力整体描述中国现代美学发展状况，但在展开具体论述时，将结合个案分析法，而不是一味地追求整体或全面的阐述。特别在研究内容的第三部分，将有重点地选择若干位代表性学人。立足他们的自传文本，引入自传写作的真实性原则（客观发生与主观追溯之间的差异），并以此为切入口对学人心理进行剖析，从而在某种程度上实现追求细节真实的研究目的。

　　总之，本课题研究从日常生活（不仅仅是它的审美化或艺术化）的维度总结和分析中国现代美学，还原一种具有本土意味的日常生活美学，并探得近代以来中国美学在发生与演变过程中生发的审美现代性精神；通过对中国现代美学文本及相关文本的调查、梳理、解释和比较分析，提供一种在"现代"身份认同形成过程中，美学与语言、社会、文化与生活之间相互影响的思想见解；甚尔为理性看待中国当代美学的论争，提供一种历史观照。

第一章　词与物：审美化显现

　　中国现代美学是特殊的文化存在，既具有稳定的内在发展理路，又广泛联系了现代化的方方面面。这一创造性过程呈现出诸多新景观，特别是由外来的与本土的、传统的与现代的碰撞、冲突和渗透而形成的文化思潮，对中国现代美学的影响十分深刻和深远。它在催生了新的话语特征和新的格局的同时，又不可避免地导致某些言路的断裂。因此，对于中国现代美学的价值判断，更需要我们把它作为一种文化史或思想史看待，即是"它的每一个具体构成都意味着审美化观念的独特意义"①。如果说日常生活之于中国现代美学的重要意义在于它是审美化价值实现的基础，那么它作为观念必然是"用关键词表达的可社会化的思想"②，必然体现在各种文本事实当中。简单地说，这是词与物的关系。"物"一般指的是人之外的具体的东西。作为"言"之对象的"物"，则包括一切人、事、物。在中国现代文论中，它作为文学之言的对象，有"理想""感情""想象""时代""人生""思想"等③。在语言哲学中，两者是一种存在关系，"唯词语才使物获得存在"④。词之于物的意义，由此可见一斑。作为"物"的"日常生活"，必然也是通过诸多"词"得以显现。词、观念与思想之间构成了彼此依赖的关系。

---

①　王德胜. 美学的改变 [M]. 北京：社会科学文献出版社，2013：203-204.

②　金观涛，刘青峰. 观念史研究：中国现代重要政治术语的形成 [M]. 北京：法律出版社，2010：5.

③　马建辉. 中国现代文学理论范畴 [M]. 兰州：兰州大学出版社，2007：36-76.

④　海德格尔. 在通向语言的途中 [M]. 孙周兴，译. 北京：商务印书馆，1997：152.

本章梳理"美感""创造""人生观"三个语词。显然，它们都与"日常生活"具有美学关系。正如朱光潜所言："美感活动是每个受教育者的日常生活中的重要节目。"[①]"人生艺术化"是关于人生的艺术化，是人生、艺术及两者关系的审美建构。但就从"人生"到"美感"而言，这是一个创造性过程。作为人生活动，美感活动并非是它的必要构成条件，却是使之得以创造性提升的方向。"创造"是人生境界的表现，也是一种人生观。"创造人生观"即是对人生创造性要求的观察、思考。"'人生'，既是一个最为通俗明了的日常生活范畴，又是一个最为深奥难懂的哲学范畴。关于人类生存意义的追寻，也就是人生观的根本问题。"[②]因此，三词之间在内涵上可以沟通起来。这里通过对相关译、著的文本的整理，以窥得它们被陈述状况，并寻得日常生活作为观念注入中国现代美学的演化路径。如此，亦能够体现"日常生活"用于研究中国现代美学的一种合理性。

一、"美感"一词及中国现代美学发生

美感问题在美学中具有根本性，"牵涉到美学领域里所有的基本问题"[③]。中西美学围绕这一问题而形成的见解不胜枚举，由此形成的争议也是不可胜计，这与"美感"一词本身情况有重要关系。"如同美一样，'美感'这个词也是词意含混而多义，包含着好些近似却并不相同的多层含义。"[④]汉语"美感"一词具有间性的词性特点，在流行用法里出现杂乱状况，这是必然的。廓清"美感"一词，避免不必要的争议，杜绝理解简单化、泛化，较好的方式就是考察语源、追溯历史，在美学上进行观照。众所周知，近代以来因西学东渐而产生了一批新名词，它们进入日常生活，亦进入思想文化领域，其中许多发展成为包括美学在内的中国现代学术基本用语。王国维、蔡元培、梁启超是中国现代美学起源三大家，他们无不是西学东渐的介入者。借助他们

---

① 朱光潜.谈修养 [M] //朱光潜.朱光潜全集：第4卷.合肥：安徽教育出版社，1988：151.

② 张孝宜.人生观通论 [M].北京：高等教育出版社，2001：23.

③ 朱光潜.美感问题 [M] //朱光潜.朱光潜全集：第10卷.合肥：安徽教育出版社，1993：364.

④ 李泽厚.美学四讲 [M] //李泽厚.美学三书.合肥：安徽文艺出版社，1999：502.

的文本，可以探得"美感"一词在20世纪初（大致以1915年为界）汉语语境中的呈现情况，以及识得中国现代美学（尤其是美育）发生的一种特殊背景。

（一）作为译词的浮现

美学术语的形成是在特定的美学条件下展开的，具有一个从日常的到专业的或者说从边缘到中心的美学化过程。就"中国"的美学而言，美学之有是以"入"中国为前提，故又存在术语译介等一系列复杂问题。"美学"本身就是一个外来的译名。"美学这个学名和学科，犹如哲学、文艺学（或称文学理论和文学批评）、心理学等学名和学科一样，是舶来品，是19世纪末20世纪初随着西学东渐从西方引入中国的。""美学"一词代表了中国美学术语形成的一种典型情况，即作为文化舶来品，有一个"汉化和合法化"的历程①。对于"美感"一词，首先亦应做如此观。其次，"美感"一词词义在现代汉语中并非单一，它的形成也有一个增加过程。在古代汉语中，"美"与"感"基本是分开使用的，如唐代经学家孔颖达对"善歌者使人继其声"（《礼记·学记》）的疏解："善歌，谓音声和美，感动于人心，令使听者继续其声也。"因此，"美感"往往不可作为一个词看待，甚至不能被认定是一个原始的汉语词。近代以来的中国知识界就是把"美感"当作外来词。1903年上海明权社发行的《新尔雅》是20世纪最早出版的汉语词典。在"释教育"部分提到"美感"一词："离去欲望利害之念，而自然感愉快者，谓之美感。"②值得注意的是，该词被着重加点，显然是把它作为一个日译词看待。辞典、教材、译作、学校等都是近代中国传播外来知识的重要载体，它们提供的用语是中国现代学术话语形成的语言基础。作为外来词的"美感"，成为本土的美学术语，同样需要借助这些载体，并与本来就是外来的"美学"一道译入和并行。这一过程颇为复杂，但其结果是显然的。

清政府于1902年制定《钦定学堂章程》和1903年颁布《奏定学堂章程》。这两个章程都明确规定设立教育学、心理学等课程的重要性，由此出现了一

① 杜书瀛.新时期文艺学前沿扫描 [M].北京：中国社会科学出版社，2012：178-179.
② 沈国威.新尔雅：附题解·索引 [M].上海：上海辞书出版社，2011：255.

批从日文转译而来的西方著作①。在这些译介的教育学、心理学教材中，包含着与"美感"一词十分接近的情况，如：1902年东亚公司新书局发行的《心理学讲义》（服部宇之吉）有"纯粹悦美之情"，1903年上海时中书局编译的心理学讲义《心界文明灯》有"美的情感"，1905年留日学生陈榥编译的《心理易解》有"物之足使吾人生快感"，1907年杨保恒编写的《心理学》提出以"体制""形式""意匠"为"三要素"的美感概念②。相比之下，美学的译介在当时并不十分突出，直到20世纪初这种局面才得以改变。20世纪之初的这10余年，是中国现代美学观念的重要发生期，起着承前启后的意义。事实上，现在通行的许多美学术语已在那时浮现。在译介的各科教材、专业著作中，都存在大量的专业术语现象，其中有些是无意的带进或夹入，有些则是被有意地运用。总之，它们都是美学术语得以生成的条件和环境。以下着重前期的王国维、蔡元培的文本。

据统计，王国维前期（1889—1911年）的哲学、心理学、逻辑学译稿约20种，包括署名的和未署名的（均刊于由他主编的《教育世界》）。在这些译稿中，已出现诸多现代美学基本词汇。如在1901—1902年间翻译出版的《教育学》（立花铣三郎）、《教育学教科书》（牧濑五一郎）、《心理学》（元良勇次郎）中，已出现"美感""审美""审美的情感""美术""美之学理"等。又如1905年在两本"教育学"译著基础上编成的《教育学》中有用词"审美之情"："其由美丑而生者，谓之曰审美之情；……教育不可不以制裁下等之感情，及养成高尚之感情为务。"③再如1907年的译文《孔子之学说》（蟹江义丸）中有这么一段："诗，动美感的；礼，知的又意志的；乐，则所以融和此二者。

---

① 近代以来出现的第一部汉译的心理学著作是颜永京的《心灵学》（1889年）。该书"序言"曰："……其中许多心思，中国从未论及，亦无各项名目，故无称谓以其达之，予姑将无可称之字，勉为联结，以新创称话。"由于这种创译，书中出现许多自造的文言名词，十分艰涩难懂，如"内悟"（即意识）、"专意"（即注意）、"呈才"（即感知）、"理才"（即经验），亦有一些自创的白话的名词，如"直觉能力""识知艳力才"（即审美能力）。在译语方面，许多译著在学术语翻译上都不同程度地受到过该书的启发和影响。据统计，1900–1918年有30本心理学著作，其中翻译日本根据西方心理学编辑的心理学9本，根据日本心理学编译的8本，取材于英、美、德、日心理学编译的5本，范围涉及哲学心理学、社会心理学、儿童心理学、医学心理学、实验心理学、生理心理学等。（高觉敷.中国心理学史[M].北京：人民教育出版社，1985：346）
② 黄兴涛."美学"一词及西方美学在中国的最早传播[J].文史知识，2000（1）：75-84.
③ 王国维.教育学[M].福州：福建教育出版社，2008：38.

苟今若无礼以为节制，一任情之放任，则纵有美感，亦往往动摇，逸于法度之外。然若惟泥于礼，则失之严重而不适于用。故调和此二者，则在于乎。"①这里两次出现"美感"一词，前者属古代汉语用法，后者属现代汉语用法。就这些而言，王国维已创造了包括"美感"在内的各种语词，但它们的区别并不十分分明。

　　蔡元培前期（1898—1912年）的文本含著、译、编等多类，涉及教育学、哲学、伦理学、美学等各种学科，亦以译介为主。1901年10月他在绍兴及上海搜集国内外参考资料的基础上写成《学堂教科论》。该文是对各级学校的课程进行研究，并分析清代学风败坏的原因。文中提到日本学者井上甫水把今之学术界分为"有形理学""无形理学""哲学"三部②。1901年10—12月发表的《哲学总论》指出，心理学是"心象之学"，是考定情感、智力、意志三种心象之性质、作用的"论理学"，其中"论情感之应用"的"应用学"为"审美学"③。1903年的译作《哲学要领》（科培尔讲述、下田次郎笔述）把"宗教哲学及美学"都作为"心界哲学"，还有对"美学""美术"的介绍：

　　美学者，英语为欧绥德斯 Aesthetics。源于希腊语之奥斯妥奥……其义为觉与见。故欧绥得斯之本义，属于知识哲学之感觉界。康德氏常据此本义而通之。而博通哲学家，则恒以此语为一种特别之哲学。要之，美学者，固取资于感觉界，而其范围，在研究吾人美丑之感觉之原因。好美恶丑，人之情也，然而美者何谓耶？此美者何以现于世界耶？美之原理如何耶？吾人何由而感于美耶？美学家所见、与其他科学家所见差别如何耶？此皆吾人于自然及人为之美术界所当研究之问题也。

　　美术者 Art，德人谓之坤士 Kunst，制造品之不关工业者也。其所涵之美，于美学对象中，为特别之部。故美学者，又当即溥通美术之性质、及其各种相区别、相交互之关系而研究之。④

---

① 王国维.王国维文集：第3卷[M].北京：中国文史出版社，1997：147.
② 蔡元培.蔡元培全集：第1卷[M].杭州：浙江教育出版社，1997：334.
③ 同②：356–357.
④ 蔡元培.蔡元培全集：第9卷[M].杭州：浙江教育出版社，1997：9–10.

1906年的译作《妖怪学讲义录（总论）》（井上圆了）当中也有许多谈"美"说"情"的译句：

论理、伦理、审美为心性作用之智、情、意各种之应用，以真、善、美三者为目的；教育学者，智、情、意总体之应用，以人心之发达、知识之开发为目的。①

世人知美之为美耳，以学术考之，必分析其所谓美者，而一一示其成分，如美丽、宏壮、适合、一统等是也。②

怪情者，非独美情之反对，具写之于美术，转示美性、而生几分之快乐。故人多喜妖怪之小说，及妖怪之绘画。③

这两部译作中出现了"美学""美术""审美""美情""美性"等一系列词，颇耐人寻味，有的显然与"美感"近义或等义。

蔡元培前期矢志"教育救国"，历经从"委身教育时代"到"教育总长时代"，期间赴德留学（1907—1911年）。他对西方的哲学、伦理学、教育制度等产生了浓厚兴趣，并开展了实际工作。如在伦理学方面，编《中学修身教科书》五册、《中国伦理学史》一册，译泡尔生《伦理学原理》一册。这些作品对"人格""平等""权利""义务""公德""私德"等伦理学重要概念进行厘定，在中国伦理学史上具有拓荒的意义。伦理学与宗教、美学之间具有内在统一性，故也不可避免地涉及美学。如《伦理学原理》（1909年，据蟹江义丸日版重译）译道："美学也，伦理学也，皆无创造之力，其职分在防沮美及道德之溢出于珍域，故为限制者，而非发生者"④；"多神教常界诸神以人类感官之性质，至为自由，故在美学界，极美满之观，是吾人今日所以尚惊叹于希腊诸神也。"⑤又如《中国伦理学史》（1910年）指出传统（儒家）伦理学为"我国唯一发达之学术"，又称哲学、心理学、军学、宗教学属伦理学，"评定

---

① 蔡元培. 蔡元培全集：第9卷 [M]. 杭州：浙江教育出版社，1997：264.

② 同①：330.

③ 同①：332.

④ 蔡元培. 蔡元培全集：第8卷 [M]. 杭州：浙江教育出版社，1997：356.

⑤ 同④：413.

诗古文辞，恒以载道述德眷怀君父为优点，是美学亦范围于伦理也。"①蔡元培在莱比锡大学期间，学习哲学、文学、文明史、人类学等课程，特别注重实验心理学及美学，给他留下"极深之印象"的是美育。1911年10月归国后，他开始全力提倡美育。而他之所以提出美育，原因在于"美感"具有这样的性质和作用："美感是普遍性，可以破人我彼此的偏见；美感是超越性，可以破生死利害的顾忌，在教育上应特别注重。"② 这是他在《我在教育界的经验》（1937年）中特别说到的。而"美育""美感教育"是他在"教育总长时代"正式提出（另论）。

美学是西学。美学进入中国是一个不断译介的过程，而之所以被译介又是一种选择行为。受时代风气影响，王国维、蔡元培注目西学，自觉、主动学习外文，体验异域文化。王国维两次游学日本，蔡元培则三次赴欧洲，在德国学习哲学、美学。作为将美学译入中国的先行者，他们代表了西方美学渐入中国的两种路径。当然，译入中国的"美学"并不就是"中国"的美学，它包含了许多异质成分，特别是日本因素。王国维22岁时到上海，入罗振玉主办的东文学社。他学日文，译日书，结交日籍老师。蔡元培而立之年在北京学习日文，先后试译日文版的《〈万国地志〉序》《日人败明于平壤》《俄土战史》《日清战史》《生理学》等。他们在日文方面用功甚深，广泛涉猎译本书，不仅增长了见识、拓宽了视野，而且与日本文化结下了难解之缘③。从前期的译介情况看，他们无不首先从日本文化中汲取滋养。日本在美学从西方到中国的过程是一个十分重要的中介，是中国现代美学术语得以形成的最重要渠道之一。

美学在20世纪初的中国尚处于起步阶段，美学术语不明显、不稳定都是必然出现的现象。随着译介的增多，"美学""美感"等将作为完整的汉语词形式并被普遍接纳，这种情况大致发生在1915年，兹举二例。一是《辞源》列有"美感"词条："[美感]谓审美之感觉也。其要质有三：一曰物质，如色、音之类。二曰关系，即集合物质而变化调和之，如图画之颜色、音乐之节奏。三曰理想，即趣味，为构成美感所尤要者。"同时所列词条有"美学""美

---

① 蔡元培.蔡元培全集：第1卷[M].杭州：浙江教育出版社，1997：468.

② 蔡元培.蔡元培全集：第8卷[M].杭州：浙江教育出版社，1997：508.

③ 杨玉荣.中国近代伦理学核心术语的生成研究[M].武汉：武汉大学出版社，2013：338.

育""美情"等。如："[美情] 心理学名词。由美丑之判断而生之情操曰美情，亦曰审美的情感。如见天然风景及绘画、雕刻之美者，则愉快。见不洁丑恶者，则不快是也。"① 二是徐大纯的《述美学》言及"美学的定义，及其历史，其要素、其分野，其内容与形象之种类"。他称"美学"是"最新之科学，亦最微妙、最繁赜之科学"，"美"是一种"特别之感"，"而凡特别之感之中，惟快感为美之重要元素。……而其快感是名美感。Aesthetic feeling，美感者，由美而生之感者之谓也。"还说"快感"为"美之重要元素"，"然快感与美感，正自有别。……即如何之快乃为美，如何之情感乃非美。此在美学上，诚最有研究价值之问题也。"②《辞海》和《述美学》都对"美感"一词予以解释，利用"审美的感觉""快感"等不同概念进行揭示，释义内容比较丰富。不仅如此，两者代表了日常的（辞典的解释）和专业的（美学的解释）两种释义方向。这种分化倾向表明"美感"一词已具术语特征。当然，进一步将"美感"专业化，提升它的美学内涵，还需要后来者的不断努力。

（二）美感观念的表征

如果说语词与思想是表里关系，那么这种关系在外来词上表现得更为显著。一种外来语之输入即代表某种外来的思想的进入。作为外来词的"美感"必然因此而成为美学期待，亦唯此才能成为地道的美学术语。20 世纪初是一个思想杂陈、新旧过渡的时代。中西文化的交流、碰撞为新观念的产生提供了历史机遇。蔡元培、王国维译介外国美学，多少是在直接"接触"各种外来美学术语的基础上实现的。相比之，梁启超显得特殊。作为中国现代美学起源三大家之一，他是不谈"美学"的美学家。他的笔下竟无"美学"二字，"美育"也仅是在 1922 年 4 月北京美术学校讲演《美术与科学》中提及（"贵校是唯一的国立美术学校，他的任务，不但在养成校内一时的美术人才，还要把美育的基础，筑造得巩固，把美育的效率，发挥得加大"）。至于"美感"一词，他首度使用是在 1910 年初《国风报》创刊号上发表的《说〈国风〉中》（"即以一身论，舍禽息兽欲外，不复知有美感"），而再次用及直至在 1920 年

---

① 陆尔达 . 辞源 [M]. 上海：商务印书馆，1915：113–114.
② 徐大纯 . 述美学 [J]. 东方杂志，1915，12（1）：5–7.

出版的《欧游心影录》（"湖景之美……助长起我们美感"）。故对梁启超需要单独在这里论及。

先说"观念"。观念是需要借助语词（或曰关键词）来表达的可社会化的思想，有一个选择、吸收和再创的形成过程。作为观念，它往往由诸多的概念共同构成。观念的复杂特点之一就在于它的表征方式。用于表征某种观念的并非一定就是某词本身，还有与这种观念相通的其他语词。外来词有一个本土接受过程，起初在词形、词义上必然并不固定，但是这种情况并不意味时人缺乏相应观念。溯源"美感"一词还需要考察美感观念的其他表征语词，如"美术""文学"。两词在蔡元培、王国维那里同样是十分重要的美学概念形式。蔡元培在1900年前后多次谈到"美术（学）"，如："美术学，为抒写性灵之作，如诗词绘事"（《剡山二戴两书院学约》，1900年）；"文学者，亦谓之美术学"；"近世乃有小说，虽多寓言，颇详民俗，而文理浅近，尤有语言文字合一之趣"（《学堂教科论》，1901年）。把"文学"归为"美术"，而"美术"又可作"美学"（"审美学"），这种说法在今天有所影响。我们常把"美的""美感的"或"审美的"，皆视为可通用。王国维不仅译介了这些概念，而且有更为深刻的见解，如："美术之为物，欲者不观，观者不欲；而艺术之美优于自然之美者，全存于使人易忘物我之关系也"（《红楼梦评论》，1904）。又如："古雅之致，存于艺术而不存于自然"；"可爱玩而不可利用者，一切美术品之公性也"（《古雅之在美学上之位置》，1907年）。再如："文学者，游戏的事业"（《文学小言》，1906年）；"诗歌者，情感的产物"（《屈子文学之精神》，1906年）。王国维以西方美学（文论）来反观"美术"和"文学"，确立了审美独立性原则，而这与他的"学术独立""哲学独立"等观点是统一的。他重视"美"的性质、功用的阐释，专注的是"美"而非"美感"，所建立的是一个以"美"为核心、以人生价值为取向的思想理论体系。他偏于形而上学，注重的是哲学、美学，指向的是现代人生。蔡元培、王国维的见解，都已包含美或美感的作用是超功利的先进认识。

再看集政治家、文学家、翻译家于一身的梁启超。戊戌政变之后（1898年秋），梁启超负笈东渡，在日本先后创办《清议报》《新民丛报》《新小说》等，发表了大量的政论文，还有诗（话）、文、小说等，后辑成《自由书》（1899年）、《新民说》（1902年）、《德育鉴》（1905年）、《饮冰室诗话》（1902—

1907年）等。此时期是梁启超美学思想的初发期，以"三界革命"说最著名。他在《夏威夷游记》（1899年）中提出以"新意境""新语句""古人之风格"为"三长"的"诗界革命"和以"觉世之文""欧西文思"为内涵的"文界革命"。他又在《新小说》创刊号上发表《论小说与群治之关系》（1902年，以下简称《论小说》），成为"小说界革命"的宣言书。此文倡言"小说有不可思议之力"，不仅思想深刻，而且影响深远。正如张法所评价："他以《小说与群治的关系》等文章，在一种'革命'营造中，一方面使小说为艺术的最上乘而改变了中国传统文化中以诗文书画为主体的艺术结构，另方面让艺术成为唤起民众、塑造现代性新民的有力武器，显示了美学巨大的政治 / 社会功用。"[①]藉此名篇，并结合其他，我们可以一窥梁启超遣词造语的特点，而这恰恰能够彰显梁启超前期美学话语的特色。

延用。这是指保留已有语词形式（但词义有所增减）或者进行简单的改造（如增减字数）。古代汉语文论范畴不胜枚举，一个显著特点是言简意赅。体现在《论小说》中就是把小说"支配人道"的"四力"概括为"熏""浸""刺""提"。其中谈"浸"时又这样说："人之读一小说也，往往既终卷后数日或数旬而终不能释然，读《红楼梦》竟者，必有余恋有余悲，读《水浒传》竟者，必有余快有余怒，何也？浸之力使然也。等是佳作也，而其卷帙愈繁事实愈多者，则其浸人也亦愈甚；如酒焉，作十日饮，则作百日醉。"[②]还有称"此四力所最易寄者惟小说"，"小说"既"可爱"又"可畏"，等等。梁启超在具体说明时，好用"余 ×""可 ×""大 ×"等构词方式。又如《惟心》（1900年）中这样说："境者心造也。一切物境皆虚幻，惟心所造之境为真实。"接下来举例说：面对月夜、黄昏、桃花或江、舟、酒时，分别产生"余乐"与"余悲"、"余兴"与"余闷"、"欢慼"与"愁惨"、"清净"与"爱恋"、"雄壮"与"冷落"的"绝异"之"境"。同样的美感对象，产生不同的美感境界。他认为，造成美感的不同，"其分别不在物而在我，故曰三界惟心"。此文中还有这样一些表述："天下之境，无一非可乐、可忧、可惊、可喜者"；"乐之、忧之、惊之、喜之，全在人心"；"境则一也，而我忽然而

①　张法. 回望中国现代美学起源三大家 [J]. 文艺争鸣，2008（1）：40.

②　梁启超. 梁启超全集：第4卷 [M]. 北京：北京出版社，1999：884–885.

乐,忽然而忧,无端而惊,无端而喜";"是以豪杰之士,无大惊,无大喜,无大苦,无大乐,无大忧,无大惧。"① 这些尽管并非纯粹在谈美和美学,但都是与审美(美感)现象直接相关。梁启超善用例证的论证法和对举、排比、比喻等多种修辞手段,措辞讲究,文采飞扬。

借用。这是指利用日常的、伦理的或宗教的术语、概念进行说明的一种方式。中国传统文论本具有这种特点,如"取象""比兴"蕴含的就是一种借物喻人的伦理观念,再如"境界"原是道家、禅家的用语,而在后来成为重要的审美范畴。《论小说》包含了许多佛语、佛义、佛理,兹不详举。梁启超对佛教、佛学从社会、文学等多方展开讨论。如《论佛教与群治之关系》(1902年)指出信仰佛教的六大条件,即"智信而非迷信""兼善而非独善""入世而非厌世""无量而非有限""平等而非差别"和"自力而非他力",同时还指出佛学之"广""大""深""微"②。1920年代初他转向佛学研究。《翻译文学与佛典》(1921年)指出佛典的输入和翻译具有重要意义,如拓展中国人的视野、扩大汉语词汇、增辟人们的想象空间、带来汉语语法及文化的某些变化,同时还对学者思想、文人创作产生深刻影响。可见,翻译文学对中国一般文学、国语(包括词义、语法、文体)的影响很大。梁启超对佛教、佛学的深刻体会,还表现在《什么是文化》(1922年)中借用佛家术语"业"(即创造、创造力)来形象地说明"美感":"美感是业种,是活的;美感落到字句上成一首诗,落到颜色上成一幅画,是业果,是呆的。"③ 佛教成为包括美学在内的梁启超思想的重要来源和组成部分。

新用。这是指在不参考已有的各种语词的情况进行创造的方式。一般地说,外来词是一种新造词,典型的如音译词。《自由书》(1899年)是梁启超的留学日记,其中有一篇《烟士披里纯 INSPIRATION》。他这样解释:"'烟士披里纯'者,发于思想感情最高潮之一刹那顷,而千古之英雄、豪杰、孝子烈妇、忠臣、义士以至热心之宗教家、美术家、探险家,所以能为惊天地泣鬼神之事业,皆起于此一刹那顷,为此'烟士披里纯'之所鼓动。故此一

① 梁启超.梁启超全集:第2卷 [M].北京:北京出版社,1999:361–362.
② 梁启超.梁启超全集:第4卷 [M].北京:北京出版社,1999:906–910.
③ 梁启超.梁启超全集:第14卷 [M].北京:北京出版社,1999:4062–4063.

刹那间不识不知之所成就，有远过于数十年矜心作意以为之者。"①"烟士披里纯"，今译"灵感"，本是一种在文学创作过程中发生的但并不神秘的审美心理现象，这里却把它当作包括美术家在内的一种人格动力机制。梁启超的新造词，当以"移人"为代表。该词两次出现在《论小说》："苟能批此窾、导此窍，则无论为何等之文，皆足以移人"；"文字移人，至此而极。"又如《译印政治小说序》和《佳人奇遇·序》（1898年）："其移人之深，视庄言危论，往往有过。"再如《新民说》："天下移人之力，未有大于习惯者"；"崇贵逸乐，最足移人。"与"移人"相似的还有"情之移""移我情"，前者如《饮冰室诗话》第87、179则，后者如《饮冰室诗话》第161则、《致汤觉顿》（1910年10月23日）、《〈秋蟪吟馆诗钞〉序》（1915年）、《佛教教理在中国之发展》（1915年）、《趣味教育与教育趣味》（1922年）、《致胡适之》（1925年7月3日）。出现在论文、诗话、书信、序文等之中的"移"词，显然是与"移情"一词十分接近。但从来源看，它们并非出自立普斯美学，而是梁启超自创。

梁启超文本用语讲究，思想蕴含丰富，构成了近代以来中国文化史的一道独特景观。作为最早的西学译介者之一，梁启超以融西入中、除旧启新为理想之追求。他在小说方面独树一帜，理论、创作、翻译并举，尤其是提出的"力""移人"等美学范畴具有标识性。而他之所以在这方面用力甚多，实际是把"小说"作为"文学美术"的代表，以之进行启蒙宣传。如《新民说》曰："凡一国之能立于世界，必有其国民独具之特质，上自道德法律，下至风俗习惯、文学美术，皆有一种独立之精神，祖父传之，子孙继之，然后群乃结，国乃成。斯实民族主义之根抵源泉也。我同胞能数千年立国于亚洲大陆，必其所具特质，有宏大高尚完美，厘然异于群族者，吾人所当保存之而勿失坠也。"②单就"文学"而言，这也是他一以贯之的主题。如他对小说、诗、戏曲、美文等文类采取"离合、重组以及等级的升降"的态度，"于文学版图的分割屡屡变异"，但是最终也都指向了"从偏向文学功能到注重文学美感的理念转化"③。如此看来，梁启超"善变"之中有"不变"的一面，体现之一就是重视"文学"本身的美学价值与启蒙功能。他几乎不提"美感"，但"新民"、

---

① 梁启超.梁启超全集：第2卷[M].北京：北京出版社，1999：375.

② 梁启超.梁启超全集：第3卷[M].北京：北京出版社，1999：657.

③ 夏晓虹.文学语言与文章体式：从晚清到五四[M].合肥：安徽教育出版社，2006：186.

文类等诸多问题并没有游离于美学视域之外。事实上，谈文学、美术都无法避开谈及美和美感，而"美"和"美感"又是十分接近甚至一致的概念和问题。当然，从建立美学身份的角度而言，"美感"一词毕竟需要在相应的理论、学科和思想的不断发展中确立和夯定。

（三）关于"美感教育"

"美感"一词能够在后来得以普及，很大程度得益于美育之提倡。美育是中国现代美学的特色。从世纪初的王国维开始，美学就被烙上美育的标签，而美育大行其道，又始于蔡元培在民初的提倡，以《对于新教育之意见》（1912年，以下简称《意见》）的发表为标志。该文先后在《民立报》《教育杂志》《东方杂志》上公开，特别是以"对于教育方针之意见"之名登载在《临时政府公报》，显示出权威性。在《意见》中，蔡元培初次提出"美感之教育"："美感者，合美丽与尊严而言之，介乎现象世界与实体世界之间，而为之津梁。……故教育家欲由现象世界而引以到达于实体世界之观念，不可不用美感之教育。"[①]而这个"美感之教育"，在教育宗旨令（1912年9月2日）中明确为"美感教育"："注重道德教育，以实利教育、军国民教育辅之，更以美感教育完成其道德。"美感教育精神也在随后的各类各级教育规程中得到体现，如"图画要旨在使详审物体，能自由绘画兼练习意匠，涵养美感"（《中学校令施行规则》，1912年12月2日），又如"陶冶情性、锻炼意志，为充任教商之要务，故宜使学生富于美感，勇于德行"（《师范学校规程》，1912年12月10日）。提倡美育作为教育宗旨的一部分，由官方公布并逐级落实，这种"自上而下"的途径，在有利于尽快完成改革教育制度的同时，使得美育理念得到广泛传播。

蔡元培是致力推行美感教育的主要倡导者。他宣传美育是一个不断阐释"美感"的过程。"美感"是构成美育观念的关键词。从《意见》一文使用情况看，"美育"18次，"美感"9次，两者相得益彰。而这个由康德所创造、具有中介作用的"美感"概念，被蔡元培尝试利用，成为"超轶政治之教育"的"世界观"和"美育主义"的主体内涵。在《子民自叙》（约1912—

---

① 蔡元培.蔡元培全集：第2卷 [M].杭州：浙江教育出版社，1997：11.

1916年）中还一度称"美学（之）教育"："欲完成道德教育，不可不以一种哲学思想为前提。而哲学思想之涵养、恃有美学之教育，故美学教育为最当注意之点。"① 随着"五四"前夕发表"以美育代宗教"，通过演讲等方式的不断深入阐明，至30年代初他已表述得十分清晰。如为《教育大辞书》（1930年）而撰写的专门条目："美育者，应用美学之理于教育，以陶养感情为目的者也。"② 又如《美育与人生》（1931年前后）："人人都有感情，而并非都有伟大而高尚的行为，这是由于感情推动力的薄弱。要转弱而为强，转薄而为厚，有待于陶养。陶养的工具，为美的对象；陶养的作用，叫作美育。"③ 前者从目的，后者从对象、作用两方面解释了美育，强化了美育的内涵，即是对感情的陶冶和激发，而这无疑就是"美感教育"的实质。但就蔡元培在民初初次提出的"美感（之）教育"而言，它毕竟是"新学语"。显然，对于"美育"的理解不可能只存在一种方式，还有"情感教育"（简称"情育"）和"审美教育""美术教育""艺术教育""美学教育"等多种，有的甚至先于"美感教育"而出现。因此，"美感教育"这一概念的合法性，还需要我们在历史与逻辑的统一中做进一步分析。

王国维曾发表多篇论美育的文章。如《论教育之宗旨》（1903年）指出："情"是精神的一部分，"美"是"情感之理想"，而"美育"即是"情育"，"一面使人之感情发达，以达完美之域，又为德育与智育的手段"。又如《孔子之美育主义》（1904年）则是"备举孔子美育之说，且诠其所以然之理"，用以启发"世之言教育"。再如《古雅之在美学上之位置》（1907年）指出："古雅"处在优美与宏壮之间并兼有两者之性质，而它又是一种能够通过后天修养而得之的能力，"故可为美育普及之津梁"。这些都已成为中国现代美育思想之经典，具有开创性意义。王国维阐说美育，吸收德国的哲学、美学，致力发掘中国美育传统，是成功开创中西"化合"的典型。他的"先知先觉"也得到后人的高度评价："王氏所论，且皆近代教育之先导，其头脑清新，眼光明锐如此，于开发近代风气，厥功伟已。"④ 对于王国维的美学、美育之贡献，似

① 蔡元培.蔡元培全集：第17卷 [M].杭州：浙江教育出版社，1998：416.
② 蔡元培.蔡元培全集：第6卷 [M].杭州：浙江教育出版社，1997：599.
③ 蔡元培.蔡元培全集：第7卷 [M].杭州：浙江教育出版社，1997：290.
④ 陈平原，王枫.追忆王国维 [M].北京：中国广播电视出版社，1997：160.

乎怎么评价都不为过。然而从时间上看，蔡元培比王国维更早地使用"美育"一词并提出"情育"的观点。这就是发表在《普通学报》第1、2期（1901年10~12月，署名蔡崔顾）的《哲学总论》。其中在谈到纯正哲学研究之目的的时候，这样写道："教育学中，智育者教育智力之应用，德育者教意志之应用，美育者教情感之应用。"[①]"美育"是"教情感之应用"，是与"智育""德育"相区别的"情育"。蔡元培从一开始就把美育夯定在知意情分立的科学基础之上，这为后来进一步提出和全面倡导美育做好了铺垫。"情育"的观点与稍后的王国维的观点相呼应。从《哲学总论》到《意见》的10余年间，是蔡元培广泛学习包括美学、美育在内的成长时期和重要的学术积累时期。他对美育的"美感教育"的理解已不只是定位于哲学的"情育"，而是有着哲学、教育学、心理学、伦理学、社会学等多学科的考量。此时期尽管也是王国维研究美育的重点时期，但是他热衷"哲学的观察"、深陷哲学之困境。美育只是王国维为学的一个阶段所为，而蔡元培是把美育之提倡作为个人终身事业。

　　王国维主编的《教育世界》刊有《霍恩氏之美育说》（1907年，为佚文，或是译文）。此文是一篇介绍西方美育家的专论文章，其中有"审美教育""审美的教育""审美的感动""审美之休养""审美之兴味"等各种"审美"用词。在王国维文本中，也有"审美的嗜好"（《红楼梦评论》），"审美之境界""审美之趣味"（《孔子之美育主义》）等多种形式。把"审美教育"作为一个概念使用，实以李叔同为早。在《图画修得法》（1905年）这篇被认为中国最早介绍西洋画知识的文章中，他写道："今严冷之实利主义，主张审美教育，即美其情操，启其兴味，高尚其人品之谓也。"另在"自在画概论"部分提到"精神法"，其中又这样写道："吾人见一画，必生一种特别之感情。若者严肃，若者滑稽，若者激烈，若者和蔼，若者高尚，若者潇洒，若者活泼，若者沉着，凡吾人感情所由发，即画之精神所由在。"[②]此中提及的"审美心""特别之感情"等说法接近"美感"。除译"美学"为"审美学"之外，蔡元培也只是在《以美育代宗教说》（1917年）、《美学讲稿》（1921年）等中偶尔使用"审美"的说法，遑论"审美教育"。"审美"一词应当有特殊用法。正如陈望衡

---

① 蔡元培. 蔡元培全集：第1卷 [M]. 杭州：浙江教育出版社，1997：357.

② 郎绍君，水中天. 二十世纪中国美术文选：上卷 [C]. 上海：上海书画出版社，1999：4.

指出："审美，在英语中为 aesthetic，它很少独立存在，总是与别的词连在一起，构成诸如'审美态度''审美判断''审美愉快''审美价值'等概念。这样说来，审美就不能等同于审美感受—美感了。"① 故此，"审美教育"与"美感教育"有所不同，前者突出美育实施过程中的客体（美的对象）与主体（受教育者）的主次关系，而后者突出对这种关系的超越及统一，两者不能完全一致。

把文学、美术作为教育课题，王国维、梁启超都有切实的思考。王国维在关于"文学与教育"的"教育偶感"（1904年）中，有感于"美术之匮乏"而要求"文学之趣味"，并称"精神上之趣味"必定是通过千百年的培养和个别天才人物的引领才能达到。他告诫那些倡言教育者：如果不谋求"精神趣味"，那么将是十分愚昧无知的。梁启超在《自由书》（1899年）中指出：改变"固无精神"的现状需要"浚一国之智，鼓一国之力"，其方法就是以"自由"为工具的"精神教育"，而"精神教育"就是"自由教育"。他在诗话（第77则）中又说道："盖欲改造国民之品质，则诗歌音乐为精神教育之一要件，此稍有识者所能知也。"② 他们都提出了用于改造国民性的"精神教育"，其包含的美育精神已昭然若揭。但是他们并没有直接使用"美术教育"的说法。"美术教育"的核心词是"美术"。须知，"美术"也是一个外来词。它经由王国维、刘师培、鲁迅等一批先见者的主导和铺垫，通过"南洋劝业博览会""上海图画美术院"、《美术丛书》等会展、学校、出版物的社会辐射面，不断扩大和普及，终为民初社会所全面接纳，被确定为现代汉语的固有名词；而它的含义，则从"美育""美学""美化"或"文学表现"（即美之"术"）、"艺术"等混用状态中逐渐疏离出来，成为视觉艺术或造型艺术的特称③。这就是说，"美术"一词在形、义两方面至民初已基本定型，并成为流行的美学概念。从这方面说，"美术教育"也就不能等同"美感教育"。当然，蔡元培对"美术"的理解也有一个趋于细密、明确的过程。他译介"美术"始于1900年，是把

---

① 陈望衡.序[M]//神林恒道."美学"事始：近代日本"美学"的诞生.杨冰，译.武汉：武汉大学出版社，2011：2.

② 梁启超.梁启超全集：第18卷[M].北京：北京出版社，1999：5333.

③ 陈振濂."美术"语源考："美术"译语引进史研究[A]//陈振濂.浙江大学美术文集：上卷.杭州：浙江大学出版社，2007：351-385.

"美术"作为广义的概念，包括"文学"，又与"美学"通用（见前述）。至《意见》一文，则视"美术"为"美感"："美术则即以此等现象为资料而能使对之者，自美感以外一无杂念。"这是取美术的美感作用，故又有"图画""唱歌""游戏"等皆为"美育"之论。《以美育代宗教说》（1917年）指出"歌词""演说"皆有"美术作用"，还把"美术"作为与"宗教"的对应。再至《美育代宗教》（1932年）则直接断言"只有美育可以代宗教，美术不能代宗教"，而"美育"与"美术"之所以不可互代，是因为"美育是广义的，而美术的意义太狭"。蔡元培谈美育不离开美术，这是他从偏美育理论到重美育实施的思想之体现。

应该说，"美感教育"是一个更为严谨、科学的概念。"情育""审美教育""美术教育""美感教育"各有偏重，而"美感教育"更具包容性，其内涵和外延也更大，故更加适合表明美育之提倡的可行性。蔡元培在民初提出美感教育的美育，固然是他的自觉的选择，其实又是时代必然。正如王善忠指出："要给美育下定义，一是不可能离开美感（当然，也离不开美，因为没有美，美感也就无从谈起）和教育这两个基本构成要素，二是还要考虑到这界说能为人们所理解、赞同和把握。"[①]王国维、李叔同、梁启超的美育观的影响程度，受制于一些客观的条件，或因理论精深不易为一般人所理解，或因在域外刊物发表而鲜为国内读者所了解。而蔡元培美育观之所以得以广泛流行，很大程度是与他的特殊身份，与教育革新、政治运动的密切配合有直接关系。正如刘海粟所评："蔡先生把法国资产阶级大革命的口号与儒家学说做了综合，使新老知识分子皆能接受。美育一说，更加引起我的共鸣。"[②]

谈到"美育之提倡"，我们还不能忘记鲁迅先生的贡献。鲁迅前期（1902—1917年）多次提出有关文学、美术具有美感作用的观点，如："至小说家积习，多借女性之魔力，以增读者之美感"（《月界旅行·辨言》，1903年）；"盖使举世惟知识之崇，人生必大归于枯寂，如是既久，则美上之感情漓，明敏之思想失，所谓科学，亦同趣于无有也"（《科学教史篇》，1907年）；"纯由文学上言之，则一切美术之本质，旨在使观听之人，为之兴感怡悦"（《文

---

① 王善忠.美感教育研究 [M].长春：吉林教育出版社，1993：10.

② 陈平原，王枫.追忆王国维 [M].北京：中国广播电视出版社，1997：292.

化偏至论》，1908年）。他在加入特别班问学期间（1908年）与章太炎讨论文学定义时还说："文学和学说不同，学说所以启人思，文学所以增人感。"[1] 这些观点萌生于他留日期间，表达的是通过文艺以"转移性情"、改造社会的启蒙理想。1909年夏留学归来之后供职于蔡元培主持的教育部的五年期间，鲁迅做了大量的推广美育的工作。1913年他在《教育部编纂处月刊》上发表《儗播布美术意见书》，对美术作用做出了独到见解："播布云者，与国人耳目接，以发美术之真谛，谓不更幽秘，而传诸人间，使起国人之美感，更以冀美术家之出世也。"并且对美感的产生做了科学的、唯物论的解释："盖凡人有人类，能具二性，一曰受，一曰作，受者譬如曙日出海，瑶草作华，若非白痴，莫不领会感动。"[2] 该月刊还载有他的两篇译文《艺术玩赏之教育》和《社会教育与趣味》（上野阳一）。除传播艺术美育、社会美育之外，鲁迅还做了许多开创性的推广美育的实际工作，如到"夏期美术讲习会"讲演，筹办全国儿童艺术展览会，筹建京师图书馆、通俗图书馆、历史博物馆，关注新剧（话剧、文明剧）的发展。鲁迅前期的美育观受到日本文化的影响和蔡元培思想的直接引导。随着"文学革命"的展开、唯物主义美学思想的深入，鲁迅对美感的社会性和其中潜在的功利因素，又逐渐加以阐明，使之趋于完整。

总得说，"美感"一词在20世纪之初的汉语语境中处于微妙的境地。把它从外来的转化为本土的、从日常的提升为美学的，并作为美学术语用于解释美学问题，这一过程包含了王国维、蔡元培、梁启超等学人的不断努力。特别是美育之兴起并被蔡元培确立为"美感教育"，这是具有实际意义的。所谓"起国人之美感"（鲁迅语）就是激发、培养国人的情感，张扬国人的生命活力。这使得中国现代美育成为有深度的美学理论，成为以育人为目标、以救国救人为直接目的的文化思想。从改造、提升国民精神这一高度审视，中国现代美育的发生的确是在观念、思想层面展开，但是不可能离弃具有定型功能的汉语。西学东渐背景下，新观念、新思想的发生需要通过学人汉语体验才能形成实质性的影响。从这个意义上说，中国的现代性也是汉语的现代性

---

① 许寿裳 . 亡友鲁迅印象记 [M]. 北京：人民文学出版社，1955：27.

② 鲁迅 . 鲁迅大全集：第1卷 [M]. 武汉：长江文艺出版社，2011：168.

（参见导论部分）。也正如此，近代以来中国学人才有感于新学语之输入或者创造的必要。中国现代美学起源三大家的汉语体验，是他们切近中国现代美学尤其是美育发生于本土实际问题解决的直接方式。至于1910年代中期之后"美感"的译入与对接情况，这里不再追踪。

二、创造观念——以"创化""美化"为中心

与"美感"一词具有明显的外来性质不同，"创造"是地道的本土词汇，在古代已出现，且词义也较接近现代，但是这并不能成为我们视两者相同的理由。就词义的广度和深度而言，该词在古代无法和在近现代同日而语。"在漫长的古代历史中，'创'和'创造'都属使用频率很低的非常用字词，并没有引起古人特别注意。在中国传统哲学与文化范畴术语中，也没有它们的位置。"[①] 近代以来流行的"创造"，是一个被普遍运用的、在时文中反复出现的新概念。它不再是一个以旧形式出现的旧观念，而是一个对社会具有重要导向作用的价值观念。不仅此，它能够跃过各种思想文本，跨越各种党派、政见、思潮，得到广泛推崇和高度认可[②]。由此看出"创造"的时代性、创造性。特别是在"五四"时期，"创造"成为一个流行的口号。蔡元培在《文化运动不要忘了美育》（1919年）中说："现在文化运动，已经由欧美各国传到中国了。解放呵！创造呵！新思潮呵！新生活呵！在各种周报日报上，已经数见不鲜了。"[③]创造观念深入人心，以创造观念解释美学、人生诸种现象十分盛行。围绕"创造"这个中心观念，亦形成了诸多词义。这里重点梳理"创化""美化"两个义项的呈现状况，并以此彰显重构现代人生的必要。

（一）"创化"

不容置疑，近代以来中国思想界风气发生转变，是与西方进化学说的引入与流行直接相关。自1898年严复发表译作《天演论》（赫胥黎）以来，西方

---

① 刘仲林 . 中国创造学概论 [M]. 天津：天津人民出版社，2001：21.

② 高瑞泉 . 中国现代精神传统：中国的现代性观念谱系 [M]. 上海：上海古籍出版社，2005：134–147.

③ 蔡元培 . 蔡元培全集：第3卷 [M]. 杭州：浙江教育出版社，1997：739.

进化学说逐渐被国人熟知，并产生了积极影响。杜亚泉说："生存竞争学说，输入吾国以后，其流行速于置邮传命，十余年来，社会事物之变迁，几无一不受此学说之影响。"① 陈兼善亦这么指出："现在的进化论已经有了左右思想的能力，无论什么哲学、伦理、教育，以及社会之组织、宗教之精神、政治之设施，没有一种不受它的影响。"② 近代以来的启蒙思想家对社会、文化的认知，都是建立在这种进化或进步的观念基础之上，并使之在思想领域取得一种普遍性地位。大体看，在中国本土语境中出现的进化论有：生物进化论（达尔文）、社会进化论总体特征、中国传统进化思想、新三世进化观（康有为与谭嗣同）、天演进化观（严复）、新民与破坏主义进化观（梁启超）、三民主义革命进化观（孙中山）。新文化运动时期还出现激进主义进化观、改良主义进化观、调和主义进化观，等等。这些进化观，无论何种都包含"科学理论与方法""整体与局部""进步与进化""解释与改造""进化动力与机制"等共同要素③。其中，核心观念都在"创造"，正是它促使中国现代思想文化等方方面面发生变革。在这种意义上说，"进化"即"创造"。

富有意味的是，"进化"与"创造"的结合，形成了"创化"这个本土性词汇。1934年出版的《新名词辞典》这样解释："[创化] 即创造的进化之略。"再查"[创造之进化]"，又如此解释："简称创化，为法国柏格森的根本思想，他以为生物的进化，不只是由于外界条件使然，且是由于内部的生命力量之创造的发展云。"④ 这就是说，"创化"一词是译介柏格森学说的产物。柏格森（Bergson，H.），法国哲学家，代表作有《时间与自由意志》（1889年）、《物质与记忆》（1896年）、《创化论》（1907年）等。其中《创化论》（L'evolution Creatrice）是使他获得广泛声誉的世界名著。该著的最早中译者是张东荪。他对美国学者密启尔（Micheal）的英译本进行重译。译文自1918年1月1日起，在《时事新报》连载，达3月之久，并于次年10月分上下册由商务印书馆出版。关于书名"创化论"，"译言"如是曰：

---

① 杜亚泉 . 静的文明与动的文明 [J]. 东方杂志, 1916, 13 (10): 7.

② 陈兼善 . 进化论发达略史 [J]. 民铎杂志, 1922, 3 (5): 2.

③ 吴丕 . 进化论与中国激进主义 1859–1924[M]. 北京：北京大学出版社, 2005: 196–197.

④ 邢墨卿 . 新名词辞典 [M]. 上海：新生命书局, 1934: 121.

　　吾于是书之名，斟酌再四，始定今名。盖英文为 Creative Evolution，日译为创造的进化。夫的字为口语，在文为之。今通篇既不用口语，于是有劝予译为创造之进化者。然此语若译英文，必为 The Evolution of the Creation，则差之毫厘、谬以千里矣。又有劝予译为创造进化论者，此而译英，或亦有 to create the Evolution 之误。故予毅然决然用今名。以创即创造，化即进化故也。日人喜用叠字，如国而必曰国家，实则仅一国字，于义亦足。则创造固无异乎创，进化亦有化即足。毋庸加进于其上，又况创中已兼含进之义耶。①

　　可见，"创化"一词是张东荪通过比较英译、日译的效果之后做出的选择。这种创造性翻译，使得该词成为具有特定含义的汉语新词，并在日后逐渐流行使用。

　　直接地看，"创化"一词是舍弃"创造（的）进化"而汉译的结果，即从横向比较得来。从纵向演变看，该词之出现则是反映柏氏学说译入中国的历程，因为"创造进化"的确为它的初译名。钱智修在《布格逊哲学说之批评》（1914年）中说："最惬余意之一点，柏氏之著作，在一明白之概念焉，即精神或意识，对于物质之超越性。其《创造进化论》（The Creative Evolution），所叙述者，皆此精神。"对此的具体说明，他又以"造化之秘藏"来译述："布格逊者，则欲探精神之真相与造化之秘藏者之友也，造化之秘藏当以智的直观探索之，而不能由名学及科学性理解探索之。"②之前，他已发表《现今两大哲学家学说概论》（1913年）一文，分别介绍柏氏学说和郁根（Eucken, R.，现通译为欧铿、倭铿）学说。该文第一部分"柏格逊之进步哲学"并未明确提及柏氏的这部代表作，只是以"进步哲学"来概括柏氏学说。"进步哲学，殆可以至简之言语表之。即其生活也其变更，其变更也其发育，其发育也其不绝之创造。自然界中，无完成之事物。各种事物，在进行之途中。时间永无现在，生活日趋进步是也。"③此处使用的是"变更""创造""进步"等词。两文的译语使用并不统一。这种情况反映了柏氏学说初入中国的情形。当然，

①　柏格森. 创化论：上册 [M]. 张东荪，译. 上海：商务印书馆，1919：2.
②　钱智修. 布格逊哲学说之批评 [J]. 东方杂志，1914，11（4）：1.
③　钱智修. 现今两大哲学家学说概论 [J]. 东方杂志，1913，10（1）：3.

我们不能因此否认钱智修做出的贡献。在1910年代就将柏格森与欧铿一并介绍过来，这已足见他的明智。这种介绍，亦是对科学在中国传播的推进。

柏格森创化论是一种进步的、科学的学说。近代以来西学进入中国以"日本"为主要中介。应该说，译介渠道较为单一，而且又多为转译性质，故容易出现差错。这种现象引起了杜亚泉的警觉。杜氏倡言科学，曾任《东方杂志》主编，对柏氏学说亦十分欢迎。对此，我们可以从他的《物质进化论》（1913年）、《精神救国论》（1913年）、《人生哲学》（1924年）等当中看出。其中《精神救国论》在《东方杂志》分两次刊发（第10卷第2、3号）。在第一次发表（1913年8月）的文后，有这样一段"记者附志"：

> 本论介绍达氏、斯氏以后诸家之进化论，可与本志九卷第八号之《新唯心论》及前号《现今两大哲学家学说概略》参看，以见欧美进化论之发达，由唯物论转变为心物二元论及唯心论之次第；而进化之原理，于生存竞争以外，尚有种种学说，亦可概见。惟所介绍诸说，多从日本译书中采辑，辗转适译，不免谬误，且摘要举示，于诸氏学说，亦不免有得粗遗精之处。我国关于此等学说之译著甚少，或者借此一窥，得引起我国人之兴味，而提倡之而研究之，则精致完全之著作，当不难出现。以后当就诸家学说，以记者之见地，妄为取舍，以明精神救国论之本旨？ [1]

这里提到的两篇文章，作者分别是章锡琛[2]和钱智修。杜亚泉从因为是译自欧美而给予充分肯定。就钱智修而论，他的两篇文章均从美国学者所译述：一是阿博德（Abbott, L.）的柏格森和郁根的哲学思想的专述，另一是菩洛斯（Boroughs, J.）的柏格森研究之作《灵魂之先知人》。此外，在梁漱溟的《究元决疑论》（1916年）中有一小段译文："生活者，知识缘以得有之原。又，自然界缘以得有象有序，为知识所取之原也。哲学之所事，要在科学所不能为，即究宣此生活而已。此生活之原动力，此生活所隐默推行之不息转变，

---

[1]　杜亚泉. 杜亚泉文存 [M]. 上海：上海教育出版社，2003：48.

[2]　章锡琛（1889-1969），字雪村，浙江绍兴人。长期担任《东方杂志》编辑（1912-1925年）。后又主编《妇女杂志》，创办开明书店。译有《文学概论》（本间久雄），注有《文史通义选》《马氏文通校注》，等等。

进化此慧性，使认取物质世界，而又予物质以核实不假时间之现象，布露于空间。故真元者，非此核实之物质，亦非有想之人心，但生活而已，生成进化而已。"① 此段译文同样来自美国学者之作，即 H.Wildon Carr. 的研究柏格森的著作 *Philosophy of Change*（New York，1912）。从英文直接译介柏格森研究的新成果，体现出中国译介者具有开放态度，能够紧跟世界潮流。从钱智修的译述到张东荪的翻译，前后约 5 年时间，柏氏学说在较短时间译入。这充分表明柏氏学说在中国的受欢迎程度，其进化论符合当时中国思想界的急切需要，毕竟"创造"是多方面的，而思想文化创造首当其冲。

"创化"一词终究体现为译者对柏格森学说的理解，故译文与原文有所偏差应是自然之事。看一下钱、梁、张从英语中译出的文字，我们会发现他们对柏氏学说中的"创造"这一关键概念，采用了"进步""变更""造化""变化""转变""进化""创化"等各种译词。这种差异是译者个人思想观念介入的体现。以梁漱溟为例。上面提到的那段译文，充斥着各种佛学词汇。梁氏认为柏氏对佛学"不息转变以为本故"的理论阐述得最为贴切，故对"柏格森所谓生活，所谓生成进化"觉其"尤极可惊可喜"。将柏氏的"进化论""变化说"纳入佛学视域，确为"为我所用"之举。后来在《唯识家与柏格森》（1921 年）中，他指出柏格森"排理智而用'直觉'"与唯识家"排直觉而用理智"这两者的方法是不合的②。尽管他意识到此，但是这并不妨碍他对柏氏学说的厚爱。皆知，"生命""自然"是梁氏思想之根本观念。《中西学术之不同》（1937 年）又如此说："……觉得最能发挥尽致，使我深感兴趣的是生命派哲学，其主要代表者为柏格森。记得二十年前，余购读柏氏名著，读时甚慢，当时尝有愿心，愿有从容时间尽读柏氏书，是人生一大乐事。柏氏说理最痛快、透彻、聪明。美国詹姆士杜威与柏氏，虽非同一学派，但皆曾得力于生命观念，受生物学影响，而后成其所学。苟细读杜氏书，自可发见其根本观念之所在，即可知其说来说去者之为何。"③ 至于他如何接受、吸收柏氏学说，在《东西文化及其哲学》（1921 年）、《人心与人生》（1950—1975 年）等论著当中有相当的体现。

---

① 梁漱溟. 梁漱溟全集：第 1 卷 [M]. 济南：山东人民出版社，2005：13.
② 梁漱溟. 梁漱溟全集：第 4 卷 [M]. 济南：山东人民出版社，2005：645.
③ 梁漱溟. 朝话 [M] // 梁漱溟. 梁漱溟全集：第 2 卷 [M]. 济南：山东人民出版社，2005：126.

"创化"一词体现的创造性还表现在对创造本身的认知深度。美国当代心理学家泰勒（Taylor, I.A.）提出"创造五层次说"。他把"创造"分为表露式的（expressive）、技术性的（technical）、发明式的（inventive）、革新式的（innovative）、突现式的（emergentive）共5个层次。这是采用产品角度、充分利用产品易于把握、创造产品之"新"的程度或水平高低等特点做出的划分[①]。显然，新的创造物总是在旧物的基础上形成的，不同的只是在创造程度、水平的差异。物质产品的创造是如此，精神产品、文化产品的创造更应如此，甚至更为复杂。中国文化从传统向现代的"创造性转化"，其实就是"创造"。但是在如何转化的问题上，基于不同的创造认知，则形成不同的创造态度。梁漱溟相对保守，主张渐进式的创造，而陈独秀、李大钊激进得多。他们接受柏氏学说，用以解释反封建、反传统的原因。李大钊说：

> 人类云为，固有制于境遇而不可争者，但境遇之成，未始不可参以人为。故吾人不得自画于消极之宿命说（Determinus），以尼精神之奋进。须本自由意志之理（Theory of free will），进而努力，发展向上，以易其境，俾得适于所志，则 Henri Bergson 氏之"创造进化论"（Creative Evolution）尚矣。（《厌世心与自觉心》，1915年）[②]
>
> 西人既信人道能有进步，则可事一本自力以为创造，是为创化主义（creative progressionism）。（《东西文明之根本异点》，1918年）[③]

陈独秀说：

> 吾人数千年以来所积贮之财产，所造作之事物，悉为此数十次建设国家者破坏无余。（《爱国心与自觉心》，1914年）[④]
>
> 人生如逆水行舟，不进则退，中国之恒言也。自宇宙之根本大法言之，森罗万象，无日不在演进之途，万无保守现状之理；特以俗见拘牵，谓有

---

① 傅世侠，罗玲玲.科学创造方法论 [M].北京：中国经济出版社，2000：52-53.
② 李大钊.李大钊全集：第1卷 [M].北京：人民出版社，2006：139.
③ 李大钊.李大钊全集：第2卷 [M].北京：人民出版社，2006：212.
④ 陈独秀.陈独秀著作选：第1卷 [M].上海：上海人民出版社，1993：147.

二境，此法兰西当代大哲柏格森（H.Bergson）之创造进化论（L'Evolution Creatrice）所以风靡一世也。以人事之进化言之：笃古不变之族，日就衰亡；日新求进之民，方兴未已；存亡之数，可以逆睹。矧在吾国，大梦未觉，故步自封，精之政教文章，粗之布帛水火，无一不相形丑拙，而可与当世争衡！（《敬告青年》，1915年）①

人类文明之进化，新陈代谢，如水之逝，如矢之行，时时相续，时时变易。二十世纪之第一十六年之人，又当万事一新，不可因袭二一世纪之第十五年以上之文明为满足。……人类生活之特色，乃在创造文明耳。（《一九一六年》，1916年）②

法兰西之数学者柏格森氏与之同声相应，非难前世纪之宇宙人生机械说，肯定人间意志之自由，以"创造进化论"为天下倡，此欧洲最近之思潮也。……生物界之吾人，允当努力以趋无穷向上之途，时时创造，时时进化，突飞猛进，以遏精力之低行，不可误解机械说及因果律，以自画也。（《当代二大科学家之思想》，1916年）③

李大钊、陈独秀代表"五四"时期文化激进主义者，具有积极的革命姿态。他们谈"创造""进化"，就是在谈"革命"——这是一个同样以科学为依据并且和进步性密切相关的观念，且是更为"流行""喧嚣一时""激动人心"的口号。"在20世纪的大部分时间中，革命不仅意味着进步与秩序的彻底变革，而且成为社会行动、政治权力正当性的根据，甚至被赋予道德和终极关怀的含义。"④ 因此，"革命"是颇显影响力的创造话语。

综上所述，"创化"一词是中国学人译介柏氏学说的产物，其形成经历了从钱智修译述、梁漱溟节译再到张东荪全译的过程。至于中国学人对柏氏学说的译介，除上述提及的张东荪、钱智修、梁漱溟、陈独秀、李大钊之外，还有刘叔雅、梁启超、严既澄、黄忏华、蔡元培、茅盾、瞿世英、宗白华、方东美、冯友兰等一大批学人。可以说，正是"柏格森热"使得"创造"一

---

① 陈独秀.陈独秀著作选：第1卷[M].上海：上海人民出版社，1993：159-160.

② 同①：197.

③ 同①：219.

④ 吴炜.科学与中国现代思想[M].广州：中山大学出版社，2011：108.

词得到明显增值。柏氏学说在中国的影响，无疑反映出它的经典意义。探索哲学与科学相结合，揭示生命奥秘和实现文化创新的可能前景，柏氏哲学思路起着重要的参考作用。

（二）"美化"

正如德国当代著名哲学家福尔迈（Vollmer, G.）所说："进化的思想，往往导致全新的考察方式。"[①]接受进化学说，将产生新思想、新观点。如梁启超"后必胜昔"的历史观，王国维"一代有一代之文学"的文学史观，蔡元培"以美育代宗教"的美学观，它们都具有进化论色彩，包含革新传统、追求进步的创造精神。从本质上说，"创造"是一个哲学概念，因而是一个美学和人生的问题。什么是"美"（包括"美学""美术""美感"等）？什么是美的人生？如何使人生美化？等等，在对这些问题的解答中，"创造"的深义时时能够见出。"美化"这个义项极能突显"创造"的美学魅力。

"美化"一词在王国维文本中尚未直接出现，但是有"变化""个物化""点化""风化""消化""客观化"等与之相关的各种"化"词。值得注意的是，在公认是王国维之作的《霍恩氏之美育说》（1907年，或是译文）中出现了以"宜利用境遇之感化"为小标题的一段话："然则于学校中，开拓美之感觉，当何如乎？窃以为其最要者，在利用境遇之感化，使家庭学校之一切要素，悉为审美的，则儿童日处其中，所受感化必大矣。"[②]这是作者就"修养美的感觉、获得美的意识"的途径而言的。从其所释，"境遇之感化"的大意即为"美化"，但其义偏于外部环境因素的决定作用。至于通过文学艺术手段进行的"美化"，即我们通常所说的"文学化""艺术化"，可以追溯到周作人那里。在《论文章之意义暨其使命因及中国近时论文之失》（1908年）中，他指出文章是"人生思想之形现"，且有不可或缺的"三状"："具神思（Ideal）""能感兴（Impassioned）"和"有美致（Artistic）"。对于"有美致"，他这样解释："至言美致，则所贵在结构，语其粗者，如章句、声律、藻饰、熔裁皆是，若其精微之理，则根诸美学者也。"[③]这个"美致"，从其英文所示就是"艺术化"，

---

① 福尔迈. 进化认识论 [M]. 舒远招，译. 武汉：武汉大学出版社，1994：83.

② 王国维. 王国维文集：第3卷 [M]. 北京：中国文史出版社，1997：464.

③ 周作人. 周作人文类编：本色 [M]. 长沙：湖南文艺出版社，1998：12–13.

从其解释就是"美化"。直接对"美化"做出解释的，当推鲁迅。在《儗播布美术意见书》（1913年）中，他指出"美术"有"天物""思理""美化"3个要素。对"美化"，他这样解释："盖凡有人类，能具二性：一曰受，二曰作。受者譬如曙日出海，瑶草作华，若非白痴，莫不领会感动；既有领会感动，则一二才士，能使再现，以成新品，是谓之作。故作者出于思，倘其无思，即无美术。然所见天物，非必圆满，华或槁谢，林或荒秽，再现之际，当加改造，俾其得宜，是曰美化，倘其无是，亦非美术。"[①]这里对美化之现象进行了十分生动、形象的描述，视之为"美术"这一结果之产生的过程，即相当于美感或美感活动（另见本章"美感"一词及中国现代美学发生部分）。此外，在公认是鲁迅所译的《社会教育与趣味》（1913年，上野阳一）中，亦有对"美化"一词的直接翻译："推前之论，趣味自宜教育矣。其法如何？首曰美化。美化者，美其境遇而化之。"[②]这个说法，与前面提到的"境遇之感化"极其一致。鉴于王国维、周作人、鲁迅与日本文化的特殊关系，基本可以承认"美化"一词译自日文。但是，我们还不能完全视之为日源词。"美化"本是汉语"美"的用法之一，如"教化兴行、风俗可美"（王阳明《传习录》），又如"美化风俗"（康有为，1898年）。"美化"与"美政""美治""美俗"等同属一个系列，具有政治性质，与鲁迅所说的"美化"有很大不同。"美化"的含义从政治转向审美，发生于译介语境。故"美化"一词虽然具有外来性质，但是严格说来是旧词新用。在1910年代中期成为固定写法及流行使用之前，该词大体经历了从"感化"（王国维）到"美致"（周作人）再到"美化"（鲁迅）的译介过程。

　　显然，"美化"作为新学语，与"美学""美感""美术"等的发生情况极为一致。不仅此，它们都关涉"美"。徐庆誉说："美学是美的科学，美术是美的化身，二者非美不能成，所以美是三者中最重要的一个。"[③]那么"什么是美"？这是一个几乎没有美学家能够回避的课题。王国维指出"美之为物"的效果、作用，如《教育之宗旨》（1903年）称之是"使人忘一己之利害而入高尚纯洁之域"，又如《孔子之美育主义》（1904年）提出"观者不欲，欲

① 鲁迅.鲁迅大全集：第1卷 [M].武汉：长江文艺出版社，2011：168.
② 鲁迅.鲁迅大全集：第11卷 [M].武汉：长江文艺出版社，2011：165.
③ 徐庆誉.美的哲学 [M].上海：世界学会，1928：5.

者不观"的观点。蔡元培在《以美育代宗教说》（1917年）中说："美以普遍性之故，不复有人我之关系，遂亦不能有利害之关系。"①他认为，美具有普遍性和无功利性。刘伯明在《关于美之几种学说》（1920年）中说："美之畛域实度越实利。美用二者固有时并行不悖，然不可即谓二者相掩。此即征之常人心理亦觉可信。悬流千仞，状似珠帘极雄伟也，假使用以转轮，俾生电气，则其美不可见矣。"②他试图依据美的超功利性质建立内容与形式相互统一的文学新观念。朱谦之在《美及世界》（1921年）中指出，"美"是一个"意象世界"。他如此细致地写道："这一个意象世界，是最完全最美的了！每一点每一瞬间都有神的反映，因神无限，故美的相续无限，意象的涌出无限，我们试于静默中欣赏他罢！我们试于一动一静之间体认他罢！只要我们自家心美，便一切都美化。观其所感，观其所恒，观其所聚，所见无非美者，《观卦》曰：'观盥而不荐，有孚颙若。'会得时光灿烂，常明在目前，不会时日光之下的一切，都是迷妄，都是虚空。"③如上这些解释已经包含了美学史上对美的一些基本看法——作为美学的"美"，是在美的本质、审美对象、美感等意义上来使用的。

诚然，"美"作为问题是重要的，但是作为概念并不容易界定和把握。在《简易哲学纲要》（1924年）这本"现代师范教科书"中，蔡元培说："美的概念，到现在还不能像善的概念之容易证明。向来用兴味来形容他，而各人有各人的兴味，似乎很明了的。……美的普遍性，就是没有概念。他是纯粹对于单一对象的判断。我们说美，是一种价值的形容词，不是一种理论的知识，为一种实物，或一种状态，或一种关系，来规定性质的。"④这就是说，更好地理解"美"，必须基于价值论的考量，从美之于人的意义来定性。美因人而彰，它脱离不了人的感受和人生事实。对此，西方学者早就指出："一个真正能规定美的定义，必须完全以美作为人生经验的一个对象，而阐明它的根源、地位和因素。"⑤故结合美与人生，诉诸"美化"，这成为普遍的要求。傅斯年

---

① 蔡元培 . 蔡元培全集：第3卷 [M]. 杭州：浙江教育出版社，1997：61.

② 刘伯明 . 关于美之几种学说 [J]. 学艺杂志，1920，2（8）：1.

③ 朱谦之 . 美及世界 [J]. 民铎杂志，1923，4（1）：9-10.

④ 蔡元培 . 蔡元培全集：第5卷 [M]. 杭州：浙江教育出版社，1997：230.

⑤ 桑塔耶纳 . 美感 [M]. 缪灵珠，译 . 北京：中国社会科学出版社，1982：10.

在《美感与人生》（1920年）中反对把"美感"当作"好奇好古去做"，而是要求必须把美感与人生两者结合进来，"造一个美满的果"。为此，他提出"以人生自然（To personify the nature）"和"以自然化人生（To naturalize the nature）"的主张，前者是"不使自然离了人生"，后者是"不使人生徇恶浊的物质"①。与这个"自然"或"自然化"的说法接近，沈秉廉直接提出"美化"。在《烦闷生活与美化生活》（1922年）中，他说："可以安慰人生的并非是宗教，唯有至尊无上的'美化'。"至于"美化"何以能安慰人生，他提出三个"可能性的条件"："增进高尚的情感，忘却卑陋的利害"；"涵养优美的心性，造成和蔼的空气"；"发表纯洁的思想，宣泄蕴藏的烦闷"。他还指出，造成人生烦闷的原因是十分复杂的，但是不外乎"环境的惨苦"和"自身的堕落"，而"美化"具有"宣泄烦闷"的责任②。可见，美化之对象、内容必然是人生的，美化之作用就是将物质化、私利性或烦闷等人生暗面革除，以达到美的境界。

　　显然，最能够突出表现"创造"特征的，应当是在审美领域。作为人类审美活动中一种最基本、最重要的活动，审美创造乃是审美欣赏和审美批评的前提。审美创造的概念、审美创造的主体素质和条件、审美创造过程和规律、审美创造的效应，等等，这些构成了"艺术创造学"的重点内容③。"美化"的获得更需要来自审美创造性活动。张扬创造精神且把艺术、人生等问题结合起来，这种"美化"论在宗白华、郭沫若、茅盾、朱光潜那儿得到鲜明的表达和体现。

　　"五四"时期宗白华受到新文化洗礼，主张青年要过一种积极的、奋斗的生活。在此时期所发表的诸篇文章中，"创造"二字不断出现。《致康白情等书》（1919年）曰："我们的生活是创造的。每天总要创造一点东西来，才算过了一天，否则就违抗大宇宙的创造力，我们就要归于天演淘汰了。所以，我请你们天天创造，先替我们月刊创造几篇文字，再替北京创造点光明，最后，奋力创造少年中国。我们的将来是创造来的，不是静候来的。现在若不着手创造，还要等到儿时呢？白情、剑修、野葵、枚孙！快快着手！我已向

---

①　傅斯年. 现实政治 [M]. 西安：陕西人民出版社，2012：86.

②　沈秉廉. 烦闷生活与美化生活 [J]. 学生杂志，1922，9（9）：80–82.

③　杨恩寰. 美学引论 [M].2 版. 沈阳：辽宁大学出版社，2002：303.

月刊上等你们的创造品了。"①他向友人呼唤"创造"，向往"创造"的生活，主张"艺术"的人生观。《新人生观问题底我见》（1920年）曰："艺术创造的目的是一个优美高尚的艺术品，我们人生的目的是一个优美高尚的艺术品似的人生。这是我个人所理想的艺术的人生观。"至于"艺术的人生态度"，又这样解释道："积极地把我们人生的生活，当作一个高尚优美的艺术品似的创造，使他理想化，美化。"②《美学和艺术略谈》（1920年）曰："美学是研究'美'的学问，艺术是创造'美'的技能。"具体地说，美学是"以研究我们人类美感的客观条件和主观分子为起点，以探索'自然'和'艺术品'的真美为中心，以建立美的原理为目的，以设定创造艺术的法则为应用"；而艺术是"艺术家的理想情感的具体化，客观化，所谓自己表现（self-expression）"。又曰："艺术是自然中最高级创造，最精神化的创造。就实际讲来，艺术本就是人类——艺术家——精神生命底向外的发展，贯注到自然的物质中，使他精神化，理想化。"③ 在这些文章中，他已把"美""美化""创造"与艺术、人生等诸种问题结合并统一起来。《美学》讲稿（1925—1928年）又指出，美是美学的对象，人生和文化是美学研究的两方面。人生之于世界，除"理智的态度"（如科学家）、"实行的态度"（如政治经济家）之外，还有"美的态度"；而"美的态度"即是"鉴赏的态度""创造的态度"。文化是创造的产物，有"物质、文物、学术、社会"，还有"自原始人类已有之，与人生并无大用，乃完全系馀力之创造，用以满足美感"的"美的各物"。又曰："人生有美的生活，民族有美术品的文化，皆为美学研究之对象，并非全然空洞无物也。"④这些无不显示他致力追求以"创造"为核心的人生观和文化观。

郭沫若在留学日本期间经常与友人通信，讨论如何建设新诗的问题。致宗白华的信（1920年2月6日）曰："……诗的创造是要创造'人'，换一句话说，便是在感情的美化（Refine）。艺术训练的价值只可许在美化感情上成立，他人已成的形式是不可因袭的东西。他人已成的形式只是自己的监狱。形式方面我主张绝端的自由，绝端的自主。"至于"美化感情"的方法，则有

---

① 宗白华. 宗白华全集：第1卷 [M]. 合肥：安徽教育出版社，1994：41.

② 同①：208.

③ 同①：189–190.

④ 同①：435.

"在自然中活动""在社会中活动""美觉的涵养""哲理的研究"等4个必要条件①。期间友人田汉致郭沫若的信（1920年2月6日）曰："我们做艺术家的，一方面应把人生的黑暗暴露出来，排斥世间一切虚伪，立定人生的基本。一方面更当引人入于一种艺术的境界，使生活艺术化 Artification。即把人生美化 Beautify，使人家忘记现实生活的苦痛，而入于一种陶醉怡悦浑然一致之境，才算能尽其能事。"② 这是他在从观看新浪漫主义（Neo-Romantic）剧曲《沉钟》起就留下的"神秘的活力"，也从那时起这种"活力"一直在他的生命内部流动着。对此，郭沫若颇有同感，在回信（1920年3月6日）中谈及自己观看有岛武郎氏"三部曲"的体验，称之是描写"灵肉底激战、诚伪底角力、Idea 与 Reality 底冲突"的象征剧③。他与成仿吾、郁达夫、张资平、田汉、郑伯奇等在日本东京成立创造社（1921年6月），正式举起"创造"的大旗，并且不遗余力地传播和张扬创造精神。正如有学者评价："在中国新文化运动史上，正是由于这种创造精神的出现和传播，才使得新文化运动达到了一个新的高度，而且也可说是有更为实在的内涵和目标。'立人'以及张扬'人'的精神等也就不再是一些十分空泛和漫无边际的口号。"④

20年代初茅盾尚是抱以浪漫主义取向。《艺术的人生观》（1920年）指出，人总是生活在一定的环境内的，个人（艺术家）以"中间"（条件或环境）来实现生活的艺术和艺术的生活；把人生看作艺术的人，总是受到艺术观念影响；"混乱的社会"越来越有趋向艺术人生观的必要⑤。随着"革命文学"的展开，他逐渐意识到文学的现实主义根基，对于文学有了更加清醒的认识。《杂感——美不美》（1924年）提到"文学之美，美在创造"的观点。他认为，无论是文言还是白话，要使之"美丽"的一个极其重要条件是"排去因袭而自有创造"。至于"文章的美不美"，"在乎他所含的创造的原素多不多"，因为"创造的原素愈多，便愈美"⑥。《西洋文学通论》（1930年）指出，文艺不是

---

① 宗白华.宗白华全集：第1卷 [M].合肥：安徽教育出版社，1994：239.

② 同①：265.

③ 同①：271.

④ 郝雨.中国现代文化的发生与传播：关于五四新文化运动的传播学研究 [M].上海：上海大学出版社，2002：124.

⑤ 茅盾.茅盾全集：第18卷 [M].北京：人民文学出版社，1996：33–37.

⑥ 同⑤：417.

"镜子"而是"斧头"，"不应该只限于反映，而应该创造的"。他批评自然主义以后的文艺上的许多新主义，因为它们是"悬空在'超现实'的境界去求创造""在神秘中创造幻想的生活"。他还批评西方现代派文学"因为要表现所谓'内在的真实'，结果是创造了只有他们自己能懂的'内在的真实'"的创造倾向①。总之，他反对那些脱离现实人生的各种主张，坚持以创造为核心的文学观念。当然，这个"创造"是有限度的和有规定的。他所说的"创造"包含了"文学作品的体裁、描写法和意境"等，显然是把内容和形式两个方面都纳入"美"或者文学当中②。从"艺术的人生观"到"为人生的艺术"，茅盾在文艺观上经历了一次重要调整。这表明：文学与人生之间既具有普遍性又有特殊性的关系，而它的复杂性显现正来自对"创造"的理解。

20世纪20年代至40年代朱光潜致力美学研究和文学批评。从此时期发表的诸多论著中，我们很容易发现包含其中的创造论成分。他对艺术的认识，重在"创造"的本质。《谈美》（1930年）曰："直觉就是凭着自己情趣性格突然间在事物中见出形象，其实就是创造，形象是情趣性格的返照，其实就是艺术。形象的直觉就是艺术的创造。因此，欣赏也寓有创造性。"③《文艺心理学》（1937年）列有"艺术的创造"篇，其中曰："美不仅在物，亦不仅在心，……美就是情趣意象化或意象情趣化时心中所觉到的'恰好'的快感"。又曰："'美'是一个形容词，它所形容的对象不是生来就是名词的'心'或'物'，而是由动词变成名词的'表现'或'创造'。"④《流行文学三弊》（1940年）曰："没有创造，就没有艺术。所谓'创造'，并不是根据一个口号，敷衍成一篇文字，贴上'诗''小说'或'戏剧'的标签，而是用适当的语言表现出一个具体的境界和亲切的情趣。"⑤仅从这些论述，我们就可以看出朱光潜在前期较全面接受了克罗齐的直觉论，即把艺术、直觉、表现、创造等同起来的观点。他也是基本把它们等同起来，肯定"创造"的意义。不限于此，他还反对"因袭"。给青年的信《谈十字街头》（1929年）指出，"只好模仿因

---

① 茅盾．茅盾全集：第29卷[M]．北京：人民文学出版社，1996：374.

② 马建辉．中国现代文学理论范畴[M]．兰州：兰州大学出版社，2007：175.

③ 朱光潜．朱光潜全集：第9卷[M]．合肥：安徽教育出版社，1993：78.

④ 朱光潜．朱光潜全集：第1卷[M]．合肥：安徽教育出版社，1987：346–347.

⑤ 同③：23.

袭，不乐改革创造"是常人具有不思进取的惰性，是一种动物性的表现，故人的可贵之处在于"打破一种习俗"①。《谈修养》(1943年)的"谈学问"篇曰："学与问相连，所以学问不只是记忆而必是思想，不只是因袭而必是创造。凡是思想都是由已知推未知，创造都是旧材料的新综合，所以思想究竟须从记忆出发，创造究竟须从因袭出发。由记忆生思想，由因袭生创造，犹如吸收食物加以消化之后变为生命的动力。"②他还承认"模仿"之重要。在《谈文学》(1947年)的"资禀与修养"篇中，他承认模仿是创造的开始，但反对那种机械的模仿的行径，因为"文艺必止于创造"③。可见，他对"创造"有着全面的、辩证的理解，尤其是能够以此而要求把艺术与人生的问题结合起来。另一篇"文学的趣味"则曰："把自己在人生自然或艺术中所领略得的趣味表现出就是创造。"④从"趣味"的高度理解"创造"，也体现出一种人道主义关怀。他不断提出"免俗""人心净化""人生美化"等，致力提升国民品质，从而显示了一个文化人在特定时代的责任感。

　　综上所述，进化学说革新了中国人的创造观念，必将形成对于传统与现在的反叛，质疑"从历史与具体生活中萌生出来的日常感觉"，在由社会历史与日常生活构筑的具体世界之外追求生活意义和人生价值⑤。人之存在，就是一个重构世界与自我的创造过程。这是一个使个体从纷繁的生活结构中独立出来，从而达到艺术式人生境界的提高过程。从这方面理解，"人生美化"主张就是要求培养国人的创造力。所谓"创造力"，即创造能力、创造才能，是人的特征、心理能力和心理品质的综合体现。实现这一理想，需要确立以创造(或艺术)为核心的教育观、生活观。在中国现代美学家看来，艺术的本质、教育的目标都在于"创造"。沈建平在《艺术主义的教育》(1925年)中说："艺术的事业，教育的事业，乃至日常生活所有活动的表现的一切，都就是创造的事业。所以凡属由内心发挥出来的一切活动、表现，都得谓之为自

① 朱光潜.朱光潜全集：第1卷[M].合肥：安徽教育出版社，1987：24.

② 同①：87.

③ 朱光潜.朱光潜全集：第4卷[M].合肥：安徽教育出版社，1988：170.

④ 同③：171.

⑤ 陈赟.困境中的中国现代性意识[M].上海：华东师范大学出版社，2005：59-60.

我的表现，独自的创造。因此艺术主义的教育，特重创造本能。"又称"创造的意义"，需要含有"自由性""'新'的意味""价值性"。他如是明确表态："艺术主义的教育的本质，就是创造。"①蔡元培在讲演《教育的目标》（1927年）时这样批评道："苟仅知描写模仿，而不知创造，则不配称之曰美术家。"故他称"艺术兴味"确为"教育上第一要义"②。陶行知提倡"供给人生需要"的"生活教育"。他在《创造的教育》（1933年）中指出："创造"是"做的最高境界"；"行动是中国教育的开始，创造是中国教育的完成"；"创造的教育是以生活为教育，就是在生活中才可得到教育"③。"艺术教育""生活教育"等主张扩展了"创造"的内涵，提升了"创造"的价值，亦凸显为中国现代美育之特色。

三、"人生观"：一个问题的解释

中国现代思想界围绕人生观问题而形成的讨论、争议络绎不绝，成为一个极其突出的现象。人生观是对人生的目的、意义的理解，是对人的生存意义的追寻。在传统的价值谱系中，"人生观"是"相当清楚而确定的"，但是随着"国家""社会""团体"等现代观念的介入，"人生观"变得模糊起来。在儒家经典权威逐渐失去，而新的"大经大法"尚未确立的情况下，如何觅得现代的人生观，深为启蒙人士焦虑不安④。"五四"新文化运动是一场强烈批判衰腐的"旧人生观"和急切建设"新人生观"的思想革命运动。1923年围绕科学能否解决人生观问题而爆发了影响深远的"科玄论战"。据郭颖颐统计，20世纪20年代书店里充斥着"人生观"一类的书籍，其中大多数都企图综合人生与科学这两个概念，各种选集有50~250种之多⑤。"人生观"这个具有时代特殊性的，却又是如此普遍出现的问题，几乎囊括各种思想于其中，与现代性反思的本土进程紧相伴随。人生观问题的重要性不容置疑，对此进

---

① 陈洁.上海美专音乐史[M].南京：南京大学出版社，2012：299-300.
② 蔡元培.蔡元培全集：第3卷[M].杭州：浙江教育出版社，1997：92.
③ 徐莹晖，王文岭.陶行知论生活教育[M].成都：四川教育出版社，2010：138-145.
④ 王汎森.后五四的思想变化：以人生观问题为例[M]//许纪霖.现代中国思想史论：上卷.上海：上海人民出版社，2014：104-105.
⑤ 郭颖颐.中国现代思想中的唯科学主义1900-1950[M].雷颐，译.南京：江苏人民出版社，1998：13.

行梳理也显得十分必要。大体看，中国现代性语境中的"人生观"，既是一个问题史，又是一段美学解释史。以下先从对"人生"的解释出发，再进入到各种"人生观"，最后再论及"为人生"及艺术的、美育的人生观，以凸显理解人生观问题的维度有一个从"人生"到"艺术"的变化、偏重。

（一）"人生"观

对人生的意义与价值的思考形成人生观。那么，究竟什么是人生？这是讨论人生观首先面临的问题。简单地说，"人生"就是"人之生"。王国维《红楼梦评论》（1904年）开篇即以此为标题。他认为，生活之本质就是"欲"。"人生之所欲，既无以逾于生活，而生活之性质又不外乎苦痛，故欲与生活、与苦痛，三者一而已。"这样，"美术"作为"使吾人超然于利害之外，而忘物与我之关系"也就具有了切实意义[1]。王国维以西方哲学观点来解释"生"，以"生活""事""物""我""美术"等一系列用语对"生"这一"人"的问题做了深刻解读。还有"人间"一词，在他早年诗词创作中频繁使用，又作为论著名称（如《人间词话》《人间嗜好之研究》）。它的基本意蕴乃是基于个人感受，对世间人生的处境与出路、价值与意义的深沉考量，这体现出王国维具有强烈的生命意识与人文精神[2]。李石岑在《人生哲学大义》（1924年）中指出，"生"是"根本问题"，亦是"先决问题"。这个"生"包括"动""变""顿起顿灭""扩大""交遍"这5种意思，且"合这五义，才是一生"。至于"人生"，则是人的"自我"（"自己的意识"），意即自我的内容的不同，才有每一个人的人生[3]。吕澂在《晚近美学说和美的原理》（1925年）中指出，以"生"的概念来统一，能够得到较为全面的"美的原理"。"凡随顺人们最自然的'生'——观照的，表现的，有最广的社会性的，有普遍的要求的人生——的事实，价值一概都是美的。"[4]从这些可以看出，人生问题不仅是"人"的问题，而且是"生"的问题。"生"本是一个来自《周易》的哲学范畴，"生生"是儒、

① 王国维.王国维文集：第1卷[M].北京：中国文史出版社，1997：1-5.
② 彭玉平.王国维语境中的"人间"考论[J].徐州师范大学学报（哲学社会科学版），2011（6）：24-29.
③ 李石岑.李石岑讲演集[M].桂林：广西师范大学出版社，2004：50-55.
④ 吕澂.晚近美学说和美的原理[M].上海：商务印书馆，1925：52.

道思想的原点；"生生之道"这一命题"既是传统的，又是现代的"①。释"生"成为中国思想范畴现代转换的重要内容，而"生"之观念又可以"生命""人生""生活"等各种现代汉语词表示。以下着重"生命进化""人生态度""生活经验"等3种"人生"观。

1. "生命进化"

"人之进化，本于本性。"② 以进化论立场建构现代人生观，这是近代以来出现的一种积极思想趋向。人生观问题首先是"人"的问题，而人本来就是进化的产物，人的生命就是一个从生到死的自然发展过程。梁启超认为，人之死是必然的，但先生而后死。《进化革命论者颉德之学说》（1902年）曰："死之为物，最能困人。……人既生而必不能无死，是寻常人所最引为缺憾者也。"他还指出儒、道、景等8家宗旨各有不同，"要之皆离生以言死，非即生以言死"③。既如此，他又指出人只有先保全生命才能生活，然后才是更好地生活。《余之生死观》（1906年）曰："凡人必先于生命之安全得确实保证，然后乃能营心目于他事；次则劳力所人，足以饱暖其躯而卵翼其攀，然后乃克进而谋优美之生活；次则本群之人，其生命财产之现象，能与我得同样之安适，然后秩序生而相与骄进。"④ 蔡元培认为，人的生命是有限的，故人必须追求人生的价值。《对于新教育之意见》（1912年）曰："人不能有生而无死。现世之幸福，临死而消灭。"故人生的价值不在于"现世之幸福"，人应该破利害之观念而应建立"超轶现世之观念"⑤。《世界观与人生观》（1912年）曰："所谓人生者，始合于世界进化之公例，而有真正之价值。"⑥《一九〇〇年以来教育之进步》（1915年）指出，"人之在世界"必须要"有其一种之世界观及其与是相应之人生观"，反之则"仅仅于其间占有数尺之形体，数十年之生命"。故此，他又提出"纯正之理想，不可不为世界观与人生观之调和"的观点⑦。梁、蔡皆持进化论，基于对生命个体的科学认知，要求对人生及自我有一个合理

① 刘泽亮. 生生之道与中国哲学 [J]. 周易研究，1996（3）：57–64.

② 岸本能武太. 社会学 [M]. 章太炎，译. 上海：广智书局，1902：17.

③ 梁启超. 梁启超全集：第4卷 [M]. 北京：北京出版社，1999：12017–1028.

④ 梁启超. 梁启超全集：第5卷 [M]. 北京：北京出版社，1999：1474.

⑤ 蔡元培. 蔡元培全集：第2卷 [M]. 杭州：浙江教育出版社，1997：11–12.

⑥ 同⑤：219.

⑦ 同⑤：371.

的定位和全面的理解。

"生命进化"是现代人生观的核心要义。正是外来的进化学说进入中国引发人们对人生问题的新思考，并要求确立现代生命观。现代生命观充分肯定生命、尊重生命，这与受"命""神"等力量主导的传统生命观形成了对立[①]。高扬生命进化精神，站在时代的高度抒发自信，强烈要求颠覆传统、创造未来，这是"五四"文化人的"革命"主张。陈独秀在《今日之教育方针》（1915年）中说："个人之于世界，犹细胞之于人身，新陈代谢，死生相续，理无可逃，唯物质遗之子孙（原子不灭），精神传之历史（种性不灭）。个体之生命无连续，全体之生命无断灭，以了解生死，故既不厌生，复不畏死。知吾身现实之生存，为人类永久生命可贵之一隙，非常非暂，益非幻非空，现实世界之内有事功，现实世界之外无希望，惟其尊现实也，则人治兴焉，迷信斩焉。"[②] 这段话是他对"近代科学家"的"人生"观和"欧洲时代精神"的概说，并用以批判"古说"，从而确立起"现实主义"作为"今世贫弱国民教育之第一方针"。在《一九一六》（1916年）中，他强调变化、标榜现代，铸就了一种"精神"或曰"观念"，产生了深远的影响。可以说，进化意识深嵌于进步人士的内心当中，使得他们把外来的进化学说当作是一种思想、理论的"武器"，用于改造社会与人生。如李大钊在《民彝与政治》（1916年）中就是强调自我，强调在社会变革的实践中实现人生，从而将个体人生与民族、国家的前途及时代的进步密切联系在一起[③]。此外，还有"奋斗的人生观，是进化的人生观"（王星拱《奋斗主义之一个解释》，1920年）；"希望所在，便在人能觉悟，知道努力，奋力能往生活的路上走"（周建人《达尔文主义》，1921年），等等，这些观点也都是进化学说带来的启示。说到底，进化学说就是一种进步的人生论。

"生命之进化"亦即"创化"，此为柏格森学说的关键概念（参见本章创造观念——以"创造""美化"为中心部分）。柏氏学说一方面强调生命直觉，另一方面强调"进化"（"绵延"），这极有益于提倡现代人生观。正如宗白华在《谈柏格森"创化论"杂感》（1919年）中所言："柏格森的创化论中深

---

① 钟少华.中文概念史论 [M].北京：中国国际广播出版社，2012：199.

② 陈独秀.陈独秀著作选：第1卷 [M].上海：上海人民出版社，1993：143.

③ 李大钊.李大钊全集：第1卷 [M].北京：人民出版社，2006：145.

含着一种伟大入世的精神，创造进化的意志，最适宜做我们中国青年的宇宙观。"①对柏氏学说的译介、吸收和转化，方东美（名珣，字德怀）是重要代表。他在《柏格森"生之哲学"》（1920年）中盛赞柏氏的意义："独在中国，将来他的影响是极大的。因为，我们现在已有了彻底的觉悟，与坚决的意志，要来创造一种驰骤变动勇往直前的个人同社会的新生活。"他把柏氏自称的"易之哲学"（Philosophy of Change）另称作"生之哲学"（Philosophy of Life），就是希望国人能够具有"站在社会里来改革恶社会，实际创造新生活来代替旧生活"的"奋斗的精神"和"创造的能力"②。除此，他还写下《柏格森生命哲学述评》（1922年）、《近代西洋哲学》（1927年）、《科学哲学与人生》（1936年）等。其中《科学哲学与人生》称赞叔本华、尼采、柏格森所代表的"实是现代最有力的生命哲学"。受此影响，他对"生命"有了全新的理解："生命乃是一种持续的创造，拓展的动作。……宇宙不是沉滞的物质，人生亦非惑乱的勾当。宇宙与人生都是创进的历程，同有拓展的'生命'。我们观感起来，直可领悟宇宙理境与生命情趣有珠联璧合之妙了。"③方东美通过不断评述柏氏的生命哲学，形成了对它更加深入的认知、体会，从而确立了现代生命美学观。他从柏氏那里撷取了一个可以容纳天地人的"生命"范畴，把它理解为一个"活着"的存在，而不仅是"认识"的对象④。柏氏对他的影响是多方面的，主要集中在以生命为主体，将世界看成一个不断创新和生成变化，处处蕴涵着生命冲动的领域，而生命的本质就是纯粹的时间绵延，因此必须从时间的延展中来把握生命的变迁。方东美一生出入中西哲学之间，创建会通融和中西的哲学体系。他抛弃实用主义，转向并恪守柏氏哲学，形成了与柏氏相近的哲学特质、相似的哲学观点，故被后人誉为"中国的柏格森"⑤。除方东美之外，还有许多柏氏学说的追随者，如蔡元培、梁启超、李大钊、陈独秀、郭沫若、宗白华等。他们接受柏氏学说，张扬生命精神，兴起了现代生命美

① 宗白华．宗白华全集：第1卷 [M]．合肥：安徽教育出版社，1994：79．
② 方珣．柏格森"生之哲学" [J]．少年中国，1920，1（7）：3．
③ 方东美．科学哲学与人生 [M]．北京：商务印书馆，1936：224．
④ 宛小平．方东美与中西哲学 [M]．合肥：安徽大学出版社，2008：191–193．
⑤ 蒋国保，余秉颐．方东美学思想研究 [M]．天津：天津人民出版社，2004：405．

学潮流。而这种生命意识的觉醒，正是现代人生观崛起的标志[①]。

2. "人生态度"

作为生命有机体和"生活事实"，人生是一种客观性存在。与此相对应的，则是作为主观性的、评价性的人生，即所谓的"人生态度"。蒋梦麟在《改变人生的态度》（1919年）中认为，"我"生在这个世界，必有一个对"我的生活"的态度。"这个人类生活的新态度，把做人的方向基本上改变了，生出一个新宇宙观。有这新人生观，所以这许多美术、哲学、文学蓬蓬勃勃地开放出来；有这新宇宙观，所以自然科学就讲究起来。人类人生的态度的因为生了基本的变迁，所以酿成文艺复兴时代。"他还提出改变"人生态度"的方向，即"从小人生观到大人生观——从狭窄的生活到广阔的生活，从薄弱的生活到丰富的生活，从简单的生活到复杂的生活，从家族的生活到社会的生活，从单独的生活到团体的生活，从模仿的生活到创造的生活，从古训的生活到自由思想的生活，从朴陋的生活到感美的生活"。至于改变它的方法，则是"推翻旧习惯、旧思想；研究西洋文学、哲学、科学、美术；把自己认作活泼泼的一个人"[②]。

梁漱溟认为，考究西方文化不能单纯地从科学、民主入手，必须从它的路向、人生入手。他的《东西文化及其哲学》（1921年）原是讨论人生问题，但归结到孔子之人生态度。陈独秀（《人生真义》）、李大钊（《今》）、蒋梦麟（《改变人生的态度》）等倡导科学的、民主的、批评的人生观。对这些新派的观点，梁氏表示"不敢无批评无条件的赞成"。他提出孔子之所谓的"刚"的态度。"大约'刚'就是里面力气极充实的一种活动""一种奋往向前的风气，而同时排斥那向外逐物的颓流"。他把这种态度作为新的人生路向。"本来中国人从前就是走这条路，却是一向总偏阴柔坤静一边，近于老子，而不是孔子阳刚乾动的态度；若如孔子之刚的态度，便为适宜的第二路人生。"[③]（他在修订版中对自己的这种观点颇为自责且称之是错误的）《朝话》（1932—1936年）对人生态度有了更为朴素、普通的说法。有3种不合适的日常的生活或心理态度，即"有私有贪""懈惰散漫、苟且偷安"和"感觉到烦闷"，故"顶

---

① 董德福.生命哲学在中国 [M].广州：广东人民出版社，2001：84.

② 蒋梦麟.改变人生的态度 [J].新教育，1919，1（5）：451–454.

③ 梁漱溟.梁漱溟全集：第1集 [M].济南：山东人民出版社，2005：537–539.

理想的人生态度"就是"除去此三种不合适的心理状态以后，平平实实的去读书、工作"①。"人生态度"是"人日常生活的倾向"。他把它从"入世"与"出世"两分法修改为"逐求""厌离""郑重"三分法，以此表明人生是由浅转入到深、难的过程②。在他看来，"生命"与"生活"实际上是纯然一回事；"'生'与'活'二字，意义相同，生即活，活亦即生"；"生命"就是"活的相续"，"活就是向上创造"③。梁氏把人生、生命、（日常）生活等概念都统一起来，都是作为追求创造的意义来看待。

李石岑在《我的生活态度之自白》（1924年）中说："生活和人生，本一而二，二而一：由人生态度可以看出生活态度，由生活态度也就可以看出人生态度；由人生态度之不能统一，就可以想见生活态度之不能统一。"他指出三种"人生态度"：一是"为生活而学问的人生态度，是想处处由学问使生活得着安宁"；二是"为功利而学问的人生态度，是想处处由学问使最大多数得着幸福与安宁"；三是"为学问而学问的人生态度，这种人生是完全以探求自然界的真理为依归的"。它们分别追求"个人的真"（个人生活）、"社会的善"（社会生活）、"宇宙的美"（宇宙生活）。在他看来，前两者都具有功利色彩，而后者"完全出于一种积极的态度"，故宜提倡，尤其在这个"极贫苦的中国""提倡科学"的现时代④。他还称赞顾颉刚是"最富于为学问而学问的趣味者"。顾颉刚则在致李石岑的书信（1924年）当中说自己是"特富有好奇心"、嗜好游览、癖好看书，并称："我现在所有的烦闷，完全是志愿生活的冲突。"⑤另外，李石岑在《人生哲学大要》（1924年）中提出自己的人生观："人生观就是表现生命，它的方法就是无为。"⑥

大致看，"人生态度"一说由蒋梦麟较早提出，其要求"改变"的观点得到梁漱溟的认可，而李石岑又在梁漱溟等人的基础上提出综合性见解。他们都赞同要对人生进行改变，把生命的意义归结到"创造"。换言之，人的生命

---

① 梁漱溟.梁漱溟全集：第2集 [M].济南：山东人民出版社，2005：55-56.

② 同①：81-84.

③ 同①：92-94.

④ 李石岑.李石岑哲学论著 [M].上海：上海书店出版社，2011：5-14.

⑤ 顾颉刚.序 [M] //李石岑.李石岑哲学论著.上海：上海书店出版社，2011：1-5.

⑥ 同④：60.

之所以有意义，乃是因为人能够认识人生和创造人生的价值。

3. "生活经验"

人的活动表现为各种性质、特征的生活现象。对此可以从客观的方面和主观的两方面考察，前者即就一个有机体与他的环境发生的种种关系而言，后者即就人对外界经验和对内经验总体而言。宗白华的《怎样使我们生活丰富》（1920年）就是基于这样的考察且是"立于主观的地位研究怎样可以创造一种丰富的生活"。"生活即是经验，生活丰富即是经验丰富。"在他看来，"生活"二字认定的解释就是"人生经验的全体"，而经验是一种积极的创造行为，故此才能够知道使生活丰富、经验丰富的可能性。他提倡用"主观的方法"使人的生活尽量地丰富、优美、愉快和有价值，而所谓的"丰富生活"，"并不是娱乐主义、个人主义，乃是求人格的尽量发挥、自我的充分表现，以促进人类人格上的进化"[①]。

"生活经验"就是一个如何使生活丰富、充实并进行认识和评价的问题。潘乃斌在《关于生活经验》（1935年）中认为，"生活经验"是广泛的，不局限于"贫困的生活"，它是"很简单的一件东西"。它可以分作两部分："一是体历经验，是自己所亲自经历的；二是观察经验，是对他事他物的观察。"所以，充实生活经验就必须"抓住目前每一刻的生活"，"就得随时随地留意着，每遇到一件事物，就得用正确的人生观、世界观客观地做分析"[②]。青人在《论生活经验》（1937年）中指出，生活经验既可以使人好，又可以使人好坏，所以要"以理论做基础""以大我为标准"，故"我们的生活态度不应当是机械的，应当是辩证的"[③]。

对"人生经验"的解释，还有"境遇"的观点。"境遇"一词在王国维的《霍恩氏之美育说》（1907年，或是译文）、蔡元培的《新教育方针之意见》（1912年）等当中已有用及。李大钊在《调和之美》（1917年）中说："宇宙间一切美尚之性品，美满之境遇，罔不由异样殊态相调和、相配称之间荡漾而出者。"[④] 所谓"美满之境遇"，即指美或美感的生成条件、环境。对"境

① 宗白华.宗白华全集：第1卷 [M].合肥：安徽教育出版社，1994：191–192.

② 潘乃斌.关于生活经验 [J].中学生文艺季刊，1935，1（3）：7–9.

③ 青人.论生活经验 [J].自修大学，1937，1（7）：526–529.

④ 李大钊.李大钊全集：第1卷 [M].北京：人民出版社，2006：241.

遇”有详细的论说的，要数邓以蛰。他在《诗与历史》（1928年）中常常说到
“人事上的境遇”“人事上的关节”等，即把人类所发生的“人事”及其关节
或关系，都说成是人的“境遇”。其实，“境遇”就是人生关系，因为离开了
人生及其关系就没有境遇。如其所说：“至于境遇的具体，只是对于人生才会
有的。倘没有以感情感到它的时候，自然界不会产生什么境遇。”又说：“‘境
遇’（situation），是以感情为基础加上面对世事的经验知识而创造的人生情
景。”这就是说，境遇是个人与社会生活紧密结合在一起的产物。闻一多在评
价邓以蛰观点时，就是直接将它称作“人类生活的经验”[①]。用“境遇”一词表
现艺术与社会现实的关系，能够突出人与社会现实人生的相遇，因此产生激
动，进而形成思想、认识。“人生”是对人的生活的较为抽象的概括，而“境
遇”是对人生如何体现的较为具体的概括。单说“人生”，则是单调的、游离
个人关系的；而说“境遇”，则是生动的，是发生在个人身上的亲身经历与体
验。两者在词义涵括、使用效果等方面均有差异。所以，用“境遇”一词表
现人类的生活经验时，能够抓住人生与个人发生关系的特定状态，能够生动
具体地体现艺术与人生的真切关系。显然，“境遇说”是一种更加深入、深刻
的人生论观点[②]。

　　从上看，“生活丰富”即是增加人生经验，毕竟人生观是生活经验积累的
产物。人的生活经验是人的生活历程在意识层面上的凝集，形成于人的“行
为亲历”和“心理亲验”，前者指人亲身经历某种场面、事件、情景，后者指
把亲历的事情或是借助想象设想出来的情景进行体验。在此基础上，个体的
生活经验才能上升到人生观。换言之，个人生活经验所涵盖的，既有自身的、
个体的经验，又有他人的、群体的经验。人们所获得的对人生某一方面的认
识，不仅是对自己生活经历的体验结果，而且是对与自己相关的他人生活经
历的关注结果。当自己与他人的一类人生经验积累到一定程度，就产生了一
定的经验人生观[③]。生活经验之复杂构成，诚为各种人生论言说提供了契机和

①　闻一多. 邓以蛰《诗与历史》题记 [M] // 邓以蛰. 邓以蛰全集. 合肥：安徽教育出版社，
　　1998：58.

②　薛雯. 人生美学的创构：从克罗齐到朱光潜的比较研究 [M]. 哈尔滨：黑龙江人民出版社，
　　2010：126.

③　张孝宜. 人生观通论 [M]. 北京：高等教育出版社，2001：32.

条件。我们能够发现中国现代学人发掘出的各种"生活"形象，如"非孤立之生活"（王国维《屈子文学之精神》，1906年）、"有意思的生活"（胡适《新生活——为〈新生活〉杂志第一期作的》，1919年），又如"丰富的、进步的生活"（蔡元培《我的新生活观》，1920年），"精神生活完全"（梁启超《东南大学课毕告别辞》，1923年），等等。这些形象是现代的，也是现代人生观的意蕴和魅力所在。

（二）"新人生观"

"新人生观"一说在王国维的《文学小言》（1904年）中已出现。他指出"一新世界观与新人生观出"往往与"政治及社会上之兴味"相排斥的不合理现象①。在《屈子文学之精神》（1906年）中，他还指出那种因视社会"一时以为寇，一时以为亲"如此循环而能够产生"欧穆亚（Humour）之人生观"②。王氏批评"利禄厚生"的功利性人生态度，强调人生观要与时代、社会相协调。这种坚定改造传统人生观的言说，实则开启了中国现代人生观探讨的序幕。它的深入展开是因"新思潮"的不断涌现而发生的。杨贤江在《学生与新思潮》（1919年）中指出，"新思潮"是"为适应现代之思潮"，它以"解放"与"改造"为根底，趋重"人"的问题。所谓"解放"，"乃解除束缚，推翻压迫，回复心身之自由，以营合理生活之意，亦即使个个人皆还于各人之地位，不许有他人为无理之役使与干涉之意也"。他又提出"后之新文明、新生活、新人生观，恐将从此革命呼声中而诞生"③的观点。这就是说，人生观内涵是随社会、时代的变化而改变的。故对人生问题本身及已有各种人生观的诸种见解，也统称"新人生观"。

"五四"时期产生了各种进步的人生观。陈独秀在《敬告青年》（1915年）中号召青年树立新的人生观，包括"自主的而非奴隶的""进步的而非保守的""进取的而非退隐能""世界的而非锁国的""实行的而非虚文的""科学的而非想象的"等6个方面的思想内涵④。他在《人生真义》（1918年）中还要

---

① 王国维.王国维文集：第1卷[M].北京：中国文史出版社，1997：24.

② 同①：31.

③ 杨贤江.杨贤江全集：第1卷[M].郑州：河南教育出版社，1995：155.

④ 陈独秀.陈独秀著作选：第1卷[M].上海：上海人民出版社，1993：129–135.

求"现在时代的人"应该努力造就由个人而及社会的幸福观。"个人生存的时候，当努力造成幸福，享受幸福，并且留在社会上，后来的个人也能够享受。递相授受，以至无穷。"① 李大钊在《青春》和《〈晨钟〉之使命》（1916年）等文中大力颂扬青年的自由意志、奋斗精神，主张"青春""努力进取""追求真理""尊劳主义""与时俱进"的人生观②。傅斯年在《人生问题之发端》（1919年）中提出"为公众的幸福自由发展个人"的"人生观念"。"我们想象人生，就应该想象愚公的精神。我的人生观念就是'愚公移山论'。"③ 吴康在《新思潮的新人生观》（1920年）中提出，要打破旧日的"奴性的态度、悲观的态度"的"旧人生观"，而代之以"评判的态度"和"希望的态度"的"新人生观"。"这种新人生观，完全是由保守化为进取；由服从转为评判、由消极变为积极；由悲观易为乐观，由极端的失望，进而为无穷的希望。"④ 在《我的奋斗的人生观》（1920年）中，他又主张一种尼采式的积极人生观⑤。此外，还有刘经庶（1919年）、朱执信（约"五四"前后）、陈安仁（1920年）、沈定一（1921年）、田桐（1921年）等的同题同名的《人生问题》，从不同角度提出见解。总的看，"努力""青春""奋斗""革命""爱""平等"等构成了"新人生观"的关键内涵，这充分反映出"五四"时期人们对民主精神的热切呼吁和强烈追求。

杜威于"五四"前夕来华，在此后的两年多时间（1919年4月30日—1920年7月11日）里做了大大小小两百多次演讲。其中"新人生观"在济南（12月24~29日）、常州（5月25~26日）、上海（6月1日）三地分别演讲。他指出，新人生观之产生在于"人生的事实逐渐变迁、逐渐改换，有新人生观以求和新事实相符合"；"新人生观"是一个综合的概念，有"势力的观念"（Idea of Energy）、"进化的观念"（Idea of Progress）、"互助的观念"（Idea of Mutual Survice）"三个要素可以做"纲领"。他总结说："新人生观是德谟克拉西的人生观。第一，要发展各人的个性，使个人的才力都发达到最大的限度，使能达到'满足欲望'的目的；第二，又要顾到社会的进化，不使与个

① 陈独秀.陈独秀著作选：第1卷[M].上海：上海人民出版社，1993：347.
② 相关研究，参见吴汉全.李大钊与中国社会现代化新道路（外二种）[M].长春：吉林人民出版社，2011：961–962.
③ 傅斯年.现实政治[M].西安：陕西人民出版社，2012：12.
④ 吴康.新思潮的新人生观[J].北京大学学生周刊，1920（1）：2–4.
⑤ 同④：3–4.

性发达两相背驰、互相冲突；而且社会的进化是全体的进化，不是一部分的进化，所以社会的各分子，一定要有互助的精神。"①可以看出，杜威从产生原因、要素、特性等方面展开人生观论说。另外，在杭州的讲演（1919年6月10~14日）之《科学与人生之关系》主要有两个内容：一是科学对于人生有"改良的方法"，包括"人类自看能力勿使其处于被动力"和"观念上之改良"；二是科学之于人类有有利的贡献，包括"科学之应用"和"科学为公众之福利"②。他主要从作为人类精神和创造物质的两个方面来谈科学的作用，对科学持一种积极态度，但在此中仅涉及科学之于人生而不是人生观的影响。大体说，杜威在中国的演讲促进了民主与科学在中国的传播，无疑是"新思潮"的一部分。这里的"新思潮"，按胡适在《新思潮之意义》（1919年）所言，即是"批评的态度"。"这种评判的态度，在实际上表现时，有两种趋势。一方面是讨论社会上、政治上、宗教上、文学上种种问题。一方面是介绍西洋的新思想、新学术、新文学、新信仰。前者是'研究问题'，后者是'输入学理'。这两项是新思潮的手段。"③显然，杜威在中国演讲更具有"输入学理"的意义。这里顺便提及几本"人生观"译著：考茨基《人生哲学与唯物史观》（徐六几等译，1927年）、易卜生《易卜生社会哲学》（袁振英编译，1927年），克鲁泡特金《人生哲学其起源及其发展》（苟甘译，1928年），等等。它们因"人生观热"而起，也是用于新人生观建构的重要参考。

1923年爆发了著名的"科玄论战"。论战双方是以张君劢、梁启超等为主角的"玄学派"和以丁文江、胡适、吴稚晖等为代表的"科学派"。玄学派采取折中主义的态度，否认人生观的最重要部分受科学的因果律支配。至于这个"最重要部分"，在张君劢那儿指"自由意志"（"生命冲动"），在梁启超那儿指"情感"（"爱"与"美"），它们都是神秘而不得知的。科学派采取实用主义的态度，主张用科学方法寻求人生观。胡适以自然人性论为基础，列举10个方面说明"新人生观的轮廓"④。他承认宇宙是运动的、道德是变化的、人生也是可预测的。吴稚晖对自然人性论作纵欲主义、享乐主义的解释，否

① 袁刚.民治主义与现代社会：杜威在华讲演集[M].北京：北京大学出版社，2004：266.

② 同①：270-272.

③ 胡适.胡适全集：第1卷[M].合肥：安徽教育出版社，2003：693.

④ 张君劢，丁文江.科学与人生观[M].济南：山东人民出版社，1997：23-24.

认人应有高尚理想，认为"吃饭""生小孩""招呼朋友"是人生最要紧的3个"节目"，等等[1]。在这场论战中产生了各种"人生观"，以"自由意志""情感""自然主义""人欲横流"等为关键词。直接介入这场论战的，还有陈独秀、任叔永、孙伏园、章演存、朱经农、林宰平、唐钺、张东荪、菊农、王星拱、穆、颂皋、王平陵、范寿康，等等。他们所发表的文章均收入1923年底亚东图书馆出版的《科学与人生观》一书。该书后来又多次印刷，至1926年4月已是第4版，这也从一个侧面反映出论战影响之大。这场论战既是中外各种思想流派争夺中国思想阵地的反映，又是"五四"新文化运动之后思想变动向纵深发展的表现。

"科玄论战"提供了诠释人生观的社会科学视角，但是并不能完全消除人们的思想困惑和心理烦闷，带来了"严重"的后果和长久的影响。正如艾思奇在《二十二年来之中国哲学思潮》（1933年）中所评价："虽然是以吴稚晖先生的根据科学而考察出来的'漆黑一团'的宇宙观及人生观压了卷末，似乎科学终于胜利了，然其实科学的人生观仍是'漆黑一团'压不了玄学者的勃然而起的锐势，于是哲学界普遍地研究起人生问题来。"[2]经历了一场波及面十分广泛的思想争论之后，人们对以往生活道路产生疑惑，势必去探索新的人生观。在此后的几年，人生观论著大量出版，再度涌现"人生观热"，出现一些新颖的人生观见解。袁家骅的《唯情哲学》（1924年）是柏格森的生命哲学、弗洛伊德的精神分析以及个人主义思想和中国传统思想中相关资源的大荟萃，提出了"真情生命就是宇宙本体，就是真我"的"生命哲学"（或"精神生活哲学"）的观点[3]。舒新城受桑戴克（Thorndike E.L.）心理学影响，更采胡适"不朽论"的见解，在《人生哲学》（1924年）这本"专论人生问题及表示我的人生见解的"的唯一著作中提出以"发展自我，延扩社会"为目的的"科学人生观"[4]。周谷城在《生活系统》（1924年）中，把向来心理学上所谓知、情、意三个方面理解为时间相续的"三个阶段"（亦称"三种生活状态""三种人生境界"）。他认为，生活是由"物我浑融一体之境"折入"物我分立之

---

[1] 张君劢, 丁文江. 科学与人生观 [M]. 济南: 山东人民出版社, 1997: 354-429.

[2] 艾思奇. 艾思奇文集: 第1卷 [M]. 北京: 人民出版社, 1981: 58.

[3] 袁家骅. 唯情哲学 [M]. 上海: 泰东图书局, 1924: 26.

[4] 舒新城. 舒新城自述 [M]. 合肥: 安徽文艺出版社, 2013: 309.

境"，复转入"信仰之境"的过程①。冯友兰在《人生哲学》(1924年，包括《人生理想之比较研究》《一个人生观》)中依据"所谓中道诸哲学之观点，旁采实用主义及新实在论之见解，杂以己意"，提出"一个新人生论"②。杜亚泉在《人生哲学》(1926年)中提出折中于厌世观和乐天观之间的"改善主义人生观"(略称"改善观")，并指出这种由现代人生哲学出发的人生观，虽然"原不过是人生观中的一种"，但它是"归宿"③。朱谦之在《一个唯情论者的宇宙观及人生观》(1928年)中把唯情哲学与儒家的心性之学结合起来，明确表示"情"就是"宇宙的本体""生人的命脉"④。张东荪在《人生观 ABC》(1929年)中依据宇宙人生的创造进化过程，指出"有我"经历了从"无我"经"自我"再到"真我"的发展，故称自己的人生理想为"真我的人生观"("我是进化中的产物，而真我是我的更进化一层，更圆满一层")⑤。这些人生观见解，试图会通古今、融合中西以及调和科学与人生观。这不仅是对"科玄论战"的进一步深化，而且为中国传统哲学的现代转化提供了有益的经验。

　　20世纪30年代至40年代对人生观的探讨同样是思想界主题之一。此时期人生观见解呈现多维趋向。限于篇幅，这里仅以吴宓、陈唯实、罗家伦、李相显为代表。吴宓早在《我之人生观》(1923年)中就提出"人生观必求其至善至美而惬于心者"的观点⑥。后来在"人生问题大纲"的演讲(1932年)中，他称"人生"即是"道德"，即是"幸福"。"人生问题，即道德之修养，与幸福之取求。斯乃一事而非二事。又所谓道德与幸福，即在日常生活实际行事之中，并非虚设而独存者。"⑦至于人生的"原理"，则有"一多并存""真幻互用""情智双修""知行一贯""人我共乐""义利分明"。至于人生的"方法"，则有"蓄养精力、锻炼体魄""接近自然、保存天真""直情径行、诚心负责""重公爱群、务实图功""克己恕人、多施少受""不逐小利、不计浮名"。他把道德、幸福与人生问题看作"无古今东西新旧之别"。陈唯实在《新

---

① 周谷城. 周谷城文选 [M]. 沈阳：辽宁教育出版社，1990：129.

② 冯友兰. 三松堂全集：第1卷 [M]. 郑州：河南人民出版社，2000：178.

③ 杜亚泉. 杜亚泉文存 [M]. 上海：上海教育出版社，2003：79-129.

④ 朱谦之. 一个唯情论者的宇宙观及人生观 [M]. 上海：泰东图书局，1928：48.

⑤ 张东荪. 人生观 ABC[M]. 上海：世界书局，1929：42-49.

⑥ 徐葆耕. 会通派如是说：吴宓集 [M]. 上海：上海文艺出版社，1998：108.

⑦ 同⑥：124.

人生观与新启蒙运动》（1939年）中将"新人生观"视为"新启蒙运动"的重要部分，指出建立与发扬新人生观就要确定"新的革命的人生观"。他称"革命的人生"最有意义价值，而所谓的"革命人生"，即是要"严肃紧张""吃苦耐劳""勇敢积极""力求进取""战斗牺牲""战胜恶劣的环境""有相当的结果"等。他还就信仰、实践、道德等不同方面进行了全面说明，从而要求确立起"大时代的新人生观"①。罗家伦在《新人生观》（1942年）中说："建立新人生观，就是建立新的人生哲学。它是对于人生意义的观察、生命价值的探讨，要深入地透视人生的内涵，遥远的笼罩人生的全景。"他区分了新人生哲学与旧人生哲学的不同，即"不是专讲'应该'（Ought），而是要讲'不行'"（Cannot）；"不专恃权威或传统，乃要以理智来审察现代的要求和生存的条件"；"不专讲良心良知，而讲整个人生及其性格与风度的养成，并从经历和习惯中树立其理想的生活"。根据新的人生哲学建立起来的新人生观应该是以"动""创造""大我"为核心的人生观，而要实现这3个基本人生观则必须分别依靠"力""意志""强者"3种"生活"②。李长之《评〈新人生观〉》（1942年）称赞该书"最大的长处在从哲学上肯定人生，给人以向上的勇气，指示人做一个健朗的现代人"③。李相显在《哲学概论》（1947年）一书中也"拟议"了"一种人生观"。他说："欲建设一种新的人生观，应先综合各种人生观的长处，然后再提一种新人生观的意见。"至于"新人生观"，他提出了"培养身体以为工具""涵养精神以为目的""超善恶的善""无物我的我"等4个原则④。

综上所述，"新人生观"见解层出不穷。人生观探讨并非是就人生论人生，而是需要比较，即置于一种广阔的视野。如蒋百里在《新思潮之来源与背景》（1920年）中所说："脚下之人生问题，乃在与世界通消息。以世界之一人，对于现状生活，下一种深沉之观察。"⑤西学对于中国现代人生观建构起到重要的影响，但它的发生必须立足于本土实际，即基于中国的现实情境。又谓"新

---

① 陈唯实. 新人生观与新启蒙运动 [M]. 太原：民族革命出版社，1939：1–73.

② 罗家伦. 新人生观 [M]. 上海：商务印书馆，1942：1–7.

③ 李长之. 李长之文集：第1卷 [M]. 石家庄：河北教育出版社，2006：48.

④ 李相显. 哲学概论 [M]. 北平：世界科学出版社，1947：113.

⑤ 蒋百里. 新思潮之来源与背景 [J]. 学生杂志，1920，7（11）：5.

的历史观"造就"一种新的人生观",此为李大钊在《史学与哲学》(1923年)中所言及。他认为,人们只有改变历史观,才能去掉"悲观、任命、消极、听天的人生观",而"新的历史观却给我们新鲜的勇气,给我们乐观迈进的人生观"①。可以见出,"人生观"的重要的特点就在于发展性、阶段性。它并非一成不变,而是需要依据时代变化而不断调整内涵。作为新时代条件下的"人生观",又总是基于人生的意义与价值的思考,故普遍要求塑造"人",而这个人是独立的、强者的形象,或者说是"理想人"。世界、历史和时代,这3种意识是参与中国现代人生观思想建构的重要力量。

(三)"为人生":艺术与人生合一

谈人生、人生观,几乎离不开谈艺术(广义的)。艺术并非是人生的必要品,按黑格尔的话说是"多余的东西"②,但它是人生观的重要缔造者。艺术具有如此这般涵括的重要,故需要在这里单独议及"为人生"。它本就是艺术论,来自俄国文论,是自尼古拉二世时候以来俄国文学思想的主流,主张文学带有有益于人生和社会的功能色彩的论调。鲁迅以此为自己"做小说"注解。他在《我怎么做起小说来》(1933年)中称自己长期坚持"启蒙主义",认为文学"必须是'为人生',而且要改良这人生"③。从俄国到中国,都要求文学"为人生",但发生了从强烈关注社会到"启蒙人生"的转向④。中国文学的现代性特色,在以应对艺术与人生之间的深刻关系当中得到体现。宽泛地看,"为人生"不只是艺术论,而且是现代人生论。说到底,它是寻求艺术与人生的结合,诉求通过现代形式改造现实人生,使两者相互包含,以建构起现代的人生观。

1. 艺术的人生底色

所谓"艺术的人生底色"指艺术是人生的而且就是人生的本质特征。艺术往往是文化、思想的"先声"。文学、美术等各种现代艺术的观念,从一经在中国发生便被赋予重要的社会功能和人生价值,而这种作用在随之发展的

---

① 李大钊.李大钊全集:第4卷[M].北京:人民出版社,2006:167.

② 黑格尔.美学:第1卷[M].朱光潜,译.北京:商务印书馆,2009:6.

③ 鲁迅.鲁迅大全集:第6卷[M].武汉:长江文艺出版社,2011:263.

④ 王静静.路与出路:中俄文学中的"为人生"[J].名作欣赏,2015(19):70-74.

过程中愈发得到突出。

　　关于"文学"，王国维在《文学小言》（1906 年）中称之"游戏的事业"，是以"描写自然及人生之事实"的"景"和"吾人对此种事实之精神的态度"的"情"为原质，由此对汉代文学有了新的认识①。在《红楼梦评论》（1904 年）中，他把"文学"作为"美术"，又称诗歌、戏曲、小说是美术中的"顶点"，以其目的在描写人生的缘故，由此表达了"美术之大有造于人生""《红楼梦》自足为我国美术上唯一之大著述"②等观点。黄人（字摩西）在《中国文学史》（1906 年）中说："他学不能代表文学，而文学可以代表一切学问。纵尽时间，横尽空间，其借以传万物之形象，作万事之记号，结万理之契约者，文学也。"③在他看来，文学是"摹写感情""有关于历史科学之事实"的。由于文学能够容纳万事万物，故具有建构功能，文学史的意义也就不言自明。文学之于人生的建构作用，在"五四"新文学革命中得到突出强调：一方面认同和肯定现代的"纯文学"观念，另一方面认为文学革命能够导致思想和社会革命，故普遍要求文学追求真实，打破一切旧的束缚而为自我立法。这意味着只有确立自身的独立地位，文学才能自我立法，才能摧毁传统的价值和体制，创造新的价值秩序④。黄远庸在《朱芷青君身后征赙序》（1913 年）中通过否定"文以载道""诗无邪"的传统观念，从而肯定了文学独立的价值⑤。周作人提倡"人的文学"，主张"平民的文学"。《平民的文学》（1919 年）称"文学的精神"不在于它是贵族的还是平民的，只在于它的"普遍与否，真挚与否"。至于"平民文学"，它应该是"以普通的文体，写普遍的思想与事实"；"以真挚的文字，记真挚的思想与事实"，故决不单是"通俗的文学"，也绝不是"慈善主义的文学"⑥。这种"为平民的人生"的新文学主张，包括了对平民生活的态度、人的价值和精神价值的认识问题，旨在确立文学家自身的价值和地位。此外，胡适提出"言之有物"（《文学革命论》，1915 年），陈独秀要

---

① 王国维 . 王国维文集：第 1 卷 [M]. 北京：中国文史出版社，1997：24–26.

② 同①：5–23.

③ 黄人 . 中国文学史 [M]. 苏州：苏州大学出版社，2015：2.

④ 旷新年 . 中国现代文学理论批评概念 [M]. 北京：清华大学出版社，2014：30.

⑤ 黄远庸 . 远生遗著：第 2 册 [M]. 上海：商务印书馆，1924：179–182.

⑥ 周作人 . 周作人文类编：本色 [M]. 长沙：湖南文艺出版社，1998：40–44.

求"革王的画"(《美术革命》,1918年),皆以"改良人生"为目的。他们坚定地把"文学""美术"认定为"人"学,而这个"人"是实际人生的。

文学是情感的、人的,必然是人生的。陈望道在《文学与生活》(1922年)中认为,无论是从"个人""时代"还是"国家"看,"凡是文学必与生活一致"①。茅盾在《文学与人生》(1922年)中认为,文学应当是反映"全人类的生活"、表现"社会生活"的"真文学",而文学与人生两者的关系具有4项,分别是"人种""环境""时代"和"作家的人格(personality)"②。胡怀琛在《中国文学史略》(1926年)中认为,"文学之发生"即"文学与人生之关系",表现在3个方面:"(甲)对己。发挥感情。(乙)对人。(一)适应交际(二)感化人群。而是三者皆缘于诗。"③吴宓在《文学与人生》(1930—1937年)中认为,文学是人生的表现,具有"涵养心性""培植道德""通晓人情""谙悉世事""表现国民性""增长爱国心""确定政策""转移风俗""造成大同世界""促进真正文明"等10个方面的功用④。朱光潜在《文学与人生》(1943年)中说:"文学是以语言文字为媒介的艺术。"又说:"文学是一般人接近艺术的一条最直截简便的路;也因为这个缘故,文学是一种与人生最密切相关的艺术。"⑤如上这些都是从与人生的关系,尤其是功能、作用等方面解释"文学"。可见,文学是以人生为底色,具有人生特性,这不仅是合理的,而且是必需的。

与"文学"一样,"美术(艺术)"也被确认为具有强大的功能和作用。民初以来,艺术观念在外来文化与本土条件的双重作用下不断生成并流行。鲁迅在《儗播布美术意见书》(1913年)中称美术的"本有之目的"是"与人以享乐"⑥。吕澂在与陈独秀的关于"美术革命"的通信(1918年)中说:"文学与美术,皆所以发表思想与感情,为其根本主义者唯一。"⑦梁启超在《美术与生活》(1922年)中提出"生活于趣味"的观点。他认为,人的感觉器官

---

① 陈望道.陈望道文集:第1卷[M].上海:上海人民出版社,1979:437.

② 茅盾.茅盾全集:第18卷[M].北京:人民文学出版社,1996:269-273.

③ 胡怀琛.中国文学史略[M].上海:梁溪图书馆,1926:5.

④ 吴宓.文学与人生[M].北京:清华大学出版社,1993:59-68.

⑤ 朱光潜.朱光潜全集:第4卷[M].合肥:安徽教育出版社,1988:157.

⑥ 鲁迅.鲁迅大全集:第1卷[M].武汉:长江文艺出版社,2011:168.

⑦ 吕澂.美术革命[M]//郎绍君,水中天.二十世纪中国美术文选:上卷.上海:上海书画出版社,1999:26.

会钝化、麻木，并导致生活的无趣，而"美术的功用，在把这种麻木状态恢复过来，令没趣变为有趣"[①]。徐庆誉在《美的哲学》（1928年）中认为，美术之于人生具有与宗教"略同"的作用，表现在"能使人们在这纷纭扰攘之中，认识人生的真义和参透宇宙的本体"，两者都是"以'精神化'（Spiritualizing）和'理想化'（Idealizing）为改善人生的张本"[②]。丰子恺在《音乐与人生》（1935年）中说："艺术对于人心都有很大的感化力。音乐为最微妙而神秘的艺术。故其对于人生的潜移默化之力也最大。对于个人，音乐好像益友而兼良师；对于团体生活，音乐是一个无形而有力的向导者。"又说："良好的音乐，不仅慰安，又能陶冶人心，而崇高人的道德。"[③]汪亚尘在《艺术概述》（1933年）中说："艺术原要在人生旅途上，放出烂漫之花，使人们都从艺术上接纳馥郁之香而怀恋。"[④]朱光潜在《文艺心理学》（1937年）中说："任何艺术和人生绝缘，都不免由缺乏营养而枯死腐朽；任何美学把艺术看成和人生绝缘的，都不免像老鼠钻牛角，没有出路。"[⑤]陈之佛在《艺术在非常时期》（约20世纪40年代）中说："艺术是情感的表现，与生活经验息息相关的，它于个人于社会当必有更深更广的意义。"[⑥]又在《艺术对于人生的真谛》（1946年）中说："它可以安慰我们的情感，它可以启发我们的牺牲，它可以洗涤我们的胸襟。艺术它可以伸展同情，扩充想象，增加对于人情物理的深广真确的认识，所以真正有艺术修养的人，他的感情一定比较真挚，他的感觉一定比较锐敏。他的观察一定比较深刻，他的想象一定比较丰富，他能见到广大的世界，而引人也进于这世界里来观赏一切。"[⑦]从这些看出，艺术之于"心灵的修养"尤具功效，这也是"艺术"得到普遍重视的重要缘由。

以上列举的仅是部分。参与文学、艺术与人生的关系之讨论的，可谓络绎不绝、难以尽数，此足以表明该话题极具吸引力。实际上，这种关系本身就蕴涵丰富而广泛的内容，故能够给人们提供充足的想象空间。正如赵平指

---

① 梁启超.梁启超全集：第14卷[M].北京：北京出版社，1997：4018.

② 徐庆誉.美的哲学[M].上海：世界学会，1928：33.

③ 丰子恺.丰子恺文集：第3卷[M].杭州：浙江文艺出版社、浙江教育出版社，1990：287–288.

④ 汪亚尘.汪亚尘论艺[M].上海：上海书画出版社，2010：130.

⑤ 朱光潜.朱光潜全集：第1卷[M].合肥：安徽教育出版社，1987：362.

⑥ 陈之佛.陈之佛文集[M].南京：江苏美术出版社，1996：351.

⑦ 同⑥：361.

出："艺术所涉及的一切都是人生的形态，而人生所凸显的一切也几乎都是艺术的对象。于是，几乎一切与社会人生相关各种现象都可以在这一话题中得以反映。"① 以人生为出发点、以人生为内涵、以人生为目的，这是艺术论的趋势和形成的共识。需要提及的是，20世纪20年代存在"艺术"是"为人生"还是"为艺术"的争论。"为艺术而艺术"的本义是要求艺术脱离人生，但两者实际上是须臾不可分离的。瞿秋白在《艺术与人生》（1924年）中说："艺术与人生，自然与技术，个性与社会的问题——其实是随着社会生活的潮势而消长的。现在如此湍急的生活流，当然生不出'绝对艺术派'的诗人，世间本来也用不到他。"② 朱光潜在《文艺心理学》（1937年）中批评"为文艺而艺术"的理论主张是"把艺术和人生的关系斩断，专在形式上做功夫，结果总不免空虚纤巧"③。所以，他宁可承认艺术与人生（道德）的关系之或远或近，而否认无关人生的艺术之存在。丰子恺在《艺术与人生》（1943年）中认为，"为艺术的艺术"与"为人生的艺术"两个新名词"有些语病"。在他看来，一切艺术"在人生都有用"，不存在"不为人生的艺术"，艺术"本是人的生活的反映"。"凡是对人生有用的美的制作，都是艺术。若有对人生无用（或反有害）的美的制作，这就不能称为艺术。"故就艺术在对人生的关系上，他提出"直接有用的艺术"与"间接有用的艺术"两种④。总之，"为艺术的艺术"与"为人生的艺术"两者一致，其实都是指向"为人生"⑤。

2. 人生艺术化

所谓"人生艺术化"指的是使人生成为艺术的或美的人生的主张。艺术具有人生底色，艺术也必然是涵括人生，对人生进行再现或表现。不仅此，艺术因具有构筑人的精神、灵魂，养成人格的特别作用而成为人生理想。所以，艺术与人生两者常常被直接等同起来。吕澂在《美学浅说》（1923年）中

① 赵平 . 文学与人生 [M]. 芜湖：安徽师范大学出版社，2011：21.

② 瞿秋白 . 瞿秋白文集（文学编）：第1卷 [M]. 北京：人民文学出版社，1985：309.

③ 朱光潜 . 朱光潜全集：第1卷 [M]. 合肥：安徽教育出版社，1987：316.

④ 丰子恺 . 丰子恺文集：第4卷 [M]. 杭州：浙江文艺出版社、浙江教育出版社，1990：396-399.

⑤ 关于"为人生"，徐复观的观点可做参考。他认为，中国文化中的艺术精神只存在两个典型：一个是儒家系统的"为人生而艺术"（以孔子为代表），一个是道家系统的"为艺术而艺术"（以庄子为代表）。两者虽然在表现形态上并不相同，但它们本质上都是在为人生负责，都是"为人生而艺术"。（中国艺术精神 [M]. 上海：华东师范大学出版社，2001：81-82）

认为，从艺术品、艺术创作、艺术起源、艺术社会性各方面看，艺术都离不开人生。进而，他说："艺术和人生只有一种关系，便是实现'美的人生'。"[①]甘蛰仙在《唯美的人格主义》（1923年）、《文学与人生》（1924年）中提出"美的人格""人生的文学化""家庭生活之文学化"[②]等说法。华林在《美的人生》（1925年）中倡导"人生的美术"，还极力推介张竞生《美的人生观》一书。梁漱溟在《朝话》（1937年）中主张"人生的艺术"，即"在寻常日用中，能够使生命和谐，生命有精彩，生活充实有力"[③]。如上这些，都充分肯定生活与艺术的密切性，特别指出艺术是作为人生的导向。尽管所说的"人生"在内涵上有些差异，但归根到底是基于"人生"这一个具有价值性、选择性、目标性问题的考量。如果说"人生"存在从非艺术的到艺术的课题，那么人生观建构必然来自对现实人生的诊断以及各种人生观的批判性反思。

正如尼采所言："唯有用审美的名词，才能证明生活的意义。"[④]人生、生活的价值，很大程度体现在对美或审美的追求，而这种追求又始终脱离不开对人生自身的审视。"人生"这一对象可以进行多维测绘，形成积极的或消极的，现实的或理想的等各种说法。所谓"悲观""厌世""悲剧""缺陷""烦闷"等，这些评价现实人生的用语都是相对积极的、理想的人生而言的。如"缺陷"，它指的是人本身的一种局限性。叶圣陶在《文艺谈（六）》（1921年）中说："有好景不能玩赏，有好友不能结交，有好的文艺作品不能领略，都是人生的缺陷，对于自己莫大的辜负。"[⑤]这意味着作为人生现实的"缺陷"，必然成为艺术价值得以存在并被确认的前提。在《红楼梦评论》（1904年）中，王国维就已论及人生、生活与美术的关系。他认为，"美术之价值"并非是绝对的，而是起于"现在世界人生""其材料取诸人生，其理想亦视人生之缺陷逼迫，而趋于其反对之方面"[⑥]。这种视人生的客观态度，对于后人致力通过"美术"改造人生具有启示[⑦]。又如"烦闷"，这是因人生困惑而产生的消极情

---

① 吕澂.美学浅说[M].上海：商务印书馆，1923：45.

② 均载于《晨报副镌》。

③ 梁漱溟.梁漱溟全集：第2卷[M].济南：山东人民出版社，2005：86-87.

④ 尼采.悲剧的诞生[M].刘崎，译.北京：作家出版社，1986：7.

⑤ 叶圣陶.叶圣陶论创作[M].上海：上海文艺出版社，1982：11.

⑥ 王国维.王国维文集：第1卷[M].北京：中国文史出版社，1997：16.

⑦ 限于篇幅，"缺陷之美"不再展开论说。

绪。此种心理现象在"五四"时期的青年中普遍迷漫着，以致被茅盾判定为"中国现在社会的背景"。在《创作的前途》（1921年）中，他说："从表面上看，经济困难，内政窳败，兵祸天灾，……表面的现象，大可以用'痛苦'两个字来包括。再揭开表面去看，觉得'混乱'与'烦闷'也大概可以包括了现社会之内的生活。"至于解决"烦闷生活"的建议，有识之士除提出要求正确认识、科学分析人生之外，还特别提出了"唯美的眼光"（宗白华，1920年）、"美化"（沈秉廉，1922年）、"美术家"（朱光潜，1923年）、"美的态度"（吕澂，1923年）等美学方法。审视各种人生问题、探讨解决它们的方法，就是在寻求和建构新的、理想的人生观。

人生观是客观对象与主观评价的统一。人生问题并非铁板一块，具有复杂的构成，因此无论就对人生还是人生观的评价，总是需要"标准"。宗白华在《说人生观》（1919年）中依据"真实的宇宙观"分为3种："乐观""悲观"和"超世观"①。太虚在《近代人生观批判》（1927年）中把当时流行的各派人生观概括为4种："人本""物本""神本"和"我本"。他评价这些人生观"现代的适用上……皆有用，而皆当有需乎择去其迷谬偏蔽之处"；"在佛学上……皆有所是，亦皆有所非，然尚无一能到达佛学的真际者"，于是提出"佛学的人生观"②。这种超脱型人生观只能说是现代人生观的一种，或者说是一家之见，其局限性是昭然若揭的。现代人生观之建构，重点在于对主体性价值之审视和张扬。"五四"时期涌现的主流"人生观"，即是基于"人"的发现。傅斯年在《人生问题之发端》（1919年）中把在中国流行的"达生观""出世观""物质主义""遗传的伦理观念"等各种人生观，都视作"左道"人生观（念），因为它们"都不是拿人生解释人生问题，都是拿'非人生'破坏人生，都是拿个人的幻想，或是一时压迫出来的变态，误当作人生究竟"。因此，他把"就人生论人生"一条道理作为标准，进而提出"努力人生观"③。新的人生观必然是积极的、理想的或美的人生观，是本着"动"的精神想象人生、改造人生。因此，探讨人生、人生的意义，"仅仅局限于人的日常生活的范围是很难说出个所以然来的，必须要有一个可以比较的对象和一个参照

---

① 宗白华.宗白华全集：第1卷[M].合肥：安徽教育出版社，1994：24-25.

② 太虚.太虚法师文钞初编第一编[M].上海：中华书局，1927：115-133.

③ 傅斯年.现实政治[M].西安：陕西人民出版社，2012：1-12.

系统"①。联系宇宙思考人生；综合社会本位和个人本位的人生态度；崇尚自然，反对科学主义；强调意志自由和人生的自觉；既追求崇高精神境界，又重视当下的情感，等等，这些都成为建构人生观的依据和方式。揭示人生的真义，就需要从多方面展开。鉴此，美学作为方法和策略提供了人生实践的"优势"，成为建构人生观的特殊维度。在中国现代美学中，"艺术的人生观"和"美育的人生观"是两种有特色的、富有时代性的见解。

"艺术的人生观"是从艺术的角度审视人生问题。茅盾（佩韦）在《艺术的人生观》（1920年）中说："把生活当作艺术品，便有一种兴趣；随他境遇如何升降，兴趣反正是极浓，能够勇往直前，做合理的生活。这正好像艺术家造一件艺术品，只求这件作品做得称意，不管造的是铜像还是石像，是天神还是小鬼。"他认为，把人生看作艺术的人，都每每受到艺术观念的影响，因艺术品的"骨格"（character）而能产生调和浪漫、崇古的人生观（崇古气质、浪漫气质、富于实践气质的人）。不仅此，"艺术人生观"还具有"自我实现"，免受社会风尚影响的作用。故他相信："混乱的社会，愈有趋向艺术的人生观的必要。"②宗白华在《新人生观问题的我见》（1920年）中提出以"科学"和"艺术"为途径的两种创造方法。他个人倾向主观自然的人生观，即"艺术的人生观"。所谓"个人所理想的艺术的人生观"，就是"艺术创造的目的是一个优美高尚的艺术品，我们人生的目的是一个优美高尚的艺术品似的人生"③。华林在《艺术的人生观》（1937年）中指出，人是"自己做人"，事完全在我，每一个人都有不同的成形。"艺术的人生观，各有成形的人格！这是国家之栋梁，人道之柱石！是唯一的，特别的，使文化丰富而不单调，使人生崇高而不机械，这种人无论在任何事业上，都是能'以超功利的行为，表现反自私的情绪'，实为现代生活中，最光明之出路。"④所以，"艺术人生观"是一种将艺术和人生融为一体的生存理念与人生理想，其中包含着对美好生活、理想人格与自由和谐人性的自觉追求。

---

① 廖新平，廖建平. 现代中国人生哲学的特征及其意义 [J]. 长沙理工大学学报（社会科学版），2006（2）：5.

② 茅盾. 茅盾全集：第18卷 [M]. 北京：人民文学出版社，1996：36-37.

③ 宗白华. 宗白华全集：第1卷 [M]. 合肥：安徽教育出版社，1994：204.

④ 许晚成. 青年人生观 [C]. 上海：国光书店，1940：145.

　　"美育的人生观"是从美育角度审视人生问题。余箴在《美育论》(1913年)中说:"恒人一生,惟往复于生活之欲之中。心目之所注,手足之所营,其不由直接以与利害问题相触者,无有也。欲望不赏,苦痛因之,所欲不绝,苦痛亦不绝。其有脱我于物欲而贻我以真乐者,惟于观美之时得之,以是时无我故无欲,无欲故无苦痛也。故曰美也者,救济人生之宝筏也。"①李石岑在《美育之原理》(1922年)中说:"美育者发端于美的刺激,而大成于美的人生,中经德智体群诸育,以达美的人生之路。"②蔡元培在《美育与人生》(约1931年)中说:"人人都有感情,而并非都有伟大而高尚的行为,这由于感情推动力的薄弱。要转弱而为强,转薄而为厚,有待于陶养。陶养的工具,为美的对象,陶养的作用,叫作美育。"③所谓"救济""大成""陶养"这些字眼,皆指向并不完美的现实人生。使人生完美,需要"美"和"美育"。美育的作用在于能够突破个体私利的束缚、成就自由无碍的人生。发展自我、提升人生价值和激发创造力,美育是必然之途径。所以,美育不仅是必要的,而且是无可替代的④。美育的人生观就是诉求"美的人生"。

　　"艺术的人生观"与"美育的人生观"是一致的。首先,"美育"即"美感教育",与"人生观"一样,都具有主观的形式和客观的内容,故两者能够相互联系,正如个体的人生观不同,他们的审美观也随之不同。其次,艺术与美育之间具有直接的关系。吕澂在《艺术与美育》(1922年)中说:"艺术的真际是依美的态度开展的人生事实;而美育呢,在根本态度不同的人生里依着人间曾有和能够有的艺术事实——艺术品的制作和美的鉴赏——的启示、引导,转移了人生态度,使那艺术的人生普遍实现在这世间。普遍地实现了艺术的人生,这是美育唯一的目的。"他依据艺术理解美育,正是因为看到"美育的范围是很广泛地遍及全人间,又很长久地关涉全人生"⑤。艺术是人生,美育使艺术的人生普及,这是两者能够成为一种人生观的前提。再次,"艺术的人生观""美育的人生观"又都是相对于"宗教的人生观"而言的,都直接

①　余箴. 美育论 [J]. 教育杂志, 1913, 5 (6): 73.

②　李石岑. 美育之原理 [J]. 教育杂志, 1922, 14 (1): 8.

③　蔡元培. 蔡元培全集: 第7卷 [M]. 杭州: 浙江教育出版社, 1998: 290.

④　朱立元. 美育与人生 [J]. 美育学刊, 2012 (1): 1-4.

⑤　吕澂. 艺术与美育 [J]. 教育杂志, 1922, 14 (10): 7-8.

指向"科学的人生观"。此即"从科学的内容与方法上，得一个正确的人生观，知道人生生活的内容与人生行为的标准"，而这恰恰又与"艺术的人生观"形成对照，因为它是"从艺术的观察上推察人生生活是什么，人生行为当怎样"①。

　　总而言之，"人生观"构成了中国现代思想中的独特问题域。无论是对人生真义的探寻、新人生观的建构，还是对艺术人生观的追求，都包含着一种强烈的独立精神。这种"独立"指向多方面内容，不仅是生活的、艺术的、美育的，而且是文学家的、艺术家的或美学家的，而后者之"独立"与人生观之间本来就具有因果关系。黄远庸在《朱芷青君身后征赙序》（1913年）说："故文艺家之能独立者，以其有人生观"，故他又提出"大胆""诚实不欺"的"艺术家"要义②。瞿世英在《创作与哲学》（1921年）中说："哲学是文学的创作的本质，要'哲学'的创作才是真创作"；"所谓哲学便是人生观和世界观。而文学家必须要有他的确定的人生观与世界观才有好创作。"③这些无非表明一个人的人生观将决定他的文学观。所以，无论是作为文艺家，还是作为学问家，都应当自觉成为"人生"和"为人生"的创造者。李大钊在《史学与哲学》（1923年）中称文学具有"发扬民族和社会的感情"的作用，又主张"研究学问，不是以学问去赚钱，去维持生活的，乃是为人生修养上有所受用"的态度④。徐仲年在《美化人生》（1936年）中把人的生活方式分为3种："平民的""大众的"和"少数的"，且称属于少数派的知识阶层"最可敬"。在他看来，他们虽然少数，但是有一种难能可贵的精神，"不但在万苦千辛中挣扎，而且想改良环境，求民于水火"。这是他基于美育特殊性的理解。美育的灵魂在于"美"，在于"诚""勇"二字；美育的手段在于文学、艺术，精神之"美"是作为建设物质之"美"的基础⑤。显然，这种理解有拔高美、美育的作用之嫌，却又有对创造者提出要顺应时代的人生要求。而在"人生观"的诸多解

---

① 宗白华. 人生观问题的我见 [M] // 宗白华. 宗白华全集：第1卷. 合肥：安徽教育出版社，1994：206-207.

② 黄远庸. 远生遗著：第2册 [M]. 上海：商务印书馆，1924：180.

③ 瞿世英. 创作与哲学 [J]. 小说月报，1921，12（7）：8.

④ 李大钊. 李大钊全集：第4卷 [M]. 北京：人民出版社，2006：166.

⑤ 徐蔚南. 蔡柳二先生寿辰纪念集 [M]. 上海：中华书局，1936：300-304.

释中，又以进化论的人生观、"新思潮"的人生观和艺术的、美育的人生观较具特色。中国现代性语境中的人生（观）话语，蕴藏了"改良人生""美化生活"等现代生活美学旨趣，而这些又都可以归之于美育的议题当中。

第二章　生活艺术化思想创构

中国现代美学提供了得到当代中国学界普遍认同的诸多命题，其中之一就是"人生艺术化"。它包含极其丰富的内容，具有鲜明的时代特征、文化底色和理想色彩，是一种"创造性建构"①。"人生艺术化"，亦即"生活艺术化"，两者的题域和旨趣是一致的。"人生境界面对的或者说要研究的就是人生，人生的问题其实指的就是我们的日常生活。所以，人生境界是日常生活的理论。"②人生是人的生活过程，是人的生命所展开的日常活动过程；日常生活则是人这个总体的对象化领域，是人的不可或缺的生存样式。这种共同的存在性只是一方面，另一方面则是它们都需要"提升"，使之成为美的、艺术的、境界的。中国现代美学家直面人生诸问题，时时表露出批判和重建的态度。他们要求改造人生、生活，诉求诗意地消解日常生活，并提出了诸多值得我们不断反思的论说。

本章选择动静说、劳动说、城乡说、美育说进行分析，试以典型人物、典型观点为架构，考察学人是如何诉求艺术（审美）以重建中国人的日常生活，用以达到改造社会和美化人生的目的，重点关注使生活艺术化的文化逻辑、实现路径等问题。这里先着重指出美育话题。中国现代美学家谈美学，基本上也是在谈美育。"绝大多数美学家都重视教育，并提倡美育，他们是想用美育来切实发挥审美的这种拯救和改造人心的启蒙目的。"美育这个话题

---

①　金雅.人生艺术化与当代生活 [M].北京：商务印书馆，2013：1.

②　刘锋杰.从人生境界到日常生活 [M] //陈婉莹，夏中义.大学人文讲堂 [M].上海：复旦大学出版社，2008：10.

"集中地把当时的美学与启蒙、审美与人生、审美与道德、艺术与科学、超脱与功利、传统与西方等一系列重要学术和社会问题扭合在一起"[①]。可见，美育是中国现代美学中极其重要的方面，对此必须给予一定篇幅以示重视。为了更切合研究维度，这里将着重现代生活与美育的逻辑关联，并以此表明提倡美育之必要。

一、动静说

文化是一种生活方式，与日常生活之间具有某种因果关系，人的日常行为本身就是文化的产物。因此，谈文化就是在谈日常生活，谈中国文化就是谈中国人的日常生活。当然，中西文化的类型不同，形成的人生美学精神也不同，或者说人生美学精神决定于文化类型，这是大体而言的。具体到中国文化，由于近代以来受到外来文化的强烈冲击而面临严峻危机，这种现实启动了启蒙知识分子决心对此重建的道路。在这一探索过程中，激起广泛讨论的一个话题是中国文化究竟是主于"动"还是主于"静"？由此形成了带有价值论色彩的"动静说"。它的主流立场是前者，即把"动"作为首要，认为只有张扬"动"的精神才能体现现代人的精神面貌，才能获得生活、人生的真义。但是，"中国文化"作为问题，并非定于一尊，实是阔大而又复杂。对其定性，涉及现代与传统两者关系的深刻认知，影响学人的理想建构及人生选择。作为中国现代思想的一部分，"人生艺术化"自然也是附着于其中，蕴含着"动静说"的要义，甚至说它是以后者为参照。以下先梳理"动静说"的基本观点，再分别从与之密切关联的"唯美主义"和"境界说"两个方面展开讨论。

（一）文化还原

不断输入的质异的西方文化使得原生的中国文化日渐暴露出问题。对于西方文化和中国文化，近代以来中国启蒙知识分子普遍持以"西动中静"的立场。严复在《论世变之亟》（1895年）中对中西的思维方式、心理状态等

[①]　杜卫. 审美功利主义：中国现代美育理论研究 [M]. 北京：人民出版社，2004：6-7.

做了概括。他把"世变之亟"归结到运会上，并从中西事理上推求，主张用"力今胜古"代替"好古忽今"，用进化论代替循环论。谭嗣同在《仁学·十九》（1896—1897年）当中提出"西人以喜动而霸五洲""中国之亡于静"的观点，指陈中国文明不求革新、惟重古制的弊端，以服务其革故鼎新的政治目的。康有为在上光绪书（1898年）中以"治一统之世"（占支配地位的是"静""隔""散""防弊"）与"治竞长之世"（占支配地位的是"动""通""聚""兴利"）的不同，对中国与西方在思想意识、社会心理方面的区别做了一元化的解释。梁启超在《论中国学术思想变迁之大势》（1902年）中以崇实际、主力行、贵人事、明政法、重阶级、重经验、喜保守、主勉强、畏天命、言排外、责自强等，表述了中国占支配地位的传统观念特征。这些观点尽管大多停留在现象的描述，尚未能触及问题的根本，但是为日后的文化论争定下了基调[①]。1915—1927年思想界爆发关于东西文化问题的论战，继续从文化层面探讨中国出路的问题[②]。大体看，这场前后历时达10余年的论战，形成了激进、调和和复古的立场。它们是"动静说"的演绎，即基于"西动中静"总看法而形成的多元解释。

激进的立场以陈独秀、李大钊为代表。他们注意到中西两种文化的差异：西方文化是"动"的，而中国文化是"静"的。陈独秀在《东西民族根本思想之差异》（1915年）中指出，西洋民族以"战争""个人""实利""法治"为本位，相应地东洋民族以"安息""家族""虚文""情感"为本位[③]。李大钊在《动的生活与静的生活》（1917年）中称"东方文明之特质，全为静的；西方文明之特质，全为动的"。他从文明与生活"相为因果"的角度，提出青年必须要以创造新生活为己任。"吾人认定于今日动的世界之中，非创造一种动的生活，不足以自存吾人又认定于静的文明之上，而欲创造一种动的生活，非依绝大之努力不足以有成。故甚希望吾沈毅有为坚忍不挠之青年，出而肩此巨任。"[④]在《东西文明之根本异点》（1918年）中，他又从地理环境、自然

① 姜义华.现代性：中国重撰 [M].北京：北京师范大学出版社，2013：283-288.

② 相关研究，参见罗荣渠.序言 [M] //罗荣渠主编.从西化到现代化：五四以来有关中国的文化趋向和发展道路论争文选.北京：北京大学出版社，1990：2-12.

③ 陈独秀.陈独秀著作选：第1卷 [M].上海：上海人民出版社，1993：165-169.

④ 李大钊.李大钊全集：第2卷 [M].北京：人民出版社，2006：96-97.

条件、生活方式等方面考察东西方文明的差异，断定"根本不同之点，即东洋文明主静，西洋文明主动"①。把"动"与"静"并置，本身就表明两者价值对立，即东西文明必然形成冲突。这意味着国民的"今日的生活"已经落后时代的要求，因此唯有改变才能符合民众的现实需求。弃"静"迎"动"的呼声更加高涨。指出这种差异，就是要确认两种文明之间是冲突的，而当时他们认定西方文明是先进的，中国文明是落后的。他们是将中西文化判为不同时代的产物，即从社会进化的纵向比较上判定其优劣，以公开的叛逆态度，直言不讳地宣布打倒历来奉为神圣的儒家文化，以建立西式的社会政治制度和思想文化。

　　调和的立场以杜亚泉、章士钊为代表。他们并不绝对地要求以西替中，而是认为两者可以调和。他们一方面承认东西两种文化的差异，另一方面反对把两者置于对立冲突的两方，故要求通过比较，确认差异，从进化的或横向上评判各自短长，取西方之长补中国之短，从而创造新的文明。杜亚泉在《动的文明与静的文明》（1916年）中指出，西洋是"动的社会"，而中国是"静的社会"，两种文明表现出各自的"景趣与色彩"。但就两种文明的未来而言，并不是舍其一取其二，而是可以调和的。"至于今日，两社会之交通，日益繁盛，两文明互相接近，故抱合调和，为势所必至。"②在《新旧思想之折衷》（1919年）中，他又主张根据中国当前情势折衷中西文化，提出"节约生活费""增大生活能"的增进之方策。他的总义就是"以现代文明为表，以未来文明为里，表面上为奋斗的个人主义，精神上为和平的社会主义"③。"调和论"的另一著名主张者是章士钊。在《新时代之青年》（1919年）中，他把新旧调和比喻成重合的两个圆面逐渐分离。他认为，新旧时代如犬牙交错，新旧文化连绵相承，不可划出明确的界线；宇宙的进化、文化的发展，都只能是"移行"的，而不能是超越的。"移行"就是"新旧杂糅"，就是"新旧调和"。"调和"是"社会化至精之义"，社会的一切进步都是新旧调和的结果，"一面开新，必当一面复旧"。他甚至提出："物质上开新之局，或急于复旧，而道德上复旧之必要，必甚于开新。"他把一切旧的存在都看成社会前进的根基，认

①　李大钊.李大钊全集：第2卷[M].北京：人民出版社，2006：211.

②　杜亚泉.杜亚泉文存[M].上海：上海教育出版社，2003：343.

③　同②：405–407.

为"不有旧，决不有新，不善于保旧，决不能迎新；迎新之弊，止于不进化，不善保旧之弊，则几于自杀"①。这种"复旧""保旧"的观点，无疑提供了一种新思路，使时人不得不从理论和逻辑两方面进一步思考：中国固有文化和西洋现代文化究竟是否各有长短，是否可以取己之长补他人之短，等等。调和的立场，有助于从形式主义的偏激中摆脱出来。无论是一概弃绝传统文化，还是一概迎合西方文化，这样的态度显然不利于深化自己的识见。不过，这种立场由于忽视新旧事物之间的本质差别，从而也清楚地暴露出保守倾向。

复古的立场以陈嘉异、梁漱溟为代表。陈嘉异在《东方文化与吾人之大任》（1921年）中公开宣布自己是东方文化的崇拜者，明确反对一切赞扬西方文化及融合东西文明的观点，并断言将来的世界文化必然是东方文化。他称东方文明是"独立的、创造的"，具有"调和精神生活和物质生活""调和民族精神和时代精神""由国家主义达世界主义"的优越性。在列举了这四大优点之后，他又特举孔子为例，认为"孔子教义"。一方面"注重实际决不于日常生活外逞玄想"，另一方面"即就日常生活使人体验其丰富之内容"。他这样称赞"一身之示范是"的孔子："盖孔子一身实最能熔铸精神生活与物质生活而冶成一浑然的理想之人格。以今日术语表之，即最能使肉灵合一之谓者也。而此种浑一的人格之表现，与其谓为善于调和此生活之两面不如谓为能以精神生活统御物质生活之为愈。"②梁漱溟在《东西文化及其哲学》（1921年）中提出了著名的"三路向"说。他以意欲（will）为立论基点，以"意欲向前""意欲的调和和持中""意欲反身向后"分别代表西方、中国、印度三"路"文化的根本要求。与此相联系的分别是人对物、人对人、人对宇宙的三个问题，认为它们提供了解决问题的最适合的态度（但并非唯一可能的态度）。在他看来，第一路走到今日已是"病痛百出，今世人都急于想抛弃它"，而第二路、第三路之所以在今日失败，只是不合时宜而已。由于印度文化是"未来文化之兴"，故应该把中国人的人生态度重新拿出来，特别是孔子的人生哲学。孔子的那种"力气极充实""奋往向前"的"刚的态度"，即是"适宜的第二路人生"。"本来中国人从前就是走这条路，却是一向总偏阴柔坤静一边，

---

① 章士钊. 新时代之青年 [J]. 广益杂志，1919（6）：26-28.

② 陈嘉异. 东方文化与吾人之大任 [J]. 东方杂志，1921，18（1）：18-38；18（2）：9-25.

近于老子，而不是孔子阳刚乾动的态度；若如孔子之刚的态度，便为适宜的第二路人生。"①梁漱溟的"第二路向"论是对"五四"新文化、新人生观的"反扑"。他批评陈独秀、李大钊、胡适等为代表的新派的观点，显露出十分保守的心态。梁著出版之后，在《时事新报·学灯》《学衡》《民铎》等报纸杂志上出现了一批批评文章，作者有张东荪、恶石、吕澂、刘伯明、严既澄、李石岑、袁家骅等。可见，梁氏观点在当时造成了很大反响。

以上三种立场是相对而言的，并非决然的对立。调和的论调在李大钊激烈批判中亦显示出端倪。他在《东西文明之根本异点》中亦这么指出："东西文明之互争雄长"，"实为世界进步之二大机轴"，如"鸟之双翼，缺一不可"，所以主张"时时调和，时时融会，以创造新生命，而演进于无疆"②。此外，他在《调和之美》（1917年）中提出"爱美先爱调和"的观点，认为"美"是"调和之产物"，而"调和"则是"美之母"③。陈嘉异赞成章士钊的"调和"观点，并指出"否认调和是无异否认宇宙之有差别相"。他不仅评价刘师培（申叔）所论的中国学术沟通及文明化合"立论绝佳"，杜亚泉的动静说"忠允核实"，对梁漱溟的《唯识述义》称赞有加，而且坦承"单扶动静方面观察东西文明之总体，总嫌未尽惬当"④。这些情况表明：基于三种立场理解的"中国文化"各有偏重，皆符合某种政治或道德的需要。实际上，它们都有共同的出发点，这就是发掘中国文化的现代价值，建构符合中国国情的文化形态。所谓"文化形态"，乃是相对于经济、政治而言的人类全部精神活动及其产品。它是一个综合的概念，具有"普遍性""整体性"的品格。"文化形态，不仅表现在各种程式化了的制度与体系化了的理论之中，而且也更广泛地直接表现在人们的日常生活与日常思维之中，表现在人们日常未经深思熟虑的、没有系统化的、驱使人们对所遇事物立即做出反应的心理、精神、欲望、追求、情绪、理想、习惯、意向、气质、风度之中，因而，它具有直观性、丰富性、多样性、具体性的品格。"⑤正如此，文化形态建构与国民性认知直接相关。"动"

① 梁漱溟．梁漱溟全集：第1集 [M]．济南：山东人民出版社，2005：537–539.

② 李大钊．李大钊全集：第2卷 [M]．北京：人民出版社，2006：211.

③ 同②：241.

④ 陈嘉异．东方文化与吾人之大任（续）[J]．东方杂志，1921，18（2）：24.

⑤ 姜义华．现代性：中国重撰 [M]．北京：北京师范大学出版社，2013：287.

的文化就是"动"的现代人生、现代国民生活精神。

文化立场、文化形态等问题都事关对传统的态度。激进派主张全盘西化，反对固有传统；保守派、复古派主张检视传统，反对一味地崇尚西方。它们对传统都有一个价值判定，认为它是没有价值而需要抛弃的，或需要重新解释才能变得有价值。显然，这是一种融入了进化思想的"文化还原论"。如同自然、生命一样，文化也是进化的。文化进化即是文化还原，文化进化论即是进化思想在文化领域的体现[①]。还原的本质是化繁为简，即一种整体性思维方式。文化进化，就是文化还原、文化进步，就是使文化整体地推进。在这种文化论格局中，艺术问题占据了特殊地位。艺术作为审美，具有"还原"功能，即使人"从喧嚣复杂的日常生活世界回到诗意般的本然世界"[②]。当然，这里的前提是艺术自身的独立，即要把它从文化中"还原"出来。所以，"还原"之于艺术具有两重指向，首要就是在"中国文化"中重新发现"艺术"，把它从"静"的状态还原成"动"的状态。王统照在《中国的艺术革命》（1921年）中说："艺术都是用心思的运用，手指的技巧所做出的，有什么死、活、动，静，可分。但我总以为中国的艺术，是偏于死的，静的，无生机，无活气，没有足以引人忘倦，深入人心的吸力，这即是中国艺术的缺点。譬如法国罗丹的雕刻，生动活泼，使人看过后，引动许多思想，这可见得他的艺术是有生与动的能力，绝非中国的艺术所能做到。所以我希望要打破中国死艺术的观念，另创造德谟克拉西的新艺术来，于中国死气沉沉的社会上，必有革新的关系。"[③] 这段话颇具代表。在他看来，对艺术进行革命是在世界潮流"迅烈的冲击"之下必须做出的选择。以艺术改造社会，就是要使"艺术"成为"动"的、独立的现代人生形象。所谓革新中国艺术，即是革新中国文明，两者一致。

（二）唯美主义中国化 I

近代以来中国思想文化论争中的"动静说"，归根结底在于要求发掘国民

---

① 时胜勋.西学·维新·传统：现代中国文论的多元化话语[M].郑州：河南人民出版社，2011：187-190.

② 彭锋.美学的感染力[M].北京：中国人民大学出版社，2004：82-83.

③ 王统照.王统照文集：第6卷[M].济南：山东人民出版社，1984：348.

乾动的心理机制，引导国民努力向前，以造就积极的国民心理。杜亚泉在《论中国心理》（1913年）中说："中国之社会心理，乃幼稚而又静默者也。"[①] 又说："……郁极思发，静极思动，几有儳然不可终日之势。"[②] 在他看来，"动"是"静"的极致，或者说物极必反，久"静"必"动"，正是"静"造成了中国社会的各种缺点。面对此况，他提出应当灵活利用各种方法进行"改善"，而不是只重教育。"……道德之堕落、风俗之污下、生活之困难，亦为中国社会近今之缺点，则伦理、宗教、审美、政治、经济改善诸方法，亦宜随机应用，不得以教育为当务之急，而概弃其余也。"[③] 杜氏虽然在文化立场上略显保守（见前述），但是心怀强烈的"拯救"愿望，是把实现"理想生活""理性的道德"作为个人担当。他指出，强国必须优先普及科学，而普及科学的根本途径在于兴办教育、编辑刊物、翻译等。他自创《亚泉杂志》、大量翻译科学著作，并潜心著述，在传播、普及科学方面做出了诸多努力。至于他所提到的"审美"这种改善方法，明显见于后来的一批明智人士提倡的"唯美主义"。

　　唯美主义（Aestheticism）是一股世界性的思潮。它起源于19世纪后期的英国、法国，以王尔德（Wilde, O.）、佩特（Pater, W.）等为重要代表，是"厌弃近代的功利唯物思想、物质的思潮，避遁俗众的生活，主张'为艺术而艺术'而以美为人底中心的近代诗人底一派"。在中国，"唯美主义"又被译为"耽美主义"，"耽美派、唯美主义、美之至上主义或享乐主义同"[④]。"五四"以来，这种注重艺术、审美，追求感性至上，融艺术与人生为一体的主张，成为不少启蒙文化人的选择，也是蜂拥而入的新思潮之中的一个"亮点"。大致说来，唯美主义思潮在"五四"时期进入中国，至1920年代后期逐渐形成热潮。这股思潮以"王尔德热""为艺术而艺术"为主要表征，以《东方杂志》、创造社为主要阵地，以一批有留学背景的知识分子为主力。域外的唯美主义经日本和欧美国家传入中国，是与新文化建设同步的，又是与文化论争中的"动静说"存在互容关系。由于日本的唯美主义是中国化唯美主义的雏形，以下首先着重曾留学日本的周作人、郭沫若两人。

---

① 杜亚泉. 杜亚泉文存 [M]. 上海：上海教育出版社，2003：261.

② 同①：263.

③ 同①：264.

④ 孙俍工. 文艺辞典 [M]. 上海：民智书局，1928：577.

1. 周作人："微笑地美的生活"

将唯美主义译入中国并进行宣传的，首推周作人。1906—1911年他在日本留学，对自然主义、写实主义和唯美主义都有关注。他着力译介日本唯美主义作家、作品，发表了一些有关唯美主义的译作、论文。译作有《快乐王子》（1909，王尔德）、《形影问答》（1922年，佐藤春夫）、《地图》（1935年，永井荷风）、《儿歌里的萤火》（1936年，北原白秋）等；论文有《日本近三十年小说之发达》（1918年）、《王尔德研究》（1924年）等①。他长期关注唯美主义，而对唯美主义的接受又始终与他的文化观、文学观和人生观的变动相伴随。尤其是在1920年代初期，他在思想上产生了显著波动，有一个从西方向东方回归的过渡，从中显示出"唯美主义"在文化转换及其中国化过程中的复杂境遇。

周作人是"五四"新文学的先驱者，提倡"人道主义"的文学精神。《人的文学》（1918年）主张"人生的文学"为"新文学"，批评神性、动物性，只要求"人的文学""'人道主义'的文学"②。1920年4月他将近两年翻译的外国小说进行编译，用尼采的话取名《点滴》。他称这些译介的小说具有一种共通的精神，即"人道主义"，并称"人道主义的文学，正是真正的理想的文学"。他这样解释编印此书的目的："真正的文学能够传染人的感情，他固然能将人道主义的思想传给我们，也能将我们的主见思想，从理性移到感情这方面，在我们的心的上面，刻下一个深的印文，为从思想转到事实的枢纽：这是我们对于文学的最大的期望与信托，也便是我再印这册小集的辩解（Apologia）了。"③早期周作人正是抱此理想，以"人""人道主义"为尺度，展开对传统文化的大力批判。此时期他写下的许多文章，都重在反思国民性。在《祖先崇拜》（1919年）中，他认为这种保存至今的"部落时代的蛮风"，"既于道理上不合，又于事实上有害"，所以应该废除才是。他说："有了古时的文化，才有现在的文化。有了祖先，才有我们。但倘如古时文化永远不变，祖先永远存在，那便不能有现在的文化和我们了。所以我们所感谢的，正因为古时文化来了又去，祖先生了又死，能够留下现在的文化和我们。现在的

① 相关研究，参见张能泉.周作人与唯美主义[J].湖南工程学院学报，2003（3）：51–54.

② 周作人.周作人文类编：本色[M].长沙：湖南文艺出版社，1998：31–39.

③ 周作人.周作人文类编：希腊的余光[M].长沙：湖南文艺出版社，1998：585–587.

文化，将来也是来了又去，我们也是生了又死，能够留下比现时更好的文化和比我们更好的人。我们切不可崇拜祖先，也切不可望子孙崇拜我们。"①《罗素与国粹》（1920年）说："中国人何以喜欢印度泰戈尔？因为他主张东方化，与西方化抵抗。何以说国粹或东方化，中国人便喜欢？因为懒，因为怕用心思，怕改变生活。所以他反对新思想新生活，所以他要复古，要排外。"②《国粹与欧化》（1922年）表达的是他对欧化问题的态度。他提出"反对模仿、欢迎影响说"，以区别那种"中学为体西学为用"的"乡愿的调和说"。两说的差异在于："他们有一种国粹优胜的偏见，只在这条件之上才容纳若干无伤大体的改革，我却以遗传的国民性为素地，尽他本质上的可能的量去承受各方面的影响，使其融和沁透，合为一体，连续变化下去，造成一个永久而常新的国民性。"③他反对古人，主张一种有伤"大体"的改革。可以看出，1922年前的周作人是激进的，如其所说的"摒儒者于门外"（《论文章之意义及其使命因及中国近时论文之失》，1908年）④。他批判儒学，强调个体精神自由，与注重国家、民族、家庭、社会的传统儒家思想形成对立。

　　然而在此后，周作人的文艺观、生活观发生了变化，转向了"唯美主义"。《诗的效用》（1922年）质疑俞平伯"好的诗底效用是能深刻地感多数人向善"的观点，倡导"为诗而诗"的唯美诗学⑤。他鼓吹艺术的独立性，奉艺术为最终目的、为人生的最高原则。《自己的园地》（1923年）说："艺术是独立的，却又原来是人性的，所以既不必使他隔离人生，又不必使他服侍人生，只任他成为浑然的人生的艺术便好。"⑥他写下一系列"美文"，专谈"北京的茶食""南方的野菜""吃茶""谈酒""草木鱼虫"，并从中见出艺术的情趣。这些散文具有"爱好天然，崇尚简素"（舒芜语）、"古雅遒劲"（郁达夫语）的审美风格。所谓"把生活当作一种艺术，微笑地美地生活"（《生活之艺术》，1924年）；"在不完全地现世享乐一点美与和谐，在刹那间体会永久"

① 　周作人.周作人文类编：中国气味 [M]. 长沙：湖南文艺出版社，1998：168-170.

② 　同①：175.

③ 　同①：186-187.

④ 　周作人.周作人文类编：本色 [M]. 长沙：湖南文艺出版社，1998：30.

⑤ 　同④：700-703.

⑥ 　周作人.周作人文类编：中国气味 [M]. 长沙：湖南文艺出版社，1998：63.

（《喝茶》，同前），等等，这些都表明他是在真实地追求艺术化生活。这种态度、立场又使得他极其欣赏张竞生"美的人生观"。《美的人生观》（1925年）出版之后，他如此评价："很值得一读，里边含有不少很好的意思，文章上又时时看出著者的诗人的天分，使我们读了觉得痛快……。"又如此称赞："叙说美的生活，看了却觉得很有趣味。……所最可佩服的是他的大胆，在中国这病理的道学社会里高揭美的衣食住以至娱乐的旗帜，大声叱咤，这是何等痛快的事。"① 在《艺术与生活·自序》（1931年）中，他这样为自己的"爱好"辩解："以前我所爱好的艺术与生活之某种相，现在我大抵仍是爱好，不过目的稍有转移，以前我似乎多喜欢那边所隐现的主义，现在所爱好的乃是在那艺术与生活自身罢了。"② 可以说，近十年来周作人都在追求一种唯美主义，提倡要以审美的态度对待生命，以艺术家的心态去理解生活、感受生活。

1922年前后，周作人对中国文化的态度发生了从强烈批评到奉承迎合的转变。此时期的他处于孤独和绝望中，以独立不羁的自由姿态自居，退隐江湖、不问时事，潜沉于个人世界之中，如其在《〈自己的园地〉旧序》（1923年）中所言："我因寂寞，所以寻求文学上的安慰。"③《生活之艺术》（1924年）曰："中国现在所切要的是一种新的自由与新的节制，去建造中国的新文明，也就是复兴千年前的旧文明，也就是与西方文化的基础之希腊文明相合一了。"在他看来，中国古代生活艺术的传统流传到今已丧失殆尽，而受中国文化影响的日本"还有许多唐代的流风余韵，因此了解生活之艺术也更是容易"④。这就是他提倡"生活的艺术"的理由，即一种别具意味的"调和"，其根本在于："想通过发掘中西古代文化资源，使唯美主义合法化，用以对抗晚清及'五四'以来中国启蒙主义的关于发展、进步、理性、实用主义的社会理想，用一种注重当前和瞬间的观点取代现代性的历史进步的线性时间观念。"⑤ 另外，在自编的小说译文集《点滴》（1920年）与作品文集《生活的艺术》（1924年）中都载有《人的文学》一文（前者是作为"附录"），此又留下了

---

① 周作人.评《美的人生》[N].晨报副刊，1925-8-7.

② 周作人.周作人文类编：本色[M].长沙：湖南文艺出版社，1998：334.

③ 同②：331.

④ 周作人.周作人文类编：夜读的境界[M].长沙：湖南文艺出版社，1998：27.

⑤ 周小仪.唯美主义与消费文化[M].北京：北京大学出版社，2002：223.

他对待传统态度的过渡痕迹。他一度离叛传统，却又回归传统，从而在儒学观上产生了一个很大的变化，即"试图把儒学从主流意识形态变成一种日常生活中的伦理学、人生的策略，试图把高度意识形态化的儒学还原为一个学派即将儒家学说'学理化'"①。所以说，周作人移目到"唯美主义"是重新站在中国文化传统立场上所做出的新选择，而提倡"生活的艺术"又是受到西方文化影响的结果。这最可以从《贵族的与平民的》（1922年）所说的见出："平民的精神可以说是淑本好耳（今译叔本华）所说的求生意志，贵族的精神便是尼采所说的求胜意志了。前者是要求有限的平凡的存在，后者是要求无限的超越的发展：前者完全是入世的，后者却几乎有点出世的了。"②为此，他引"中国文学"进行"具体的释解"。借西返中，这种看似退步的选择，实则是时代迫使他所然。总之，周作人的唯美主义态度事关对"中国文化"的舍与取。"无形功利"的文学观、凝神观望的"茶道"式人生态度、鉴赏式批评观，这些都显示了他在遭遇西方唯美主义的同时，朝向古典东方精神的回归③。因此，我们既不能轻易肯定他是一个唯美主义者，又不能断然认定他不是一个唯美主义者。

2. 郭沫若："养成一个美的灵魂"

郭沫若一生与日本两度结缘，其中留学十年（1914—1924年）是他接触并接受唯美主义的重要时期。对于唯美主义，他曾明确把它作为文学创作主张。《儿童文学之管见》（1920年）曰："就创作方面主张时，当持唯美主义；就鉴赏方面而言时，当持功利主义；此为最持平而合理的主张。"④在致宗白华的信（1920年1月18日）当中，他称自己"比 Goldsmith（高尔斯密）还堕落，比 Heine（海涅）还懊恼，比 Baudelaire（波德莱尔）还颓废"⑤。致李石岑的信（约1921年1月初）曰："诗应该是纯粹的内在律，表示它的工具用在外在律也可，便不用外在律，也正是裸体美人。散文诗便是这个。"他举太戈尔（泰戈尔）的《新月集》等诗集和屠格涅夫、波多勒尔（波德莱尔）的散文诗，称

---

① 钱理群.周作人的传统文化观 [J].浙江社会科学，1999（1）：136.

② 周作人.周作人文类编：本色 [M].长沙：湖南文艺出版社，1998：74.

③ 易前良，谢刚.周作人与唯美主义 [J].社会科学辑刊，2004（2）：156-161.

④ 郭沫若.郭沫若全集（文学编）：第15卷 [M].北京：人民文学出版社，1990：276.

⑤ 同④：16.

它们"外在韵律几乎没有"①。《〈雪莱的诗〉小引》（1921年）曰："做散文诗的近代诗人 Baude Laire（波德莱尔）、Verhaeren（维尔哈伦），他们同时在做极规整的 Sonnet 和 Alexandrian。是诗的，无论写成文言白话，韵体散体，他根本是诗。"②郭沫若早期翻译的唯一的重要的外国文论是佩特的《文艺复兴、艺术和诗的研究·绪论》，此文附在《瓦特·裴德的批评论》（1923年）之后。波德莱尔（波陀勒尔）、佩特（裴特）、王尔德都对他的美学思想产生了不同程度的影响。这种影响，还包括康德、尼采、叔本华、克罗齐、柏格森、弗洛伊德等一批西方美学家。

郭沫若在许多场合表达了带有唯美主义色彩的观点。致宗白华的信（1920年2月16日）曰："对于诗的直感，总觉得以'自然流露'的为上乘，若是出以'矫揉造作'，只不过是些园艺盆栽，只好供诸富人赏玩了。"③在致陈建雷的信（1920年7月26日）当中，他主张创作应"出于无心"和"自然流泻"，"我于排斥功利主义诗学，创作家创作时功利思想不准丝毫杂入心坎。"④他还附上一首未曾发表的诗《春蚕》。至此，他虽未明确提出"为艺术而艺术"的主张，但已经把文艺创作的动机和社会效果割裂开来，超功利主义思想已经显现。1921年他与郁达夫、成仿吾等在日本成立创造社，主张"文艺是内心生活的表现，不必有其外在的功利目的"。为此，创造社成立之初的口号就是"为艺术而艺术"，与稍早前成立的文学研究会"为人生而艺术"的宗旨形成鲜明的对比。《文艺之社会的使命》（1923年，上海大学演讲）明确提出"艺术本身是无所谓目的"的主张。"文艺也如春日的花草，乃艺术家内心之智慧的表现。诗人写出一篇诗，音乐家谱出一个曲，画家绘成一幅画，都是他们感情的自然流露：如一阵春风吹过池面所生的微波，应该说没有所谓目的。"⑤《生活的艺术化》（1925年，上海美术专门学校演讲）曰："要用艺术的精神来美化我们的内在生活（不同于王尔德偏于外在的生活，而重在精神），就是说把艺术的精神来做我们的精神生活。我们要养成一个美的灵魂。"他把艺术的

---

① 郭沫若.郭沫若全集（文学编）：第15卷 [M]. 北京：人民文学出版社，1990：338.

② 郭沫若."雪莱的诗"小引 [J]. 创造季刊，1923，1（4）：19.

③ 同①：47.

④ 黄淳浩.郭沫若书信集：上册 [M]. 北京：中国社会科学出版社，1992：172.

⑤ 同①：200.

精神理解为"动的精神",即"节奏""无我",而"无我"就是"生活的艺术化",就是"没有丝毫的功利心(Disintere-stedness),这没功利心便是艺术的精神"①。在与友人的通信、文学社团主张、演讲中,他都表达了唯美主义观点。此时期他的文学作品,如小说《骷髅》(1919年)、《叶罗提之墓》(1924年)、《喀尔美萝姑娘》(1925年),组诗《瓶》(1925年),历史剧《王昭君》(1924年)等也都流露出唯美主义倾向。

正如蔡震指出:"郭沫若从中国传统文化走向世界文化,特别是西方文化这一过程,是通过他的留学生涯实现的。日本文化在这一过程中当然是非常重要的一个环节,它的意义显然远不只是给郭沫若提供了'读西洋书'这样的机会和环境。"②郭沫若将吸收的新思潮与中国传统、时代精神结合起来,自觉地探索中国文化精神。在致宗白华的信(1920年1月18日)中,他称孔子是属于"球形发展"的天才 Typus(类型),而且是他"只能找到"的两人之一(另一是歌德);盛赞他们是"人中的至人""他们的灵肉两方都发展到了完满的地位"。他又称孔子是"政治家""哲学家""文学家",因此之故也最不容易被人所了解。对于把孔子说成是"宗教家""大教祖"或是"中国的罪魁""盗丘",他特别反感"那就未免太厚诬古人而欺示来者"③。在《中国文化之传统精神》④(1922年)中,他把老子、孔子及他们之前的原始思想归为两点:一是"把一切的存在看作动的实在的表现",二是"把一切的事业由自我的完成出发",并指出:"在万有皆神的想念之下,完成自己之净化与自己之充实至于无限,伟大而慈爱如神,努力四海同胞与世界国家之实现"是"中国固有的传统精神",而这种精神需要不断成长起来⑤。针对宗白华提出的"静观"和"进取"分别作为东西文化根本差异的看法,他致信(1923年5月20日)说:"动静本是相对的说辞,假定文化的精神可以动静划分,以中国文化为静,西方文化为动,我觉尚有斟酌的余地。一国的或一民族的文化受年代与

---

① 郭沫若.郭沫若全集(文学编):第15卷[M].北京:人民文学出版社,1990:207-212.
② 蔡震.文化越境的行旅:郭沫若在日本二十年[M].北京:文化艺术出版社,2005:107.
③ 同①:19-22.
④ 此文原是1922年12月应日本大阪《朝日新闻》邀约,为该刊"新年特号"而写,最初是用日文发表,后由成仿吾摘译,发表在上海《创造周报》第2号(1923年5月20日)。《文艺论集》初版本(1925年)收入此文,但在改版本(1930年)中删去。
⑤ 郭沫若.郭沫若全集(历史编):第3卷[M].北京:人民出版社,1984:261-262.

环境的影响，本难有绝对纯粹之可言。"他把世界文化划分为中国、印度、希伯来、希腊四种派别，并说："印度思想与希伯来思想同为出世的，而中国的固有精神与希腊思想则同为入世的。假使静指出世而言，动指入世而言，则中国的固有精神当为动态而非静观。"他呼吁"唤醒我们固有的文化精神，而吸吮欧洲的纯粹科学的甘乳"，号召青年"秉着个动的进取的同时是超然物外的坚决精神"①。这两篇文章都是试图以西方学说尝试还原中国文化"动"（即"入世"）之精神，其中有些方面虽然不够成熟，但显示出此时期郭沫若的科学精神、批评态度和独创性追求。

从1924年前后的情况看，郭沫若一方面接受唯美主义等各种外来文化，一方面研究中国文化，涉及面相当广泛，按他后来在为重编《文艺论集》（1958年）回忆时所说的话，就是"混沌的态度"或者"半觉醒的状态"。他承认自己在当时"思想相当混乱，各种各样的见解都沾染了一些，但缺乏有机的统一"，并认为这是"前期创造社和它同情者们"的一种共同倾向②。这种情况反映出他当时徘徊于唯心与唯物之间，却又彰显出他身上那种诗人的气质、性格。皆知，早期郭沫若接受了斯宾诺莎、《奥义书》和孔子、庄子、王阳明等泛神论思想，从而拓宽了他的想象空间、增加了思考力度。"泛神论固然给他展现了一个不同于传统的宇宙观，而他那更富于道德、伦理色彩的人生观则表现为时代对其原有的古典式传统意识的激发与释放。"③郭沫若就是这样一个"吸收新思潮而不伤食"（沈从文语）的诗人。此后，郭沫若开始走上"革命文学"道路，一改以往的"唯美"论调，主张文艺与社会结合，从一个"个性诗人"逐渐成长为"人民诗人"④。

（三）唯美主义中国化 II

近代以来的西学之东渐，很大程度通过留学生这个中介。留学生的作用在于以"文化"为"逻辑起点"、以"立人"为"基本思路"、以"文学"为"突

---

① 郭沫若.郭沫若全集（文学编）：第15卷[M].北京：人民文学出版社，1990：148-158.

② 同①：144-145.

③ 蔡震.郭沫若的个性本位意识与传统文化情结[M].文学评论，1992（5）：18.

④ 高利克.中国现代文学批评发生史1917-1930[M].陈圣生，译.北京：社会科学文献出版社，2000：23-56.

破口",从而成为推动中国现代化进程的最主要的一支动力群体①。他们从日本和欧美国家输入先进的文化、思想,用于启蒙民众、改造社会。唯美主义作为一股外来思潮能在中国产生影响,也首先得益于留学生的译介。对唯美主义的接受,除以周作人、郭沫若为代表的日本路径之外,还有以宗白华为代表的德国路径(另论),以张竞生为代表的法国路径,以闻一多为代表的美国路径等。

1. 张竞生:"动美"

张竞生于1912—1920年在法国留学。这段经历对他的文学、美学思想的形成有着重要影响。浪漫之都巴黎不仅是一个充满性解放、自由氛围的"花都",而且是唯美主义思潮的发源地。置身其境的张竞生自然不免受到唯美主义的耳濡目染。他在法国期间主要受卢梭浪漫主义美学思想的影响,但对唯美主义也有关注。他主编的《性史》第一辑(1926年)的封面采用的是《月亮里的女人》。此图是比亚兹莱(Beardsley, A.)所绘,又作为王尔德《莎乐美》中的插图。另外,《浪漫派概论》(1930年)一书在介绍浪漫派的行为及其思想的影响时,他这样说:"不论是'唯美派'的王尔德,'写实派'的巴萨,'自然派'的左拉,以及于'象征派'的波铎莱,都由浪漫派所产生。"② 由此可见他对欧洲唯美主义有深入的认识和理解。

1921年10月留法归来的张竞生受聘为北京大学教授,在哲学系任教,期间主讲的"行为论"成为当时最受学生欢迎的课程之一。据《"行动论"的学理与方法》(1923年)一文,行为论是"研究如何使人得到最善良的行为的一种学理与方法""求一广义的伦理学,用科学的方法去研究,操定一个哲学方法对付环境",这是行为论所希望达到的"三件事"③。概而言之,"由创造而得到整个的主义,由整个的理想主义,而得到那些整个的智识、动作和情感。由此而得到一个整个的行为论。更由这个整个的行为论,而得到一个完完全全的整个社会学。"④ 从这种理想出发,他先后出版《美的人生观》(1925年)和《美的社会组织法》(1926年)。其中《美的人生观》高揭"美"的旗

---

① 沈光明. 留学生与中国文学的现代化 [M]. 武汉:华中师范大学出版社,2011:15.

② 张竞生. 张竞生文集:上卷 [M]. 广州:广州出版社,1998:400.

③ 同②:268.

④ 同②:276.

帜，要求对中国人的衣食住以及娱乐等方面进行全面改造。针对国民"好静"弱点，他提倡"动美"的人生观：

我想我国人的性质也是与人相同本是好动的。试看黄帝时代，逐蚩尤而争中原，那时民族何等活泼！到如今除了一些乱动的军阀外，我们大多数人终是喜欢静的了。循此静的态度做去不用别种恶德即可灭身亡国。缠足，是要女子静的结果，务使女子成为多愁多病身，然后是美人！男的食鸦片，尺二指甲长，宽衣大褂，说话哼哼做蚊声，然后谓之温文尔雅的书生（说话清楚斩截，伶俐切当，于是美丽。观时国人的说话习惯太坏了，或一味打官话；或混乱无头绪，无逻辑。故逻辑、辩学、修辞学等项的研究实在不可少了）。这些都是好静的恶结果，极望我人今后改变方向，从活动的途径去进行，使身体与精神皆得了动美的成绩，这是我对于美的人生观上提倡动美的理由。①

在张竞生看来，"动"是人类的本性，"动的美"也是宇宙万物要生存不可缺的。他反对一味以"静"为美，因为这势必使生命变成"死象"，失去生机，变得极度危险。至于"动"比"静"好的理由，在于静境只不过是"动"的继续而已，还有就是"动"始终是前进方向，故两面比较，则"静"终不如"动"。物质美与精神美是从一个美中的两面观察上的不同而已，两者实际上是不可分的，"乃是拼作一个"。至于"美"，它在性质上无分轻重，但在系统的排列上有次序之先后，从"美的衣食住""美的体育"，到"美的职业""美的科学""美的艺术"，再到"美的性育""美的娱乐"。由此，他表达了"美是一切人生行为的根源"的观点，这也就是他"对于美的人生观上提倡'唯美主义'的理由"②。在《美的社会组织法》中，他又从人类的行为与社会的结构上进行观察，特别注意一个"比富强的组织法更要紧"的"美的，艺术的，情感的组织法"。他还提出"独立人""合作社""教育独立""情感的国际派"的"过渡法"，以此作为"救治我国灭亡最好的方法与引导我国达到理想的社

---

① 张竞生.张竞生文集：上卷[M].广州：广州出版社，1998：135.

② 同①：136–137.

会不二的法门"①。

张竞生的立论是以科学的方法为指导，有着十分明确的主张，包含着自己的思考和理想。他是一个积极倡"动"的生活美学主张者，亦是提倡"唯美主义"的典型代表。《美的人生》一出版便引起强烈反响，又先后重版多次，一度列为"青年必读书"，这说明这股唯美思潮的确具有吸引力。"性史风波"之后，张氏与友人在上海创办美的书店，编印《性育小丛书》，还有美学、宗教、艺术以及浪漫派文艺和文艺丛书，如《卢梭忏悔录》《茶花女》之类，再有就是他的《性史》《美的人生观》（第5版）、《美的社会组织法》（第3版）、《浪漫派主义》等，这些作品都十分畅销。1927年他又创办《新文化》杂志，宗旨是"以新为号召，以美为依归，以性为武器，向旧传统、旧文化发起新的冲击和战斗"。此刊物开辟了社会建设、性育美育、文艺杂记、批评辩论、杂纂等栏目。该月刊仅出版6期，但是关于"妇女继承权"的讨论和他本人关于性学方面的文章，影响很大。由于遭到封杀，经营面临困境，美的书店仅仅维持了两年左右时间，便于1928年下半年关门，张竞生美的哲学探索亦随之破灭。总得说，张竞生对于唯美主义生活的提倡是一贯的，可以称他是一位有特色的"唯美主义者"。他以"爱"和"美"为中心，把唯美主义生活化，促进了中国新文化建设。当然，他是"大胆的"（周作人语），毕竟这种生活美学论是一种侈谈，脱离了当时国民生活的实际。所以，他的"伟论"（鲁迅语）自有时代的局限性。

2. 闻一多："极端的唯美主义"

相比张竞生对唯美主义的一贯追求，作为"诗人""学者""斗士"（朱自清语）的闻一多，他是阶段性的。清华的10年（1912—1922年），他在《清华周刊》上发表了多篇文章，主要表达"美术救国"的理想。《建设的美术》（1919年）批评近代以来的社会生活"呈一种萎靡不振的病气"，指出"整顿工艺"必然"先讲求美术"②。《征求艺术专门的同业者底呼声》（1920年）从"社会改造""个人生计"两个方面提出艺术的重要性。在谈到前者时候，他说："中国虽然没有遭战事的惨劫，但我们的生活底枯涩，精神底堕落，比欧洲有

---

① 张竞生. 张竞生文集：上卷 [M]. 广州：广州出版社，1998：252.

② 闻一多. 闻一多全集：第2卷 [M]. 武汉：湖北人民出版社，1993：4.

过之无不及，所以我们所需要的当然还是艺术。"他呼吁"艺术专家"的出现，且要求"量质并重"："一方面要造诣精深的大艺术家，……使人类底精神的生活更加丰富；一方面要普及艺术，以'艺术化'我们的社会。"①《双十祝典的感想》（1920年）建议在庆典活动中应当增加艺术的氛围，这也是求"动"的一种表现②。早期闻一多"为艺术而艺术"的主张，明显与欧洲唯美主义具有血缘关系。无论是唯美主义的先驱济慈、戈蒂叶（戈狄埃），还是唯美主义运动的创始人罗赛蒂、罗斯金（纳斯根）和后继者佩特、王尔德，闻一多都有过"接触"和研究，他们在早期闻一多思想中占有重要比重。

在美国留学期间（1921—1925年），闻一多接受到更多的西方新思潮。他在致梁实秋的信（1922年11月26日）中说："我想我们主张以美为艺术核心者定不能不崇拜东方之义山、西方之济慈了。"③这说明此时他仍然是以唯美主义为中心。回国之后，他写下了许多诗和诗论主张。唯美主义的影响在诗作《李白之死》《剑匣》《死水》（均为1925年）和论文《戏剧的歧途》（1926年）、《诗的格律》（1926年）、《先拉飞主义》（1928年）等当中都有体现。其中《诗的格律》提出了著名的包含"音乐美""绘画美""建筑美"的"三美说"，一举奠定了新格律诗派的理论基础。"自然的终点便是艺术的起点。"他赞成王尔德所说的，认为自然并不尽是美的，而自然中有美的时候即是自然类似艺术的时候④。这是他追求唯美主义的又一例证。然而在闻一多回国的1925年前后，国内的政治形势和文艺风气发生剧烈的变化，一些理论工作者已开始反思、批判唯美主义。如从1923年底起，茅盾发表诸多文章。他反对唯美主义和伤感主义，希望青年文艺家"从空想的楼阁中跑出来"（《杂感》）；反对"吟风弄月""醉美""颓废"，坚决表示不赞成托尔斯泰"人生的艺术"的主张，决然反对"那些全然脱离人生的而且滥调的中国式样的唯美的文学作品"

---

① 闻一多.闻一多全集：第2卷[M].武汉：湖北人民出版社，1993：15-17.

② 这段话可以作为参考："虽说传统哲学中'主静'的一脉常常占据着上风，可中国老百姓主动的文化心态从来就跟中国文人主静的文化意识形成鲜明的对照。以老百姓为主体的生命意识，政治观点与节日文化，都从来是主动的。"（邓牛顿.动？还是静？：二十世纪文化哲学的反省[M]//耿龙明，何寅.中国文化与世界.上海：上海外语教育出版社，1992：53）

③ 闻一多.闻一多全集：第12卷[M].武汉：湖北人民出版社，1993：128.

④ 同①：138.

（《大转变时期何时来呢？》；反讽和质疑泰戈尔的"东方文化"论（《对于泰戈尔的希望》《泰戈尔与东方文化》）；严肃批判罗曼·罗兰倡导的"民众艺术"（《文学者的新使命》），等等。他为文学的功利主义正名，希望文学能够担当重大责任，以唤醒民众并给予他们力量。在短短一二年时间，茅盾在思想上发生了重大转变，迅速建立起无产阶级文艺观[1]。"文艺转变的时代"的到来，意味着唯美主义思潮在中国开始陷入低谷。闻一多也逐渐转入古典文学研究。

大体说，闻一多追求西方唯美主义而且"极端"，但是并非一以贯之，而只是阶段性所为。这种"极端的唯美主义"取向代表了前期闻一多的文化立场。他在早期深受中国传统文化影响，写过多篇文言文。其中两篇谈"君子"的，值得关注。《新君子广义》（1916年）曰："旧君子之旨尚静，静则尚保守；其弊不外徒言道义，而解实践；马迁所谓博而寡要，劳而少动是也。新君子之旨主动，动则尚进取；其学以博爱为本，而体诸人群日用之间。"[2]《辨质》（1917年）提出"君子之学，务光明气质"的观点。对于"气质之病"，其曰："毗于动者为妄，毗于静者为惰，而动者不傅妄，静者不傅惰，妄者惰之因，惰者妄之果，妄者必惰，惰者必妄；心无所主，时而气溢于外故为妄，气蕴于内故为惰；譬之感疾者，凉燠交作，靡有定象也。"他批评旧之学者"喜静而好独"，今之学者是"旷夫"（"……甘其味，华其服，读书以求一己之利，非已也，莫肯费锱铢，莫肯举子[手]足，或则鼍作而夕暝，孜孜而修，逍遥而息；观书矣，不窥园也；对古人矣，不接今人也，是之谓旷夫，是惰之病也"）。他认为，治疗此疾病需要时敏者"以心治心"[3]。两文皆比较了旧、新君子，表达了求新求变的志向和理想。这种"主动"的意识，使他很乐于参加学校的戏剧、辩论、讲演等各种活动；而崇尚进取的精神，又使他很容易接受外来的唯美主义，毕竟这是"五四"进步人士所竭力推介的。然而，闻一多并没有停留在对中国文化的简单否定之上，而是在现代化追求中寻求"回归"。如《〈女神〉之地方色彩》（1923年）评价郭沫若的诗，无论内容或形式都"十分欧化"，但最缺乏"地方色彩"。他提出纠正这种毛病的"两桩"：

---

① 相关研究，参见孙国章，崔苇．"爱"与"美"：王统照研究 [M]．北京：中国戏剧出版社，2004：135–137．

② 闻一多．闻一多全集：第2卷 [M]．武汉：湖北人民出版社，1993：286．

③ 同②：290–291．

一是"当恢复我们对于旧文学底信仰",二是"我们更应了解我们东方的文化"①。他关注诗坛,要求重新返回古典,特别推崇"格律",并做了中国化的解释。正如有学者评价:"在闻一多的诗学体系中,'form'、格律、节奏成了一个概念,其后论证也把这一翻译当作理所当然的论述基础。这三个名词虽有交叉,实际上内涵和外延各不相同,把'form'当作节奏,最后归结到格律问题上,只能是闻一多的一个故意的发明。"② 这种"有意的发明",包含了他的挥之不去的中国文化情结。

从周作人、郭沫若、张竞生、闻一多接受唯美主义的情况看,他们都诉求文艺改造现实社会,以实现"美的人生"。这种看似以"美"为唯一至上的,具有不顾其他一切的取向的无目的的追求,实际包含着一种目的性。他们将唯美主义作为艺术观和生活观,在选择、理解、追求中诉求伦理关怀。正如艾略特并不赞同"唯美主义者"的称呼,而肯定他们首先是一个"道德家"。他认为,那种"以艺术的精神对待生活"的论调本身就是一种"伦理理论","这种理论与艺术无关,而是和生活有密切关系"③。正如此,将唯美主义从外部引入中国存在巨大风险。且不说在中国是否存在真正的"唯美主义者",仅就其与道德的隔阂而论,就足以预见其历史命运。事实上,唯美主义在中国也一直存在反对的声音,如批评它为"非美学正宗"(刘伯明《文学之要素》,1920年),"浮薄之唯美主义、艺术至上主义"(李石岑《艺术论》,1924年),"它的美没有底子"(张爱玲《自己的文章》,1944年),等等。梁实秋的观点更具有代表性。《现代派文学》(《偏见集》,1934年)中这样评道:"'唯美派的文学''为艺术的艺术'的主张,享乐的颓废派文学,以及印象派的文学,这都是缺乏严重的人生意味的东西,正合我们的消极懒惰的民族心理,但是决不合我们现代的需要。"④他全盘否定唯美主义,认为它由于崇尚纯粹的审美而忽视了道德,因而是"极端"的("太理会人生与艺术的关系")。这种极端的评价,突显出唯美主义在中国化过程中存在一些障碍,也昭示着唯美主

① 闻一多.闻一多全集:第2卷[M].武汉:湖北人民出版社,1993:118-124.
② 陈均.中国新诗批评观念之建构[M].北京:北京大学出版社,2009:71.
③ 艾略特.艾略特文学论文集[M].李赋宁,译注,南昌:百花洲文艺出版社,1994:219-220.
④ 梁实秋.梁实秋批评文集[M].珠海:珠海出版社,1998:160-161.

义在中国必然经历复杂境遇。深入地看，唯美主义在中国并不是原汁原味地被接受，实则出现了诸多误读情况，如超越性的艺术本质理解成艺术与生活的一体化，个性主义演化为对于美与爱的道德执着崇拜，诉求内在性转换的生命美实现方式偏向来自外在条件的制约。这种情况是由社会使命感、历史发展进程、中国文化传统等多方面原因造成的。因此，所谓"普遍接受"的中国化唯美主义，归根到底是一种有限度的主张。正如有学者所评价："如果用西方的唯美主义思想艺术特征来框定中国现代文学的作家作品的话，中国现代文坛并没有出现西方19世纪中后期那样彻底的唯美主义者和严格意义上纯粹的唯美主义流派。一句话，在现代中国的历史语境中，纯艺术话语并没有足够的生存空间。"[1]

（四）重构"境界"

唯美主义是一股外来思潮，是"动"的文化，因而符合新文化建设和国民生活改造的时代要求。对于唯美主义在中国，大体可以这样理解。但是仅凭如此，极易忽略一个重要事实，即任何的主义、思潮的产生都有它的文化根源。大致看，西方唯美主义是技术理性话语，是审美现代性反抗的形式，而中国唯美主义是伦理理性话语，是人生艺术化诉求的方式，两者的内在逻辑不同。重建中国文化、建构中国国民性，在根本上离不开对自身传统的反省，亟须从中发掘符合时代要求的文化因子。陶行知在《中华民族之出路与中国教育的出路》（1931年）中指出，教育的一大任务就是"教人重订人生价值标准"。"农业社会与向工业文明前进之农业社会是不同的。纯粹的农业社会的一切是静止的。向工业文明前进的农业社会的一切是变动的。我们要有动的道德，动的思想，动的法律，动的教育，动的人生观。有人说知识要新，道德要旧。这简直是应该扫除的一种迷信。旧道德只能配合旧知识。新知识必得要求新道德。"[2] 无疑，这是在大力呼吁"动"的精神。基于"动"的总要求，中国现代文化人的主张，既有以"动"止"静"，又有以"静"制"动"，相比之，后者基本是立于传统的现代言说。在上述周、郭、闻所论中，我们

---

① 黄晖，徐百成.中国唯美主义思潮的演进逻辑 [J].社会科学战线，2008（6）：190.

② 陶行知.陶行知教育文集 [M].成都：四川教育出版社，2007：272.

已经见到了这种取向，即他们在接受唯美主义的过程中都自觉地转向中国文化本身。这对确立中国的唯美主义是一项实践，亦是一种启示：不是一味迎合西方主张，而是从中国文化自身中获得资源，在传统中建立认同。在这方面，王国维、朱光潜、宗白华是当仁不让的代表。在文学观、美学观方面，深受西学影响的王国维表现出唯美主义倾向，而朱光潜、宗白华更是直接受西方唯美主义的影响。特别是，他们不仅与唯美主义有瓜葛，而且提出著名的"境界说"。

普遍承认，"境界"是中国文化与美学中具有特色的一个范畴。《易经》《道德经》等传统经典讲求"动静合一"的辩证观，且一直在影响着传统中国人的思维方式。清代王夫之说："静即含动，动不舍静""动静互涵，以为万变之宗""动静皆动，天地之化日新。"（《思问录·外篇》）"动"是"恒"，"静"是"本"，"动"与"静"永远相依相涵[①]。以此为根基而形成的中国传统艺术意境，在审美层次上具有这样的生成特征："一是由宇宙生命样态的审美走向生命功能的审美；二是在动静合一中形成以气韵为中心的虚境审美心理场；三是以妙造自然为归宿。"[②] 不仅此，"境界"范畴在近代以来中国文化面临重建的危机下又承担起重任，作为现代美学的一个重要学术生长点。在中西交融的文化背景下，王国维、朱光潜、宗白华以各自方法、方式重构"境界"，成为现代境界说之集大成者。故此，我们需要对他们分别给予考察。

1. 王国维的"相化"

王国维追求"学术独立"，志在重建中国思想文化，创立真正可以与西方对话乃至比肩的中国现代学术。在他看来，欲使中国之学术发达，应该"一面当破中外之见，而一面毋以为政论之手段"；引进西方的形下之学（如科学技术）与中国思想无丝毫之关系，唯有形上之学才可能改造中国思想文化乃至国民性。《论近年之学术界》（1905年）曰："……则西洋之思想之不能骤输入我中国，亦自然之势也。况中国之民固实际的而非理论的，即令一时输入，非与我中国固有之思想相化，决不能保其势力。"[③] 这种"相化"也就是他的最重要的治学方法。他的"境界说"，并非单纯地从古代转化而来，而是中西化

---

① 葛荣晋. 中国哲学范畴史 [M]. 哈尔滨：黑龙江人民出版社，1987：130-138.

② 蒲震元. 中国艺术意境论 [M]. 北京：北京大学出版社，2004：126-162.

③ 王国维. 王国维文集：第3卷 [M]. 北京：中国文史出版社，1997：39.

合的产物。正如有学者评价："他拈出在传统诗学中不为人注意的'境界'一词，暗暗化合席勒'审美境界'之哲学美学意味，而合成一内涵更为丰富深刻的新学语，既有来源又有新意，既有经验感悟的传统意味又深蕴西方哲学美学的神圣高深，也体现了王国维为文艺美学建立独立超然之'疆界'的企图。"①

王国维谈"境界"主要是在《人间词乙稿序》（1907年）、《人间词话》（1908年）、《宋元戏曲史》（1912年）等当中。特别是在《人间词话》中，他特意标举"境界"，可谓独出机杼、新人耳目。他的"境界说"包含这些内容：一是对"境界"内涵的继承和发展，继承的主要是古代的"情景交融"和"言外之味"，发展的主要是"情景交融"的形态，即"景物""情感""情景交融""述事"等4种。这不仅从横向拓展了艺术境界的内涵，而且从纵向将境界的内涵拓展到艺术创作的全部内容，可谓深入之至。二是对"境界"的类型从不同的角度进行了划分，提出了许多对举性范畴，包括"诗人之境界"与"常人之境界"、"造境"与"写境"、"有我之境"与"无我之境"、"大境界"与"小境界"等。三是确定了"境界"的标准，提出了"真"这个总的审美标准，具体包括"主体之真"（"赤子之心"）、"表达之真"（"自然"）和"境界之真"（"不隔"）②。就内涵、类型、标准而论，王国维"境界说"自成系统，具有相当的原创性。

王国维围绕"境界"这一中心概念进行条分缕析，重要目的就是要为纯文学观寻找一个具体的理论基点。这个"纯文学观"与"游戏观"直接相通。所谓"文学者，游戏的事业"（《文学小言》，1906年）；"文学美术亦不过成人之精神游戏"（《人间嗜好的研究》，1907年）；"诗人视一切外物为游戏的材料"（《人间词话》，1908年），皆言文学是游戏的，即自由的、审美的、超功利的。这是一种典型的具有唯美主义倾向的文艺观，迥异于传统重实用的功利主义文艺观。他认为，文学应该有其"独立之价值"，文学的目的在它本身，而一旦成为政治、教育的手段，也就失去了自身价值。传统文学由于以忠君、爱国、劝善、惩恶为目的，即求合当时之用，故不是"纯文学"，就是

---

① 魏鹏举.王国维境界说的知识谱系 [J]. 文艺理论研究，2004（5）：7.

② 古风.意境探微：上卷 [M]. 南昌：百花洲文艺出版社，2009：130-154.

无独立之价值。《文学小言》（1906 年）曰："余谓一切学问皆能以利禄劝，独哲学与文学不然。餔餟的文学，决非真正之文学也。"[1] 他建立纯粹的文学观，用以反对传统的道统观，求得"文学（家）独立"。他探讨的"境界"偏重审美性问题，针对的就是文学之内容，故这是一种超功利的文学观。

王国维"境界说"的知识谱系并非单一，而是融合了西方文化与中国传统，即参照西方的哲学观、文艺观，而又以中国传统为出发点。任萍在《境界论及其称谓的来源》（1934 年）中指出："王国维创立境界之名，实亦有历史的渊源，固未可专以王氏融会西洋学说之原理而有境界之命名也。实在王氏之境界论的来源，多由陈因历来中国学者所言'动''静'二字而来。他的《人间词话》的体系，亦出于'动''静'二字。"又说："境界论的含义来源，就是本之于动静的修养。"[2] 确切地说，王国维"境界说"是以儒学为根基。邵雍说："以物观物，性也；以我观物，情也。性公而明，情偏而暗。"（《皇极经世书·观物外篇》）受此影响，周敦颐说："无欲则静虚动直。静虚则明，明则通；动直则公，公则溥。"（《通书·圣学》）这就是说，"摒情空心""物我一体"能够超物而不受物累，并观得一切物性，而"无欲"可以达到"明通公溥"的圣人境界。此乃儒家重人格修养教育之体现。对此，王国维深有所悟。《孔子之美育主义》（1904 年）一文盛赞孔子之教人是"始于美育，终于美育"，如特重"诗乐"和"玩天然之美"；又称邵雍的"反观"、叔本华的"无欲之我"、席勒（希尔列尔）的"美丽之心"是一样的，都是为了达到"无希望、无恐怖、无内界之争斗、无利无害、无人无我、不随绳墨而自合于道德之法则"的境界[3]。他从西方审美主义理论中获得启示，并以此反观中国传统。这个传统，其实就是"为人生而艺术"，就是儒家的"乐"传统。如徐复观所说："由孔子所传承、发展的为人生而艺术的音乐，绝不曾否定作为艺术本性的美，而是要求美与善的统一，并且在其最高境界中得到自然的统一；而在此自然的统一中，仁与乐是相得益彰的。"又说："人在这种艺术中，只是把生命在陶容中向性德上升，即是向纯静而无丝毫人欲烦扰夹杂的人生境界

---

[1] 王国维. 王国维文集：第 1 卷 [M]. 北京：中国文史出版社，1997：24.

[2] 刘任萍. 境界论及其称谓的来源 [J]. 人间世，1934（17）：22.

[3] 王国维. 王国维文集：第 3 卷 [M]. 北京：中国文史出版社，1997：157–158.

升起。所以仁与乐所达到的境界是一样的。"① 可见，王国维对"境界"的重构关联着两个重要方面：一是文艺观更新，一是人生观建构。他试图把文艺与人生统一起来，构建一种既现代又传统的人生美学精神。这种精神，自然还包含道家的一面，甚至有一定的佛教成分，但儒家是主要的，也是他思考之重点。

2. 朱光潜的"调和"

朱光潜谈美学、诗学常常利用"冲突—调和"的话语机制，如"烦闷生于不能调和理想和现实的冲突"（《消除烦闷与超脱现实》，1923年）；"健全的人生观与文化观都应容许多方面的调和的自由发展"（《我对本刊的希望》，1937年）；"恰到好处""调和折衷或是最稳妥的办法""文艺是最高度的幽默与最高度的严肃超过冲突而达到调和"（《流行文学三弊》，1940年）。在《文艺心理学·序言》（1936年）中，他坦言自己"本来不是有意要调和折衷，但是终于走到调和折衷的路上去"②。可以见出，"调和"是他采取的一种特别姿态，"并不是学说体系的特征，或一种好与坏的评价，而是历史转型期的一种学术心态、一种方法论——兼容并包"③。这种心态、方法自然也反映在他的主要诗论"境界说"当中，或者说，这是他调和中西的结果和作为文化心态的反映。

朱光潜谈"境界"较早是在美学处女作《无言之美》（1924年）。他认为，人类的意志是朝向现实界和理想界两个方向发展的，由于在现实界时常遭遇冲突，故要求通过"美术"进行超脱。"美术是帮助我们超现实而求安慰于理想境界的""美术家的生活就是超现实的生活，美术作品就是帮助我们超脱现实到理想界去求安慰的"④。在给青年的多封信（1929年）中，他谈及"心界""境界""意境"等。如《谈静》，他说："世界上最快活的人不仅是最活动的人，也是最能领略的人。所谓领略，就是能在生活中寻出趣味。"至于如何领略，他提出"习静"的方法："我所谓的'静'，便是指心界的空灵，……你的心界愈空灵，你也愈不觉得物界喧嘈。……在百忙中，在尘世喧嚷中，

---

① 徐复观 . 中国艺术精神 [M]. 南宁：广西师范大学出版社，2007：23.

② 朱光潜 . 朱光潜全集：第 1 卷 [M]. 合肥：安徽教育出版社，1987：198.

③ 劳承万 . 朱光潜美学论纲 [M]. 合肥：安徽教育出版社，1998：40.

④ 朱光潜 . 朱光潜全集：第 1 卷 [M]. 合肥：安徽教育出版社，1987：66–68.

你偶然丢开一切，悠然遐想，你心中便蓦然似有一道灵光闪烁，无穷妙悟便源源而来：这就是忙中静趣。"① 此信引用了朱熹、陶渊明、王维等古代诗人的诗句，指出"写静趣的诗"都有"绝美的境界"。又如《谈多元宇宙》，他在谈及"美术的宇宙"时说："美术家最大的使命求创造一种意境，而意境必须超脱现实。"② 再如《在卢佛尔宫所得的一个感想》，他说自己欣赏达·芬奇《蒙娜丽莎》时领略到一种"特别明显"的"境界"："一切希冀和畏避的念头在霎时间都涣然冰释，只游心于和谐静穆的意境。"③ 从出国前后的写作情况看，他对具有艺术化情味的境界问题多有触及，但并没有将它作为一个主要的诗学、美学范畴来看待。

朱光潜"境界说"的真正形成是在欧洲留学及归国之后的这10余年时间。此时期他都在研习、反刍叔本华、尼采、克罗齐的哲学和美学，成果有心理学、诗学方面的多种论著。《悲剧心理学》（英文版，1933年；中文版，1984年）曰："具有日神精神的人是一位好静的哲学家，在静观梦幻世界的美丽外表之外寻求一种强烈又平静的乐趣。人类的虚妄、命运的机诈，甚至全部的人间喜剧，都像五光十色的迷人图画，一幅又一幅在他眼前展开。这些图景给他快乐，使他摆脱存在变幻的痛苦。"④《文艺心理学》（英文稿，1932年；中文初版，1936年；中文再版，1937年）中把"或得诸自然，或来自艺术，种类千差万别"的各种"境界"都看作是"美感经验"⑤。他把欣赏艺术或自然时"在霎时中霸占住你的意识全部，使你聚精会神地观赏它，领略它，以至于把它以外一切事物都暂时忘去"的经验，称为"形象的直觉"，并称"美感经验就是凝神的境"⑥。对于"美感经验"，他还从美感与快感、美感与联想、美与丑几组矛盾关系进行对比性解释，并且提出了一些"调和"的主张。用英文写作《悲剧心理学》《文艺心理学》期间，他一直在尼采与克罗齐之间"徘徊"，对后者的接受、批评较直接，而对前者显得十分"隐蔽"。这就是说，此时

---

① 朱光潜.朱光潜全集：第1卷 [M].合肥：安徽教育出版社，1987：16.

② 同①：28.

③ 同①：52.

④ 朱光潜.朱光潜全集：第2卷 [M].合肥：安徽教育出版社，1987：355.

⑤ 同①：206.

⑥ 同①：263.

期他论境界主要是把它作为一种表现派艺术理论,重在提示审美主体在审美观照中的功能,着眼于心理学的方法、层次,又触及哲学、美学和文艺的层次。但是由于深陷克罗齐美学的漩涡之中,使得他对"境界"的理解十分拘谨,消极性与积极性并存①。至少,它不是完全中国化的。他在美学上的发展是基于王国维的《人间词话》。《诗论》(英文初稿,1931年;中文初版,1943年;中文增订版,1947年)第三章为"诗的境界——情趣与意象"。他称"诗的境界"是"理想境界",是"在刹那中见终古,在微尘中显大千,在有限中见无限"。他又具体谈到它的构成,称诗之"见"需要两个条件:一是用"直觉"见出来的,二是"所见意象必恰能表现一种情趣"。在明白情趣与意象契合的关系基础上,他对王国维的"隔"与"不隔""有我之见"与"无我之见"的观点,分别用"隐"与"显""同物之境"与"超物之境"进行了一番解释。此外,他在意象与情趣的主客观的转换、契合的份量两个问题上又继续做了深入辨析②。此时谈"境界",已把它从一个"写什么"转换为"如何写"的问题。这种"转换"是他不得不转向接受克罗齐美学,即试图要在王国维(叔本华)与克罗齐之间进行"调和"的表现③。

朱光潜始终对"静穆"(serenity)抱着一种美学欣赏的态度。如其在答复夏丏尊的《说"曲终人不见 江上数峰青"》(1935年)中所言:"它在我心里往返起伏也足有廿多年了,许多迷梦都醒了过来,只有它还是那么清新可爱。"④他对中国古代诗、诗人的评价都是以"境界"为标准⑤。增订版《诗论》增加了"陶渊明"一章。他高度评价陶氏的人格和风格:"陶诗的特色是不平不奇、不枯不腴、不质不绮,因为它恰到好处,适得其中;也正是这个缘故,它一眼看去,却是亦平亦奇、亦枯亦腴、亦质亦绮。这是艺术的最高境界。

① 朱式蓉,许道明.朱光潜论"境界"[J].天津社会科学,1988,2:88-93.
② 朱光潜.朱光潜全集:第3卷[M].合肥:安徽教育出版社,1987:49-73.
③ 关于"境界",朱光潜还有两篇独立发表的文章,载于《人间世》第1期(1934年4月)和第15期(1934年11月),分别是《诗的隐与显》和《诗的主观和客观》,后收入《孟实文钞》(1936年)和它的增订本《我与文学及其他》(1943年)。两文与《诗论》初版本第三章内容一致,只是在文字上稍做修改而已。
④ 朱光潜.朱光潜全集:第8卷[M].合肥:安徽教育出版社,1993:393.
⑤ 鲁迅在《"题未定"草》(《海燕》,1936年)中批评朱光潜的"美学说":"凡论文艺,虚悬了一个'极境',是要陷入'绝境'的,在艺术,会迷惘于土花,在文学,则被拘迫而'摘句'。"相关研究成果已非常之多,兹不赘论。

可以说是化境，渊明所以达到这个境界，因为像他做人一样，有最深厚的修养，又有最率真的表现。"①这种"真"使得陶氏在中国诗人当中具有崇高地位，成为古典艺术之"和谐静穆"的代表。朱光潜把"静"或"静穆"作为人生理想状态，赞赏这种静性的境界人生。不过，他也是承认人生之"动"的作用和意义，如在两篇同题文章《谈动》中。一篇是给青年的第二封信，其中曰："愁生于郁，解愁的方法在泄；郁由于静止，求泄的方法在动。"他鼓励青年"对于烦恼，当有'不屑'的看待"，要"谈谈笑笑，跑跑跳跳"②。结合给青年的第三封信《谈静》看，他既谈"静"又谈"动"，颇为折中，是把人生当作两面体来看待。另一篇（1940年）是在告诉那些"为感觉生活空虚而烦闷的青年"，需要"多多活动，学会处群，精力方可发泄，心灵有所寄托"。他认为，人必须在"动"中才能发泄生命的力量，领略生活的兴趣，因为"动"是人生的基本性质。"人必须在社会中才能发挥生活最大的效能，享受生命最大的幸福。许多青年朋友们为感觉生活空虚而烦闷，病根很简单，他们不会动，不会乐群。精力无所发泄，精神无所寄托，所以他们感觉到生活空虚。"③两文的观点是一致的。此外，《诗论》所说的"境界"，实则包括动、静两个层面，前者是"形象的直觉"（"见"），后者是由"情趣"与"意象"这两个基本因素所构成。无论是就诗的还是人生的"境界"来说，朱光潜所论都具有"动静合一"的特点，只是更偏于"静"。

　　大体看，朱光潜"境界说"是从中国传统发展而来，始于王国维的方向，基植于《悲剧心理学》和《文艺心理学》，而集中于《诗论》。晚年他承认自己的美学观点是"在中国儒家传统思想的基础上，再吸收西方的美学观点而形成的"④。这一点，的确可以从他的"境界说"反映出来。正如有学者所评价："虽谈不上完全的创造，却谈得上创造性的融化，且更显露出与传统文论的深厚关系。"⑤而这背后隐藏的是他深深的文化焦虑，特别是尼采认同问题，值得我们细细斟酌。

---

① 朱光潜.朱光潜全集：第3卷[M].合肥：安徽教育出版社，1987：265-266.

② 朱光潜.朱光潜全集：第1卷[M].合肥：安徽教育出版社，1987：12-13.

③ 周红.新发现的四篇朱光潜佚文[J].江苏教育学院学报（社会科学版），2008（3）：97.

④ 朱光潜.答香港中文大学校刊编者的访问[M]//朱光潜.朱光潜全集：第10卷.合肥：安徽教育出版社，1993：653.

⑤ 王攸欣.朱光潜学术思想评传[M].北京：北京图书馆出版社，1999：158.

3. 宗白华的"发现"

宗白华与朱光潜两人颇有相似之处，如都接受传统的启蒙教育，而后受"五四"新文化影响，踏出国门，远赴欧洲留学。这种相似，也反映在追求中西融合上。但具体说来，两人在实现的契机、路径上有所差异。朱光潜是在系统研究西方哲学、美学的情况下进行"调和"，"希望在中西之间找到一个最佳点"①。宗白华主要是在德国进学期间逐渐"发现"并返归到中国文化当中。"五四"前后他接近西方哲学、美学，倾向唯美主义，主张静观式的人生态度，此即所谓的"拿叔本华的眼睛看世界"②。《青年烦闷的解救法》（1919年）提出以"唯美的眼光"作为"具体的方法"。所谓"唯美的眼光"，就是把自然的、社会的各种现象"当作一种艺术品看待"，"我们要持纯粹的唯美主义，在一切丑的现象中看出他的美来，在一切无秩序的现象中看出他的秩序来，以减少我们厌恶烦闷的心思，排遣我们烦闷无聊的生活。"③在致寿昌（田汉）的信（1920年1月2日）中，他这样写自己当时的情绪："现在烦闷得很，无味得很，上海这个地方同我现在过的机械的生活，使我思想不得开展，情绪不得着落，意志不得自由，要不是我仍旧保持着我那向来的唯美主义和黑暗的研究——研究人类社会黑暗的方面——我真要学席勒的逃走了。"④从这些看，他服膺唯美主义，对西方文化怀着崇敬之情。

编辑、主编《时事新报·学灯》期间（1919年8月至1920年4月），宗白华认识了经常投寄诗稿、尚在日本留学的郭沫若。他被郭诗"大胆、奔放，充满火山爆发式的激情"深深打动。他在致信（1920年1月3日）中这样直白地说道："你的诗是我所最爱读的。你诗中的境界是我心中的境界。我每读了一首，就得了一回安慰。因我心中常常也有这种同等的意境，只是因为平日多在'概念世界'中分析康德哲学，不常在'直觉世界'中感觉自然的神秘，所以虽偶然起了这种清妙幽远的感觉，一时得不着名言将他表写出来。又因为我向来主张我们心中不可无诗意诗境，却不必一定要做诗，所以有许多的

---

① 任雪山.朱光潜对桐城派接受的当代意义[M]//安徽省桐城派研究会.桐城派研究：第14辑.合肥：合肥工业大学出版社，2012：94.
② 宗白华.少年中国同学会回忆点滴[M]//宗白华.宗白华全集：第3卷.合肥：安徽教育出版社，1994：416.
③ 宗白华.宗白华全集：第1卷[M].合肥：安徽教育出版社，1994：179.
④ 同③：213.

诗稿就无形中打消了。现在你的诗既可以代表我的诗意，就认作我的诗也无妨。你许可么？"①《新诗略谈》（1920年）是他在与康白情谈论新诗问题之后对新诗的一些感想。他指出，诗是一种艺术，"用一种美的文字——音律的绘画的文字——表写人的情绪中的意境"；诗有"形"和"质"两个方面，前者是"能表写的、适当的文字"，后者是表写的"意境"。至于新诗的创造，他认为是"用自然的形式，自然的音节，表写天真的诗意与天真的诗境"②。此时期他对"意境"的关注，着重于"怎样才能做好或写出新体诗"的问题。

1921年5月底宗白华赴德国留学，进学不久便立志以"文化"（包括学术、艺术、伦理、宗教）为"研究的总对象"，以最终"寻出建设新文化建设的真道路"。他广泛研读西学著作，并对中国文化有了新的理解。正是在这个过程中，他对中国文化的态度发生了重大转变。《自德见寄书》（1921年）曰：

中国的学说思想是统一的、圆满的，一班大哲都自有他一个圆满的人生观和宇宙观。所以，不再有向前的冲动，以静为主。这种思想在闭关以前，"中国为天下"的时代，实可以满足我们中国人生观的欲望。但是，现在闭关的梦已经打破，以前的人生观太缺乏实际的基础。以后欲不从科学上下手不可得了。

东方的精神思想可以以"静观"二字代表之。儒家、佛家、道家都有这种倾向。佛家还有"寂照"两个字描写他。这种东方的"静观"和西方的"进取"实是东西文化的两大根本差点。

欧洲大战后疲倦极了，来渴慕东方"静观"的世界，也是自然的现象。中国人静观久了，又破开关门，卷入欧美"动"的圈中。欲静不得静，不得不随以俱动了。我们中国人现在乃不得不发挥其动的本能，以维持我们民族的存在，以新建我们文化的基础。③

可见，此时宗白华已经流露出发掘中国文化"动"精神的意愿。这是他在深入了解东西文化的本质和动因（具体地说，一是"动流趋静流"，一是

---

① 宗白华．宗白华全集：第1卷 [M]．合肥：安徽教育出版社，1994：214.

② 同①：168–170.

③ 同①：321.

"静流趋动流")的基础上做出的"确当的批判"。真正促使他将"文化"的重心从西方转向东方，则是受到德国学者菲歇尔（Otto Fisher，今译费舍尔）《中国汉代绘画艺术》一书的"暗示与兴感"。该书揭示出汉画的真正主题是作为具体物象之内在本质和真实生命的无限的运动和节奏。这极大地吸引了他，使他得以启动思考"永动"的文化哲学，并从而探得中国艺术灵动精神的意境之美[①]。

宗白华"意境说"集中体现在《中国艺术意境之诞生》（增订稿，1944年）中。所谓"研寻其意境的特构，以窥探中国心灵的幽情壮采"，就是要求在"历史的转折点"对"旧文化"做出"新的评价"，重新发现那种"既使心灵和宇宙净化，又使心灵和宇宙深化，使人在超脱的胸襟里体味到宇宙的深境"的"艺术的境界"[②]。他指向了传统的诗歌、绘画、音乐、京剧、园林建筑、书法等。如《中国诗画中所表现的空间意识》（1949年）曰："一个充满音乐情趣的宇宙（时空合一体）是中国画家、诗人的艺术境界。"又曰："我们画面的空间感也凭借一虚一实、一明一暗的流动节奏表达出来。虚（空间）同实（实物）联成一片波流，如决流之推波。明同暗也联成一片波动，如行云之推月。"[③] 在他看来，中国艺术的本体就是宇宙，主题就是"动"，即根源于《周易传》"一阴一阳之谓道"的宇宙观。从"静流"到"动流"，从"静穆"到"飞动"，他先从文化再从审美，分步在两个层次上进行发掘，从而实现了"意境"的自我建构[④]。而灌注其中的正是一种生命（心灵）意识、宇宙情怀。至此，"意境"被确立为艺术本体观念、中国文化的创造性所在，自然它也为现代人身心得以安放提供了形而上的支持。皆知，提倡现代境界说的，有王国维、朱光潜、宗白华，还有梁启超、胡适、赵万里、老舍、张其春、朱自清、罗庸、刘永济、伍蠡甫、钱钟书等一大批学人，再有现代新儒家，包括冯友兰（人生觉解四境界说）、方东美（二层六境说）、唐君毅（心通九境说）等。他们共同铸就中国现代境界美学体系，而宗白华则是其中的最为关键的环节之一。

---

① 肖鹰. 中西艺术导论 [M]. 北京：北京大学出版社，2005：208-209.

② 宗白华. 宗白华全集：第2卷 [M]. 合肥：安徽教育出版社，1994：373.

③ 同②：437.

④ 胡继华. 宗白华. 文化幽怀与审美象征 [M]. 北京：文津出版社，2005：190-191.

　　总之，"动静说"是近代以来中国启蒙知识分子用于重构中国思想文化的一种论调。它以主"动"为要义，包括弃"静"迎"动"，以"静"制"动"等方式，对国民生活进行批判、质疑、比较，从而建构出中国新文化和中国人的现代生活。可见，"动静说"不仅是一种比较文化学，而且是一种生活价值论。真正的人的生活是一种追求价值的生活。价值具有自然的（人的）、文化的（为人的）维度，是以人的文化创建为实现形式，又总是建立在人类的生活的基础上的。所以，生活价值乃是一种评价性关系，是一种文化存在。"唯美主义"和"境界说"都表达对人生、生活的艺术化追求，蕴含了思想启蒙者的某种文化价值承诺态度。特别是在宗白华那儿，他将"境界"确立为中国文化的本性。这种对中国文化的"发现"，亦使得中国美学所赖以生长的传统文化精神生发了别致的现代性意义。

二、劳动说

　　劳动不仅是一个经济、社会问题，而且是一个美学问题。劳动是日常生活的主要活动，或者说就是日常活动。日常生活是一些如劳动一样的"惯见不惊的平常事"。美国当代学者指出，劳动在本质上是"严肃的东西"，它是"不得不做""被预先决定"的事情，是"正当服从"。"在很大程度上总是受劳动者无力改变的法则的支配，我们都必须承认，劳动中存在着一种永恒的令人厌烦的基础。"[①] 应当说，"劳动之烦"构成了日常生活需要艺术化的前提。近代以来中国思想界充分意识到劳动问题的重要性，强调劳动的伦理价值，提倡"尊劳主义""重劳主义"，从而颠覆了蔑劳、轻劳的传统价值观念；又强调劳动的合理性，引入"劳动艺术化"，以求生活艺术化。劳动又是相对闲暇而言的，游戏（闲暇）是"自我消遣、自我放松、自我调整"，劳动表现为"持续性、经常性和负担性"的本质特点，两者相反相成[②]。日常生活合理化改造及其艺术化提升的提出，离不开对劳动、闲暇之问题的关注、审视。以下就此展开详细论述。

---

① 西蒙.劳动、社会与文化[M].周国文，译.北京：中国经济出版社，2009：22.
② 马尔库塞.现代文明与人的困境：马尔库塞文集[M].李小兵，译.上海：三联书店，1989：216-219.

（一）劳动至上

近代中国社会具有明显的过渡性。杜亚泉在《论社会变动之趋势与吾人处世之方针》（1913年）中描述了这样一个"新旧代替"的社会。"科举停罢，八股专家之老死牖下者几何人；法政速成，刑钱幕友之槁饿家园者几何人；帝制倾而王孙流于道路，朝局变而卿士降为舆台，政界中之沦落不偶者又几何人；推之而洋货之输入日盛，机械之制品日多，劳动生涯，被占夺以失其职业者不知凡几；地方之事变频仍，市场之金融紧迫，工商实业，被障害以丧其资本者，更不知凡几。"他认为，汩没于这种社会风潮中无不使人产生"生存的危难"[①]。李大钊在《战争与人口问题》（1917年）中说："余维今日战争之真因，不在人满乏食，乃在贪与惰之根性未除。……惟贪与惰，实为万恶之源……。欲有以救之，惟在袯除此等根性，是乃解决人口问题之正当途径，消弭战争惨象之根本方策也。"[②]陈独秀在《谈政治》（1920年）中说："人类诚然有劳动的天性，有时也自然不须强迫，美术化的劳动和创造的劳动，更不是强迫所能成的，自来就不是经济的刺激能够令他进步的；所以工银制度在人类文化的劳动上只有损而无益。"[③]徐朗西在《艺术与社会》（1932年）中说："劳动问题所发生社会阶级间之争论，其根本也许是经济问题。然现代之劳动者，绝非是为生活而争论，其最大的要求，是在谋取社会之平等的地位。"他指出，传统的礼仪制度造成"阶级主义"，"一切的礼仪，皆由于贵族富豪欲与一般人有所区别而设，是人为的拘束，断不适于现代社会"[④]。中国现代文化人从世变、战争、政治、经济、阶级等不同角度指向"劳动"。这意味着，改造社会就必须改变传统的劳动观念，特别要形成以"尊劳""重劳"为核心的"劳动主义"。

"五四"时期，劳动意义发生了从古典向现代的大跃迁。当时出版的各种报纸杂志都在广泛宣传劳动主义。"劳动主义"的提法，最先来自《劳动月刊》（1918年3~7月）的发刊词《劳动者言》。它称本杂志的目的是"欲阐明其理，

---

① 杜亚泉.杜亚泉文存[M].上海：上海教育出版社，2003：283-284.

② 李大钊.李大钊全集：第2卷[M].北京：人民出版社，2006：25.

③ 陈独秀.陈独秀著作选：第2卷[M].上海：上海人民出版社，1993：160.

④ 徐朗西.艺术与社会[M].上海：现代书局，1932：38.

研究其法，以与世界劳动者解决此问题，求正当生活"。至于宗旨，则有7项："尊重劳动""提倡劳动主义""维持正当之劳动，排斥不正当之劳动"；"培植劳动者之道德""灌输劳动者以世界知识普通学术""纪述世界劳动者之行动，以明社会问题之真相"；"促进我国劳动者与世界劳动者一致解决社会问题"[①]。从此，"劳动主义"成为口号，作为多种杂志的共同宗旨。《工学》（1919年11月—1920年3月，1922年5月复刊）提倡"实行工学主义——一面作工，一面求学，认求学必作工，以作工为求学""实行——劳动主义""实行新组织——共同生活，从实地试验我们相信的一切新理想。"这些是"工学会所希望有的特色"，故发行这个杂志是为着实行"我们在人类共同生活里面应有的责任""工学主义"和"真正的求学"[②]。《劳动音》（1920年11—12月）的《发刊词》曰："我们相信'劳动'是人类生存在世界上第一个要件……劳动就是进化的原动力，劳动就是世界文明的根源，劳动就是增进人生的幸福，故我们出版这个《劳动音》，来提倡那神圣的'劳动主义'，以促进世界文明的进步，增进人生的幸福。"[③]此外，《新青年》《东方杂志》《新社会》等也都关注劳动问题，刊发相关文章。这些都使得"劳动主义"得到普及，并产生重要反响。

"劳动"是"五四"社会思潮的关键词。劳动之所以得到重视，具有客观必然性。"劳动作为人类的基本活动之一，伴随人类进化的全过程，这一事实最终必然使人类获得相应的理解和认识。如果说，劳动创造了人以及我们周围的一切，那么，这种客观事实反映到人类的主观世界中来，就必然会使人类将劳动视为人类演化的本源和至高无上的活动。"[④]尊重劳动，把劳动视为尊严，这种社会风气是时代的要求。尊严是指人和具有人性特征的事物，拥有应有的权利，并且这些权利被其他人和具有人性特征的事物所尊重。简而言之，尊严就是权利和人格被尊重。如果说劳动是人的天性，那么"劳动主义"就是以劳动所有者为主体的价值诉求。劳动当成是实现普遍的伦理价值的。他们不仅把劳动视作是人类社会存在和发展的最基本的条件，是道德产生的

---

① 刘宏权，刘洪泽.中国百年期刊发刊词600篇（上）[Z].北京：解放军出版社，1996：88–89.

② 同①：149–151.

③ 同①：209–211.

④ 杜月升.价值与劳动 [M].北京：中国经济出版社，2003：47.

母体，同时也是促进道德进步的源泉，是美德和健康人格形成的基础。正如胡兵所言："劳动主义，就是劳动所有者的主义，劳动所有者就是劳动主义的主体。劳动主义，是对劳动所有者的意识和利益的概括，是对现实社会矛盾的规定和论证，是对运动和制度变革的经验总结，是理论、运动和制度的统一。"[①] 这种对劳动所有者的同情，使得几千年来鄙视劳动（特别是体力劳动）的风气得以冲决，并在社会中形成了推崇劳动的风气，对于教育救国、国民性启蒙皆有积极意义。

持存劳动的天性和劳动者的主体意识，更应该将劳动（工）神圣化。蔡元培在《劳工神圣》（1918年）的著名演讲中说："我说的劳工，不但是金工、木工等等，凡用自己的劳力作成有益他人的事业，不管他用的是体力、是脑力，都是劳工。所以农是种植的工，商是转运的工，学校职员、著述家、发明家，是教育的，我们都是劳工。我们要自己认识劳工的价值。劳工神圣！"[②] 在《新青年》"劳动节纪念号"（1920年）上，他题写了"劳工神圣"4个大字。于是，"劳工神圣"作为一个口号、一种学说，广为流传，"深印在觉悟者的脑筋中"[③]。他还发表有关"工读主义""劳动教育"的主张，认为"劳动是人生一桩最要紧的事体"，提出"养成劳动的能力"等。这些集中反映在他在暨南大学的演说词《中国新教育的趋势》（1927年）中[④]。蔡元培的劳动论产生了广泛而深远的影响。提倡劳动主义，成为杨贤江、许地山等一批有志之士的自觉追求。

杨贤江大力提倡劳动教育，主张"尊重劳动，为平民而献身"，为此发表了《勤作教育》（1919年）、《庶民之学校》（1919年）、《教育与劳动》（1921年）等多篇文章。他还发表《英国劳动教育之发达》（1922年）、《美国工场教育之设施》（1922年）、《德国之劳动教育》（1922年）、《欧美劳动教育的近况》（1923年）、《世界成年劳动者教育之实施鸟瞰》（1929年）、《日本劳动教育发达之概况》（1930年）等文章，广泛介绍国外发达国家劳动教育的情况，希望借此推动劳动教育在中国的开展，促进教育与生产劳动的结合，使更多的劳

① 胡兵.每个人的全面而自由的发展基本原则论纲 [M].北京：知识产权出版社，2009：248.

② 蔡元培.蔡元培全集：第3卷 [M].杭州：浙江教育出版社，1997：219.

③ 玄庐."劳工神圣"的意义 [N].民国日报·觉悟，1920–10–26.

④ 蔡元培.蔡元培全集：第6卷 [M].杭州：浙江教育出版社，1997：98–101.

动者能够接受"节资省时""有益于日常生计"的教育。他十分赞成"劳动神圣"的口号,认为劳动生活(或称职业生活)是维持生命、促进文明的要素;劳动又是人人所愿意的,因人在劳动中可以表现自己,并可以满足欲望,故轻视劳动即无异轻视自己。针对旧社会剥削阶级不劳而获的现象,他进行了无情的批判,对劳动人民劳而不获的状况充满同情。《教育与劳动》曰:"做人第一件事情要明白的,是'不劳无食'。学校的教育,应得注重修养和劳动的并进。而在目前,偏重理论、空谈修养的学校教育,还得大大的提倡'劳动神圣'。"[1]这是对旧社会不平等制度的抨击。《现在中国青年的生活态度》(1924年)曰:"劳动是人类生活的要求、幸福的源泉。中国人所谓'吃饭',西洋人所谓'面包牛油',都是这个劳动生活的问题。——这并不是劳动的本来面目,这里只在说明劳动和生存的关系。我们若是轻视或放弃这方面的生活,就不免于死,否则也是个社会的寄生虫。所以我们都应该做工,以养活自己并以养活大家。"为消除青年的错误思想,他倡导3条"意见":"第一,我们该信仰'工作即生活',该实行'一天不做工一天不吃饭'的教训。这里要把从前名士派'不问生产事'的狂妄思想除去了。第二,我们该学得一件技艺使用体力的,以实现分工互助的原则。——这里要把从前贱视肉体劳动的荒谬观念除去了。第三,我们该为现代被压迫的劳动群众做解除束缚、改良生活的运动,向不劳而获、作威作福的压迫阶级实行攻击,以期实现大家做工且有工可做的社会。"[2]他要求人人都应该劳动和主动地创造生活,还提倡"乐动主义",主张快乐的工作与生活(参见本章美育的现代生活话语部分)。总之,杨贤江充分肯定劳动的价值,对劳动进行了十分正向的评价。这对克服保守落后的传统观念、建构进步的现代人生观等具有十分积极的意义。

许地山颂扬劳动的高尚、劳动者的神圣。他在1920年4月接连发表《劳动底究竟》和《劳动底威仪》。前文指出,劳动是要获得安乐,而安乐又是伴随劳动而生,两者是"相因依底"。他还把"或用心力或体力去和自然界斗争底"都称作"劳动家",主张"各人要尽自己底能量(Capacity)向各方面去发展他底工作,为底是要教人类底全体能够速速地得着几分安乐"[3]。后文借

---

① 杨贤江.杨贤江全集:第1卷[M].郑州:河南教育出版社,1995:296.

② 杨贤江.杨贤江全集:第2卷[M].郑州:河南教育出版社,1995:19-20.

③ 许地山.劳动底究竟[J].新社会,1920(17):5.

用"威仪"二字讲明"劳动和劳动家要怎样才具左右自然界和人类社会底威力，以及指明劳动与社会相互底关系，社会要怎样才能显出与劳动同化底现象"。所谓"劳动底威仪"就是"尊崇劳动与仪刑劳动"。"尊崇和仪刑就是社会底思想和感情互相交通所显出来底现象。人人对于劳动能够尊崇，能够威仪，那悲惨的待遇自然是没有底。我们青年人既信劳动具有改进社会底威仪，就不得不赞美劳动说；劳动底威仪是人类社会特有底光辉！"①两文均发表在《新社会》。该杂志是"专给青年阅读""考察旧社会的坏处，以和平的，实践的方法，从事于改造的运动，以期实现德莫克拉西的新社会"②。显然，"劳动"是被当时有志之士作为改造社会的方法和目的。这种理解虽然具有"泛劳动主义"倾向，但是有助于唤起民众的主体精神。

把劳动化繁重为轻松，这不是简单地通过减少体力耗费而就能够实现的问题。劳动观念与人生态度密切相关。1920年黄凌霜撰文批评朱谦之"劳动主义为不欲劳动的自觉"的观点。在他看来，"劳动主义"的起因并非朱氏所说的"重视财产"，实是"生活的需要"。他借克鲁鲍特金的话说，"工作""劳动"皆为"生理的必要"和"使费身体贮蓄的能力"，是"康健的和生命的"③。这个争论表明，劳动主义乃是因有需要而起。如果把劳动仅仅确立为满足生活需要的手段，这是违背人的天性的。劳动终究是以劳动本身为目的，应该成为人生的追求，它是一种"脱苦求乐"的生活活动。李大钊在《现代青年活动的方向》（1919年）中说："我觉得人生求乐的方法，最好莫过于尊重劳动。一切乐境，都可由劳动得来，一切苦境，都可由劳动解脱。"他不仅把劳动当作"为一切物质的富源"，而且当作排除、解脱精神"苦恼"的方法④。宗白华在《青年烦闷的解决法》（1920年）中把"积极的工作"作为解救青年烦闷的一种具体方法。他认为，工作是人生的本来生活。人生若无工作则是"极无聊赖""极烦闷"；完全无工作则是"最危险""最容易发生幻想、烦闷、悲观、无聊"。无论是精神的还是肉体的工作，都可以解除人生烦闷。他告诫青年，摆脱烦闷生活就需要正视人生，就需要做工作、积极地工作，还要讲求

① 许地山.劳动底威仪[J].新社会，1920（18）：2.
② 刘宏权，刘洪泽.中国百年期刊发刊词600篇（上）[Z].北京：解放军出版社，1996：138.
③ 白天鹅，金成镐.无政府主义派[M].长春：长春出版社，2013：130–131.
④ 李大钊.李大钊全集：第2卷[M].北京：人民出版社，2006：318.

工作平衡，如做精神工作的附带做点肉体的工作，以维持健康①。因此，劳动、工作皆是人生的需要；追求劳动的快乐与实现人生的境界并行不悖。

"劳动主义"是把劳动提到至高至上的地位来看待。在这方面，梁启超是一个重要提倡者。在为《解放与改造》刷新改刊的《改造》所写的发刊词（1920年）中，他重申了"劳作神圣"等16条"同人公定之趋向"②。《知不可而为"主义与"知而不为"主义》（1921年）曰："为劳动而劳动，为生活而生活，也可以说是劳动的艺术化，生活的艺术化……不为什么，而什么都做了。这时生活不再是重负，不再是苦难，而是一种乐趣，在'知不可而为'与'为而不有'中实现了生活的自由、劳动的自由。"③《敬业与乐业》（1922年）曰："人生在世是要天天劳作的，劳作便是功德，不劳作便是罪恶。"他认为，每个人都要有正当的职业，每个人都要不断地劳作。人如果能够凭借自己的才能去劳作，便是功德圆满，便能够成为"天地间第一等人""人生能从自己职业中领略出趣味，生活才有价值"。他称孔子、孟子、陶渊明皆是"劳作神圣"的主张者④。《孔子》（1920年）曰："劳作是神圣，力不出于身的人最可恶；但劳作的目的是为公益不是为私利，所以不必为己。这几项便是孔子对于政治上经济上的根本主义。"⑤又曰："墨子是主张劳作神圣的人""'劳作神圣'为墨子唯一的信条。不问筋力劳作脑力劳作，要之，凡劳作皆神圣也。只要能吃苦能为社会服务，皆是禹之道，皆可谓'墨'。"⑥《陶渊明》（1923年）曰："近人提倡'劳作神圣'，像陶渊明才配说懂得劳作神圣的真意义哩。"⑦他不仅赞同、主张"劳作神圣"，而且主张劳动快乐化、趣味化（另论）。

总得说，视劳动具有重要价值，提倡劳动主义，要求尊劳重劳，成为一种思想潮流。至于不同的思想派别都聚焦于劳动问题，这是因为它们都注意到了"劳动"的意识形态性质，毕竟劳动与工作、行动之间具有政治性关

---

① 宗白华. 宗白华全集：第1卷 [M]. 合肥：安徽教育出版社，1994：179.

② 梁启超. 梁启超全集：第10卷 [M]. 北京：北京出版社，1999：3050.

③ 梁启超. 梁启超全集：第11卷 [M]. 北京：北京出版社，1999：3411–3415.

④ 梁启超. 梁启超全集：第14卷 [M]. 北京：北京出版社，1999：4019–4020.

⑤ 同③：3144.

⑥ 同③：3269.

⑦ 梁启超. 梁启超全集：第16卷 [M]. 北京：北京出版社，1999：4741.

系①。"五四"以来流行的诸多劳动学说，并不是严格意义上的"劳动主义"，而多为源于托尔斯泰的"泛劳动主义"。托氏从人类的自然属性和人道主义出发，提出人人皆要从事体力劳动的"自劳其食"的观点。他指出现代生活的虚伪、文明生活的不正，提出"无财产主义"。不仅此，他自己实地奉行，以身作则。托氏的主张自进入20世纪以来就已经引起国人之注意，以"无拒主义"（王国维，1907年）、"劳动主义"（杜亚泉，1918年）、"无抵抗主义"（朱希祖，1919年）、"泛劳动主义"（晨曦，1919年）等译介之。特别是"泛劳动主义"，作为一种派别观念流行甚广。《东方杂志》《新青年》《新社会》《曙光》《晨报·副刊》等都译载过托氏的一些观点和作品，幻想用宣传教育的方法，使人人参加劳动，从而消灭劳动是有等级的观念。显然，"泛劳动主义"具有无政府主义色彩，与马克思主义劳动观念根本不同。马克思反对特定的、资本主义式的现代性，绝非现代性一般，而无政府主义的反现代主义远超于此。② 这种差异注定了无政府主义者所理解的"劳动"是宽泛的，即它是一种"泛劳动主义"。

（二）"劳动艺术化"

在"劳动主义"的倡议中，"劳动艺术化"是一个十分值得注意的口号。这是一个主要来自近代英国艺术与手工艺派的主张。从20世纪早期开始，该派主张陆续进入中国，并在二三十年代形成了一个译介高潮。参与者有息霜（李叔同）、昔尘（胡愈之）、黄忏华、吕澂、蔡元培、俞寄凡、鲁迅、丰子恺、田汉、林徽因、徐朗西、刘海粟、林文铮、林风眠、陈之佛、钱君匋、傅雷等一批文化人。这对于在中国传播实用美术观念、提倡美育，是一种极其重要的资源和启迪③。该派的一个重要代表是莫理斯（1839—1896年）。他写

---

① 美国学者阿伦特（Arendt，H.）的研究可做参考。他把人类活动分为劳动（人作为动物的生物生活）、工作（人为对象世界）、行动（一种复数性，即每个人都是作为个体）三种，认为它们的区分是现代的产物，且对于人之境况是根本性的，由此展开了政治人境况的哲学探讨。（人的境况 [M]. 王寅丽，译. 上海：上海人民出版社，2009）

② 刘森林. 从劳动概念看无政府主义思想在中国马克思主义中的渗透 [J]. 学术研究,2014（10）：1–8.

③ 郑立君.20世纪早期英国艺术与手工艺运动对中国的传播与影响 [J]. 艺术百家，2012（5）：193–197.

作诗、小说，主张艺术的革命和实践，特别是在《艺术与社会主义》（1884年）的演讲中提出"劳动艺术化"的观点。中国现代文化人谈到艺术（美术）起源、"生活艺术化"问题时，差不多都会提到莫理斯和他的主张。蔡元培在《美术的起源》（1920年）中说："美术与社会的关系，是无论何等时代，都是显著的了。从柏拉图提出美育主义后，多少教育家都认美术是改进社会的工具。但文明时代分工的结果，不是美术专家，几乎没有兼营美术的余地。那些工匠，日日营机械的工作，一点没有美术的作用参在里面，就觉枯燥的了不得；远不及初民工作的有趣。近如 Morris 痛恨于美术与工艺的隔离，提倡艺术化的劳动，倒是与初民美术的境象，有点相近。这是一个很可以研究的问题。"[①]杨贤江在《生活与艺术》（1921年）中说："确能把这生活和艺术调和的问题最彻底的最具体的考察、主张，更进而实行、体现的，却要算威廉姆·莫理斯（William Morris）为代表了。"在全面介绍莫里斯后，他这样说："我们对于自己的日常生活，应当有怎样的态度呢？我以为，也当设法来艺术化才好。因为生活的艺术化，劳动的艺术化，对于营近代生活的人，实有极重大的意义。我们要营适于'生'的生活形式，必不可不取道于此。非艺术化的生活、非艺术化的劳动，乃是陷'人间'于'机械'的圈套。而近代的机械的文明，却是这个趋势。故生活的艺术化，一方为对于近代物质文明、机械文明的反抗，一方更为对于新文化建设的暗示。"[②]他又历数文艺的作用，主张以文艺改造生活。蔡元培、杨贤江解说文艺与生活、社会的关系，皆举莫理斯，此反映出莫理斯学说在中国的接受情况。鉴此，这里再选择部分译介情况进行梳整和评价。

译介莫里斯较早且用力的，首推《东方杂志》，在1920年第17卷上就刊有多篇相关文章。其中昔尘在第4、7号上分别发表《边悌之社会主义》和《莫理斯的艺术观及劳动观》。前文曰："主张化劳动为艺术者，始于维廉莫理斯；……莫理斯之言曰：苟能以美术的装饰，施诸工艺品，则不难化工业为艺术与快乐。如从事于农业及渔业者，苟本诸宗教上礼祈祷之心，则必不以为苦而以为乐。即其他工艺品，倘其目的，不在售卖而在自由，则工作之时，

---

① 蔡元培.蔡元培全集：第4卷 [M]. 杭州：浙江教育出版社，1997：134.

② 杨贤江.杨贤江全集：第1卷 [M]. 郑州：河南教育出版社，1995：271.

必觉非常愉快。此盖以人为市场之主人。中古职工之气质，莫不如是，非若现在之市场以人为奴隶也。"[①]他指出边悌的观点是"师承"莫理斯的主张。后文详论莫里斯对现代文明的痛恨，主张艺术化劳动、艺术化生活等艺术的社会主义思想，还有关于艺术与社会组织之间的关系等。这当是中国学人对莫理斯最早最全面的译介。谢六逸在第8号上发表《社会改造运动与文艺》。在谈到如何设法使一般民众的生活更加丰富更加幸福的问题时，他说："有许多真挚的思想家和文艺家，都尽其最善之力。究竟能有几多的解决？对于此点，不能不推维莫理斯、罗素、卡彭特等主唱的'生活艺术化'，应该和他们同情。"又说："……莫氏卡氏所主张的'生活艺术化'，也是改造根柢的因缘。因为一般民众的生活就是'劳动'二字的别称，现在民众勃兴的时期，'生活的艺术化'就是'劳动的艺术化'。但是'生活的艺术化'和'劳动的艺术化'究竟是什么？总不外如文字所示的意思，就以生活化为艺术的；进一步说，用生活当作一种艺术。但是要怎样才能使生活成为艺术的，以生活为艺术？一言以蔽之，就生活或劳动成为一种快乐的事。'劳动的艺术化'，换句话来说，就是'劳动的快乐化'。更进一步，要怎样我们的生活及艺术才能够快乐呢？思索之下，就和罗素所说的创造冲动的解放相逢。"该文以例举方式谈到莫理斯，并强调"生活的艺术化与劳动的快乐化是现在社会改造运动的基调"这一观点[②]。

莫理斯是近代西方工艺美术运动的重要推动者。因此，在译介的西方美术史、美术思潮及美育论中，都会见到莫理斯的名字。黄忏华在编述的《近代美术思潮》（1922年）中介绍了"英吉利底威廉莫理斯（Willam Morris）底样式所鼓吹，绵密观察动植物底姿态"等对法国新艺术运动装饰设计影响等[③]。俞寄凡在译述的《近代西洋绘画》中介绍了莫里斯与罗塞蒂、伯恩·琼斯的关系，即"帮助友人莫理斯的工艺品制作，而革新应用的美术"等[④]。吕澂在《西洋美术史》（1922年）"近代建筑"一章中介绍了"批评家露斯京（Ruskin）、摩里斯（Willam Morris）"对比利时、英国的建筑、室内和家

---

① 昔尘．边悌之社会主义 [M]．东方杂志，1920，17（4）：68.

② 谢六逸．社会改造运动与文艺 [J]．东方杂志，1920，17（8）：66–67.

③ 黄忏华．近代美术思潮 [M]．上海：商务印书馆，1922：67.

④ 俞寄凡．近代西洋绘画 [M]．上海：商务印书馆，1924：60.

具等改革的影响等①。在这三人中，尤其值得我们注意的是吕澂。他在20世纪20年代初写下了一系列有关美术、美育的论著，多次谈及莫里斯。如《艺术和美育》（1922年）指出使美育设施的"功能变更、效果彻底"的3个方面，即"传播正确的艺术知识到一般人间""去从事社会改造的运动"和"养成实行美育的人才"。谈到第二个方面时，这样写道："数十年前的英国的诗人毛梨斯Morris为着艺术的人生曾有一番复古运动，并还部分的实现出他的理想来。那理想虽有些时代错误，但他的眼光确已见到美育设施上应行的一条道路。现在依然要从那里走向前去。"②又如《美学浅说》（1923年）论及如何普遍实现"美的人生"时提到两种方法："第一，启迪一般人美的感受，发达创作的能力，使他们自觉'美的人生'的必要，能逐渐实现出来。平常所说的'美育'便有这样的目的。第二，改革现代的产业组织，助成'美的人生'的实现。前世纪英国的诗人毛梨斯Morris便曾有过如此的议论，并且有过实地试验。……现在的工业组织虽因有机械运用，不能复古，然而改革到顺从劳动本来意义的地位，不必就是难能。"③吕氏将莫理斯观点作为一个重要代表，要求在现实生活中实现"美的人生"。从"摩里斯""毛梨斯"等译名情况看，他并没有系统地进行译介和研究，但提出借助艺术启迪人们的美感，要求人们自觉追求"美的人生"，这种美育论是颇有见地的。

莫理斯又是作为空想社会主义思想的重要代表。他主张艺术的革命和实践主要是在《艺术与社会主义》中。吴梦非在《艺术的社会主义》（1924年）中说："从社会的立脚地看出'艺术'的重要，便叫作'艺术的社会主义'。"他并且指出"用艺术去改良社会"和"用艺术去扩充经济"两种倾向。谈到第一种倾向时，他罗列了罗斯钦、穆利斯、克莱恩三人。他说："穆利斯是英国著名的工艺改良家，也是诗人，也是社会政策家，他的卓绝的功绩，便是把艺术指导到民主的途程中去。"并把他的意见条述如下："（一）艺术绝不是是上流社会和富豪所专有的东西，是须为一般国民所日常享有的；（二）人类因劳动而内界的怀抱得以发展，'发展'这一回事，是很能与人以愉快的；使各人都能感到发表的愉快，这也可算是新艺术目的之一；（三）我们要与劳动

---

① 吕澂. 西洋美术史 [M]. 上海：商务印书馆，1922：91.

② 吕澂. 艺术和美育 [J]. 教育杂志，1922，14（10）：8.

③ 吕澂. 美学浅说 [M]. 上海：商务印书馆，1923：48–49.

者以余暇，润他天性的美的需要之渴，那不可不竭力排斥机械的劳动，奖励手工业的劳动——不采用这个方法，要想成就一种精神贯注的国民的艺术，是千万不可能的。"他在最后总结出"改良社会"的4点主张："（一）把现实的社会，改造做'使国民的身心有休养和陶养的余暇'的社会；（二）使任何人都能得到一种高尚而纯洁的快乐；（三）艺术的劳动，才算是真正的劳动；（四）想要提高一国的经济，必须竭力提倡艺术。"并且承认这是艺术社会主义者共通的思想 ①。另外，《新名词辞典》（1934年）列有"艺术的社会主义"辞条："欲打开现在艺术的穷途，必须改变资本主义的社会组织，造成劳动即艺术的社会。即因为人间的喜悦是在于创造的自由，所以在每天的劳动中寻求直接的喜悦，使劳动艺术化，由此以享受人间的喜悦。这种主张称艺术的社会主义。"② 从收入辞典这一情况看，20世纪30年代"艺术的社会主义"已经成为一个具有固定含义的概念。

"民众艺术"争论是在"五四"启蒙精神规约下，对民众和文学、艺术关系问题的深入探讨。该争论始于1922年1月《时事新报·文学旬刊》开设的"民众文学的讨论"专栏。参与讨论的有朱自清、俞平伯、许昂若、郑振铎、路易等文学研究会同仁。他们认识到文学"民众化"的必要性，试图提出建构"民众文学"的切实方法。从他们发表的文章看，主要引用托尔斯泰、罗曼·罗兰、克鲁鲍特金等人的观点，对莫里斯几乎没有提及。这场讨论，亦仅限于文学方面。至于艺术方面的讨论，要数俞寄凡、刘海粟、邓以蛰等人。俞氏在《艺术教育家的修养》（1920年）中指出，所谓的"民众的艺术"就是"把民众当作艺术的中心，发挥平民的艺术，增高一般人的趣味，使一般人都有有趣味的人生观"③。刘氏在《民众的艺术化》（1925年）中指出，美术、美术运动、美术展览的目的都在于"欲使人得悟其生命并回复于人生及人道上之信仰""所谓人人生活艺术化，非期人人为画家、音乐家、诗人，而在于望人人得培养其艺术之感受力"④。邓氏在为北京艺术大会所做的《民众的艺术》（1927年）中，以工艺美术为见证来强调艺术是民众自己创造的，是为自己享

① 吴梦非. 艺术的社会主义 [J]. 艺术评论, 1924（43）: 4-5.

② 邢墨卿. 新名词辞典 [M]. 上海: 新生命书局, 1934: 171.

③ 俞寄凡. 艺术教育家的修养 [J]. 美术, 1920, 2（3）: 1.

④ 刘海粟. 民众的艺术化 [J]. 艺术周刊, 1925（97）: 5.

受的。他批评"为艺术而艺术"的"艺术"是"特殊的"和"费解的"，是"仿佛同民众斗气的一般"，如同未来派、表现派、立体派等一样。他说："要民众有艺术，非先使民众有生命不可，要有生命非使他们有工作不可；有了工作——真正自由自主的工作，不是弄机器的工作——自然他们的感情会激动起来。"又说："这里一方面含有托尔斯泰的《什么是艺术》中卫道者的对于我来说是空泛虚伪的情调；另一方面也有着空想的社会主义者威廉·莫芮斯（W.Morris）的保守、反动的观点。这是值得大大检讨的。"① 他从"生活的艺术化"进一步谈到了工作、生产、劳动的艺术化。在他看来，现代机械生产琐细的分工使人看不到更体会不到工作的整体性，每个人的工作都成为整体中的一小部分。人们只能按设计好的工序各自完成自己的死任务，而没有创造性的发挥②。刘纲纪如此评价："与之那种鼓吹'为艺术而艺术'，蔑视群众，认为民众根本不能也不配欣赏艺术的主张，有着不能抹煞的重要的进步意义。他以热切的感情，呼吁社会注意民众日常生活环境的美化，也是完全正确的，在今天也仍然是有意义的。"③

对于"劳动艺术化"的提倡问题，还需要我们注意来自近邻日本的资源。前面提及昔尘介绍莫里斯的文章，同期"世界新潮"专栏还载有《日本最近之民众运动及其组织》。该文谈到欧战结束后日本社会现象出现的重大变化，即"民众运动者，一时勃兴，新发生之团体，多至不可胜数"，又把这些团体按性质分为"带政治色彩之团体""思想团体"和"劳动团体"，并逐一介绍。事实上，近代日本"民众运动"发生在大正期间，引发的"民众艺术"的争论，前后持续5年左右时间（1916—1921年）。当时参与讨论的人数较多，主要核心人物是大杉荣、加藤一夫和本间久雄④。其中本间久雄的《生活艺术化》由从予（樊仲云）翻译进来（载《东方杂志》第31卷第11号，1924年6月）。此文与长谷川如是闲的《劳动的艺术与艺术的劳动化》（彭学沛译，载《京报

---

① 邓以蛰.《艺术家的难关》回顾 [M] // 邓以蛰.邓以蛰先生全集.合肥：安徽教育出版社，1998：397.

② 张博颖，徐恒醇.中国技术美学之诞生 [M].合肥：安徽教育出版社，2000：18.

③ 刘纲纪.中国现代美学家和美术史家邓以蛰的生平及其贡献 [M]// 邓以蛰.邓以蛰先生全集.合肥：安徽教育出版社，1998：448.

④ 陈世华.民众艺术论争：社会问题还是艺术问题？[M] // 王杰.马克思主义美学研究（第17卷）.北京：中央编译出版社，2015：208-217.

副刊》第402~424期，1926年），均被纳入徐蔚南的《生活艺术化之是非》（1927年）。该书内容包括：生存与生活、两种的生活美化、创造冲动、生活的艺术、劳动的快乐化、有用与美、劳动的非艺术性、劳动的劳动在社会上为必要、艺术的劳动化等等。其中介绍"劳动生活"的两种不同观点时，对于改革劳动生活方面多有阐明。另外，文学研究会同仁发起"民众文学"讨论中，朱光潜等人引用过平林初之辅的观点。平林氏是日本无产阶级的活动家和理论家，也是"民众艺术"讨论的重要介入者，出版了《无产阶级的文化》《文学理论诸问题》两部评论集。他的许多论著被译入，其中《民众艺术底理论和实践》一文由海晶（李汉俊）翻译过来（载《小说月报》第12卷第11号，1921年11月），产生了一定反响。

　　1930年前后对莫理斯的译介又出现了一次高潮。同在1929年，刘思训发表《艺术与教育在今日的关系》，田汉出版《穆理斯之艺术的社会主义》，陈之佛发表《介绍美术工艺之实际运动者马利斯》。刘文曰："再如英国毛丽斯（William Morris）在他的《赞赏哥特克（Gothic）建筑》的序文中说：'哥特克建筑，因有变化，所以有趣味，这到底是一辈下级工人们的。自由意匠'所造成的。美术的制作上，能有这样的成品，从社会道德上着想。乃是极可喜的现象。"还说："毛丽斯是把罗斯金的理论，应用于工艺美术的制作方面；并且同时倡导把工艺美术当作'国民的美术'。他的理由，可以分作两方面：从使用方面说，工艺美术，对于一般国民，能与以高洁的愉快。从制作方面说，工艺美术，亦能给以高洁自由之快乐。"[1]田著对莫理斯（穆理斯）的人生观、艺术观进行了全面的译述。事实上，田汉在日本留学期间就曾翻译过莫理斯的许多诗歌，后又在其自传体小说《上海》（1927年）中表露过对莫理斯的崇拜和认同。"甚崇拜英诗人威廉穆理斯（William Morris）之为人""这唱劳动艺术化的诗人在他的《来日》（*The Day is Coming*）诗中所写的将来的社会，是何等引动克翰的向往与追求的情热啊"[2]。陈之佛除对美术工艺之实际运动者莫理斯（马利斯）进行全面译介的此文之外，后来还发表《欧洲美育思想的变迁》（1934年）和《美术与工艺》（1936年）两篇文章，前文当中称之是

---

① 俞玉姿，张援.中国近现代美育论文选1840-1949[C].上海：上海教育出版社，1999：203.

② 田汉.田汉全集：第13卷[M].石家庄：花山文艺出版社，2000：31-33.

"追从路斯金之说，而应用于工艺美术制作方面，盛唱以工艺美术为国民的美术"①，后文当中指出"最初取用"英文"Arts and Crafts"的是"英国人"②。

　　从上述情况看，莫理斯和他的学说在中国的接受程度很高，受到普遍欢迎。实际上，这种外来思潮从刚引入进来就存在争议。毕竟，"劳动艺术化"包含着多重问题，如劳动、艺术的本质，劳动与艺术或者是人生与艺术的关系建构。唐隽在《艺术独立论和艺术人生论的批判》（1921年）中质疑"劳动艺术""民众艺术""生活艺术"等口号。在他看来，艺术价值是"艺术中最大且最难解的问题"，而现今的批评多是偏于人生，缺乏对艺术的真正理解。"像俄国托尔斯泰、克鲁泡特金的提倡民众艺术，英国威廉莫里斯等主张劳动艺术，还有美国一般人所提倡的实用艺术，以及我国报纸杂志上所发表艺术的零碎论文，都是广泛要艺术要与实用对立，要民众化对立。其实他们只晓得艺术的一部分，全部的意义他们对立还是闷葫芦！"他认为，艺术的本旨是独立的，原是与人生有关系的，艺术与人生两者不可立于绝对的地位互相反对；艺术是督促现实的、虚伪的人生，同理想的、正当的人生前进；而要想得到正当的人生，而艺术也要越发独立。他把"艺术独立论"和"艺术人生论"比作根干与枝叶的关系，即都是一棵上的东西，不可分作两样③。丁丁在《文艺与社会改造》（1927年）中指出，"生活与劳动的快乐化"是一种不可能的现实，它的原因是"显而易见受了资本主义恶影响"。他认为，解决这个问题就得破坏"现代旧有的社会"，推翻"现代旧有的组织和旧有的制度"，建设"新的完美的社会的组织的制度"。总之，"革命"才是时代选择："现在真正的思想家在倡导革命，真正的实行家在实行革命，真正的文艺家也在宣传革命。"④以上两人分别从艺术和社会改造的角度来理解艺术与生活的关系，突出了这种关系的深刻与复杂。

　　"劳动艺术化"具有明显的空想性质，使得"劳动"很容易从生产性意义基础上进一步衍生出道德和审美的意义，从而成为"民众"的代名词。它们赋予劳动诸多功能，让其承担实现诸多美好价值的历史任务。所以，这种口

---

① 陈之佛.陈之佛文集[M].南京：江苏美术出版社，1996：191.
② 同①：296.
③ 唐隽.艺术独立论和艺术人生论的批判[J].东方杂志，1921，18（17）：45-50.
④ 丁丁.文艺与社会改造[J].泰东月刊.1927，1（4）：7.

号在当时主要是一种理想主义的生活观，而不是从劳动作为日常生活活动的实质出发。对劳动与艺术的关系的理解，也远未达到马克思主义美学的高度。马克思主义也提倡"劳动艺术化"。如施复亮（存统）在《马克思主义底共产主义》（1921 年）中所言："这样的一个社会，就是我们所要的自由社会。在这种社会里，劳动已不是为生活的单一手段，而其自身就是第一个生活要求。这种为'生活要求'的劳动，也就是一般人所仰慕的优美愉快的劳动，也就是一般艺术家所企望的'劳动的艺术化'。在这时候，人人都能够自由劳动，自由消费，真是一个快乐世界！"① 皆知，马克思针对劳动异化现象进行分析，确立起反异化的劳动观，提出人人自由的理想社会观。但是那些没有接受马克思主义的文化人，也在大肆鼓吹"劳动艺术化"，如张东荪、徐六几等主张的"基尔特社会主义"。说到底，这不是真正意义的社会主义思想②。"艺术的社会主义"是无政府主义者或是无政府主义色彩浓厚的主张，20 世纪 30 年代初已经少有人提倡了③。这之中的原因，当然是与强烈而复杂的社会改造的要求相关。其实，就艺术与社会的关系而言，它既是一个恒久性的，又是一个时代性的问题。徐朗西的《艺术与社会》（1932 年）指出，艺术是推动社会发展的一个原动力，艺术的发生也与社会有关，不存在"纯个人"的艺术，艺术是现代社会不可或缺的④。林仲达在《艺术教育与革命》（1943 年）中则说："人类社会是发展的，艺术亦是随社会的发展而变换它的形式和内容。当人类的新社会——大同的社会——一旦出现，社会的阶层无疑地会消灭，可是人类的审美的感情，却不因阶层的消灭而消灭，恰恰相反，正因为社会阶层消灭后，人们的余暇便增多，艺术就更发达，到那时，人人有鉴赏艺术的机会，人人有创造艺术的可能，于是艺术的人生观更变为广化和深化，可以整个生活艺术化了。"⑤ 诚然，艺术是社会的，但它绝非由个别社会性因素所决定，而是反映整体性的社会生活。

---

① 存统. 马克思主义底共产主义 [J]. 新青年，1921，9（4）：8.

② 陈旭麓. 五四以来政派及其思想 [M]. 上海：上海人民出版社，1987：128–141.

③ 邱文渡，邹孟晖. 新文艺辞典 [M]. 上海：光华书局，1931：401.

④ 徐朗西. 艺术与社会 [M]. 上海：现代书局，1932：38.

⑤ 林仲达. 艺术教育与革命 [J]. 新中华（复刊），1943，1（4）：63.

（三）闲暇的深义

如前所述，近代以来中国启蒙思想界把改造社会的方向纷纷指向劳动问题，特别是"五四"时期一些进步报纸杂志和一批有识之士都在广泛宣传"劳动主义"，使得"尊劳""重劳"成为社会风气和思想潮流，"劳动艺术化"也得到广泛传播。这种对劳动的肯定，充分体现出对劳动价值的认可。劳动是人、人类的存在基础和发展动力。离开劳动，人无法成长，社会将停滞不前，文明亦不可能进步。关于劳动的作用和地位，似乎无论怎么强调都不为过。实际上，劳动又是相对闲暇而言的，劳动价值也体现在对闲暇的态度当中。闲暇，或称闲暇时间，按通俗说法就是"空的时候"，亦泛指使人身心得以自由的各种活动。相对于生产时间、限制性活动而言，闲暇是外在于劳动的，甚至是与之对立的活动方式，但是两者的关系并非如此简单。哲生在《闲暇生活推论》（1931年）中说："闲暇者，生活之一部分，在此一部分中，吾人不约束于生事之赚得或准备为生事之赚得。"他把闲暇与非闲暇界定为"函数的关系"[①]。这已经类似或接近西方当代学者所说的"直角的关系"，意即休闲与工作不再处于同一层面，且是"可以穿过理性的东西"[②]。以此看待休闲或闲暇，它必然具有极其深刻的一面。建构现代国民性，自然离不开对国民闲暇生活的批判性审视。感性启蒙作为中国现代美学的主题和精神，也体现在现代劳闲关系的美学建构当中。梁启超、王国维、蔡元培、吴梦非、朱光潜、丰子恺、俞寄凡等一批现代美学家，无不着重于此。他们通过揭示休闲的审美蕴涵倡议美育，从而推进中国现代美育的不断发展。

1. 诊治人生，促进生命力发展

闲暇具有休息、调整和恢复身心的基本作用，它是劳动活动得以展开的保障。对于个体而言，劳动是一种不得已的、被预先决定的生活之事。面对这种无力改变的法则的支配，作为劳动者也只能是"正当服从"。相比之下，闲暇之于劳动者的成效就显示出来了。闲暇是"使那工作时受到压迫、阻碍的本能与情感冲动，于下工之后，可有充分自由的表现"，而闲暇时间则是

---

① 哲生. 闲暇生活推论 [J]. 新社会，1931，1（6）：130.

② 约瑟夫·皮柏. 节庆、休闲与文化 [M]. 黄藿，译. 北京：三联书店，1991：120.

"能使一个人同时满足其几个自我的普通愿望"①。世纪之初，梁启超、王国维业已关注国民闲暇问题，皆意识到它的别致的意义，并希望引起重视。梁启超把"休息"作为人生的重要方面，甚至是中国人不及西人的一个原因。《新大陆游记》（1904年）曰："休息者，实人生之一要件也。中国人所以不能有高尚之目的者，亦无休息实尸其咎。"②这种把闲暇与国民品性高低联系起来的说法，在当时新人耳目。王国维在有关教育的感言（1907年）中提到，分业乃是一种世界趋势，且从事任何的学问、职事，都需要特别的技能、教育，唯此才能终身而受用。他认识到教育、文化的进步是与劳动方式的变化息息相关，故提出"职业的学问"（教员、医生、政治家、法律家、工学家之学）与"非职业的学问"（科学、哲学、文学、美术）之别③。又在《人间嗜好之研究》（1907年）中指出，人为满足生活之欲，或劳心或劳力的工作即为一种"积极的苦痛"，而嗜好就是用于安慰"空虚之苦痛"的活动。在他看来，个体本来就不可能整日从事工作，故需要安排"休闲"的月、日。但是假如任由度过这些时间，则人是消极的，仍然是痛苦的，故又需要形成一些能够正心、生趣的"嗜好"。不同于与直接为生活的工作活动，它是势力有余而为之的活动，是使人"各随其性所近"和"发现势力之优胜之快乐"。至于嗜好的对象，分为"适用"和"装饰"两部分，前者属于生活之欲，如对宫室、车马、衣服之嗜好；后者属于势力之欲，如驰骋、田猎、跳舞、书画、古物、读书、戏剧之嗜好。他认为，文学、美术是属于后者的嗜好对象，是"成人精神的游戏"，代表着人类全体之感情的发表。换言之，文学、美术是以势力之欲为根底，它们都具有促使人心活动，起着治疗空虚之苦痛的作用，故要求以此种"高尚之嗜好"抑制"卑劣之嗜好"④。王国维关注人生痛苦的事实，倡导通过文学、美术进行诊治的方法。借助叔本华生命哲学解释与职业、正事不相干的嗜好，这一立场和方法颇具开创性。

　　游戏、娱乐皆是典型的闲暇活动。王国维美学论著当中多次引用席勒的游戏说，视文学为"游戏的事业"。把文学（审美）活动比喻成游戏活动，根

---

① 琼斯东.工业世界与公民生活[J].吴鹏飞，译.上海：民智书局，1933：244.

② 梁启超.梁启超全集：第4卷[M].北京：北京出版社，1999：1188–1189.

③ 王国维.王国维文集：第3卷[M].北京：中国文史出版社，1997：84.

④ 同③：27–30.

本在于两者都是自由的生命活动，因而可以贯通起来。蔡元培《对于教育方针之意见》（1912年）曰："游戏，美育也。"这是把美育比作起着传导作用的人的神经系统，表明游戏对人之身心发展的作用"不可偏废"①。陈望道在《游戏在教育上的价值》（1921年）中指出，儿童游戏是"教育最好的机会"，游戏具有"培养健全的体格""培养活泼的精神"和"培养公共生活的习惯，尊重对方人格的美德"的价值，故呼吁"寓游戏于教育之中，寓教育于游戏之中"②。吴梦非在《"游戏""劳动"与艺术》（1924年）中说："游戏是感性的，因其十分自由，也是创造的。它是显露生命的溢出方向，或以外物为机缘，表示出初步的艺术的活动。"又说："游戏为儿童所必需，劳动为民众所必需，游戏与劳动乃是彼等唯一的艺术陶冶的资料。换句话讲，便是使得彼等的人间生活上所必不可缺的使命。"③在他看来，尽管游戏与劳动不能等同，但是两者都是"净化于艺术"，故艺术活动当是民众生活之不可或缺。游戏、娱乐在本质上是一致的，皆是能够起到舒展人的体力、安慰人的精神的作用，因此自然成为"美的生活"的需要。张竞生的《美的人生》（1925年）、杨哲明的《美的市政》（1927年）、张野农的《怎样使生活美术化》（1939年）等，都谈到娱乐生活改造的问题。其中张氏一书从衣食住行、体育、职业、性育与娱乐等方面论及美的生活实践，提到娱乐的特性和功能："一种至有用的扩张力，不是一种无谓的消费力""一种有益的工作，不是一种奢华的消耗""使精神与物质的本身上得到最美丽的享用，和精神及物质的出息上得到'用力少而收效大'"④。如上基于文学、艺术、教育、生活理想，从不同方向谈及游戏、娱乐的作用。这些见解无不在表示闲暇之于人生、社会的必要。在常人看来是无聊、浅薄之闲暇活动，实是有助于发展生命力，提升生活的水平和质量，甚至就是一种现代生活方式。

重视游戏、娱乐的休闲价值和美学意义，特别是把它们与美或艺术统一起来的观点，显然是"人生艺术化"的主张。在提倡这种主张的现代美学家中，朱光潜又是较多谈及这方面的一位。《诗论》（英文初稿本，1931年）提

---

① 蔡元培. 蔡元培全集：第2卷 [M]. 杭州：浙江教育出版社，1997：16.
② 陈望道. 陈望道文集：第1卷 [M]. 上海：上海人民出版社，1979：54–58.
③ 吴梦非. "游戏""劳动"与艺术 [J]. 艺术评论，1925（55）：1–2.
④ 张野农. 怎样使生活美术化 [M]. 上海：纵横社，1939：61–63.

出一种"谐趣"（the sense of humour）的观点："凡是游戏都带有谐趣，凡是谐趣也都带有游戏。谐趣的定义可以说是：以游戏态度，把人事和物态的丑拙鄙陋和乖讹当作一种有趣的意象去欣赏。"①《谈美》（1932年）是他最为重要的代表作之一，名义上讨论艺术的创造与欣赏，实际上指向情趣化人生的追求，是为青年摆脱苦闷生活提供良方。给《申报》青年读者的信《游戏与娱乐》（1936年）上升到"民族生命力"的高度来认识，指出游戏与娱乐的缺乏是生命力枯涸的"征兆"和"原因"②。《谈修养》（1942年）一书包含了"人情世故"和"思考体验"，各篇章皆以他的个性为中心。其中一篇《谈休息》指出，休息是在为工作蓄力，而且能够为工作"酝酿成熟"提供条件。这里不仅指出休息之于工作的作用，而且指向了"刻苦耐劳"③。此种精神固然值得佩服，但是足以对人的身心的修养造成重大危害。过犹则不及。人生只有通过调适，才能获得快乐的源力。"人须有生趣才能有生机。生趣是在生活中所领略得的快乐，生机是生活发扬所需要的力量。"④另一篇《谈消遣》更是指出大力改善民众消遣娱乐的必要。在他看来，一个人如果没有消遣就变得苦闷，一个人如果喜欢消遣则必有强旺的生命力。大而言之，消遣并非是可有可无的"小事"，而是事关民族性格、国家风纪和复兴民族的"大事"⑤。朱光潜关注国民的生活状态，论及游戏、娱乐、休息、消遣这类休闲话题，目的就在于重建中国人的精神世界。他意识到闲暇活动具有生命力本质，这一点尤其显得可贵。不能促进生命力发展，就不能全面展开人的活动，遑论提升人生的境界和建立高尚的国民品格。

2. 抵制异化，开辟主观自由

劳动既是个体性的生活、生命之活动，又是社会性的生产活动。的确，劳动能够提高生产效率，从而促进财富的增加，但是它也可能对社会形成威胁，甚至形成恶化劳动本身的状况。精细化的社会分工，将使得劳动者日趋

---

① 朱光潜. 朱光潜全集：第3卷 [M]. 合肥：安徽教育出版社，1987：16.

② 朱光潜. 朱光潜全集：第8卷 [M]. 合肥：安徽教育出版社，1993：449.

③ 为立达校园拟定的《旨趣》（1926）中曾指出，"排除一切障碍而求实现理想"这一"意力"需要"刻苦耐劳"；劳动则"可以养成刻苦耐劳的习惯，可以使我们领略创造的快慰，可以使我们能独立生活，不完全为社会上的消耗者"。（同②：171–172）

④ 朱光潜. 朱光潜全集：第4卷 [M]. 合肥：安徽教育出版社，1988：118–123.

⑤ 同④：124–129.

功能化；重复性的劳动方式，亦将导致劳动者精神的贫乏。马克思批判工业社会的劳动者是"跛脚的怪物"，并称"劳动在现代世界中已经在很大程度上退化为卡夫卡痛苦的隐喻"①。这是对现代劳动异化本性的深刻披露。在异化劳动中，劳动者、劳动过程、劳动产品等皆为异己的存在。于是，劳动成为外在于人的东西——不是他自己的而是别人的，不是自愿的而是强迫的，不是一种幸福而是一种不幸和折磨。它的最终结果，必将是人与人的对立、人类本质的扭曲。这种反人性的现代现象，的确需要警惕、批判和抵制。在反对异化这一问题上，中国现代美学家并非将它局限于劳动活动本身来审视，而是特别指向伦理与科学。在他们看来，传统的伦理道德和旧制度对现代中国人的生活形成一种桎梏，具有进步意义的科学也会产生负面的影响。意识到由此所造成人性的缺失及其重建的必要，正是在这一反思性过程中，以自由为核心的休闲价值得以彰显。

伦理是衡量休闲价值的尺度，体现为对道德标准的寻找。以此看传统休闲与现代休闲，它们在观念上是对立的。传统休闲观念具有明显的道德因素，隐含着约束、规范的含义。如把闲暇看作是上层社会的专利，或是神才具有的权力。摆脱这种规约，追求本真的人性状态，这是现代劳动说的要义。重劳主义者普遍地把劳动得不到推崇的原因归之于传统的思想、制度本身。所谓"性者，生之质也，未有善恶"（康有为《长兴学记》，1891年），又谓"善恶苦乐同时并进"（章炳麟《俱分进化论》，1906年），"利导人性之合类而相亲"（梁启超《先秦政治思想史》，1922年），等等，这些人性论具有鲜明的批判传统的色彩。把人、劳动者进行高低贵贱之分，这是一种偏见。把人从被约束的状态中解脱出来，确认劳动者的合法身份与社会地位，如此才能切合现代观念。杜亚泉在《劳动主义》（1918年）中指出，虽然重劳主义由来已久，但是以孟子为代表的儒家之劳动主义，实是一种讲究特权的"伪分业主义"，而非科学上的"分业主义"。于是，他提出一种有益个人、使社会间人人平等的"调剂"的观点②。王光祈在《工作与人生》（1919年）中指出，"劳心者治人，劳力者治于人"是对工作的意义的"极不合理的解释"。在他看来，工作

① 大英百科全书出版社. 西方大观念 [M]. 陈嘉映，译. 北京：华夏出版社，2007：717-718.

② 杜亚泉. 杜亚泉文存 [M]. 上海：上海教育出版社，2003：216-218.

的目不在于什么报恩主义、偿债主义之类，而在于用自己的劳力做成有益于人的事业，故应主张"共同生活主义"①。他们都把矛头指向孟子，是在批判传统基础上发表自己的劳动观，并形成对未来社会的理解。究其竟，闲暇与劳动作为人的活动，都是使人成为人的条件，共同确立人性的内涵。随着社会的进步、伦理道德观念的解锢，人们必然认识到闲暇的重要程度。休闲具有多样化的形式和类型，表现出多重效果，如交往型产生"亲近感、共享感以及身心交融感等体验"，回避型则产生"放松与摆脱压力的精神状态"，而艺术型产生"幻想或陶醉忘情的状态"②。所以，作为休闲的闲暇，同样能够提供人、人性自由发展的空间和境遇。

伦理道德的重建又与现代科学的兴起分不开。科学是促进社会发展、文化进步的动力因素，也是用于改变人的思想观念的手段。这种重要性被突出，则导致成为一种意识形态。正如有学者指出，科学并非是纯粹的工具性概念，而是能够成为某种价值的本体，"在现代常识理性中具有建构和实践新道德的功能"③。中国现代启蒙知识分子追求科学，希望以科学及其引发的价值观念进行假设、诘难，直至最终取代传统价值主体。这种科学形而上的追求，亦能从当时的一些美育论中见出端倪。凡现代美育之提倡者，皆着眼于国民之不当生活，又着力强调美术之特别作用。如周玲荪在《新文化运动和美育》（1920年）中指出，造成"国民游荡的习气"的直接原因是茶馆、酒肆等不正当消遣机关太多；改造社会则必须开设公共场所、公共俱乐部、公共游戏场等正当消遣机代替之，因为它们"都要利用美术，才可引人入胜"④。不同于直接针对休闲设施正当性而提出，蔡元培、梁启超从与科学的关系论及美术的重要。蔡元培在《美术与科学的关系》（1921年）中指出，两者既有区别又有联系，前者在于科学是用概念的而美术是用直觉的，后者在于无论在何种科学上都有可以应用美术眼光的地方。"治科学的人，不但治学的余暇，可以选几种美术，供自己的陶养，就是所专研的科学上面，也可以兼得美术的兴

---

① 王光祈.王光祈文集：第4辑[M].成都：巴蜀书社，2009：188-189.

② 约翰·凯利.走向自由：休闲社会学新论[M].赵冉，译.昆明：云南人民出版社，2000：39-40.

③ 郭颖颐.中国现代思想中的唯科学主义1900-1950[M].南京：江苏人民出版社，2005：3.

④ 俞玉姿，张援.中国近现代美育论文选1840-1949[C].上海：上海教育出版社，1999：68.

趣。"这种一举两得，使他坚信不可偏废于其中之一，且提倡"美术的兴趣"①。科学之于他而言，具有特殊的意义。除能够明了了"人类之进化的奥秘"，作为"国家赖以生存的要素"之外，它更是一个拯救国人之方案。如《〈科学界的伟人〉序》（1936年）曰："且欲救中国于萎靡不振中，唯有力倡科学化。"②并重科学和美术，兼顾闲暇生活，由此所建构的生活形象是完全的、现代的。而提倡这种区别于"旧生活"的"新生活"，正是中国现代美育的重要内涵。梁启超在《美术与科学》（1922年）中也是基于两者可以沟通的前提，进而提出"美术化的科学"的希望。他指出，"锐入观察法"是美术的"秘钥"，又是促进科学的一种助力，而美术则是包含此种深刻的观察精神，成为科学的"全锁匙"③。这种论调本身就与他对科学的认知有关——"欧游"之后一度认为"科学破产"，坚持科学不能解决人生观的立场。可见，他对科学理性所造成的异化事实有相当警觉。秉持谨慎对待科学的态度，绝非意味要摒弃科学本身，而恰恰是要求生活的趣味化、休闲化。西方学者赫勒曾指出："'真实世界'之中异化程度愈高，游戏就愈加决定性地和愈加清楚无误地成为从那一现实向小自由岛的逃避。"这是说，游戏开辟"主观自由"，起着某种替代作用，而嗜好即产生于此种精神④。闲暇（游戏）的意义，由此可见一斑。总之，科学与美术不是绝对的对立关系，它们作为生活方式是可以兼容的，并能够建构起新的伦理模式。个体本质的体现需要抵制、排除种种异化性因素，更需要在美的、自由的活动中充分展开。同时，人的自主特征将为艺术化的人生境界追求提供明确指向。

　　3. 生发趣味，提高美感能力

　　"劳动艺术化"是"劳动主义"的一部分。把劳动当作艺术，这种主张由于脱离实际生活，注定它很难成为普通民众的理想，充其量只是劳动者的艺术化。如果说劳动者是劳动所有者，那么最有可能达成这一理想的应当是文艺家。田汉在《诗人与劳动问题》（1920年）中认为，诗歌反映人生，诗人具有"诗魂"且"只是一个很真挚很热情的人"，"做诗人"得先从"只在劳动"

---

① 蔡元培. 蔡元培全集：第4卷 [M]. 杭州：浙江教育出版社，1997：325–328.

② 蔡元培. 蔡元培全集：第7卷 [M]. 杭州：浙江教育出版社，1997：78.

③ 梁启超. 梁启超全集：第13卷 [M]. 北京：北京出版社，1999：3960–3962.

④ 赫勒. 日常生活 [M]. 衣俊卿，译. 哈尔滨：黑龙江大学出版社，2010：222.

再到"只在做人"才可以。故他称"做诗人的"实在是两重的劳动家，即"做人的劳动"（work as a human being）和"做诗人劳动"（work as a poet）[①]。他以劳动作类比，则是言此而意彼，即把文学作为一项严肃、高尚且容不得游戏和消遣的劳动。这种理解受到劳动至上观念的显著影响，却又是把艺术与劳动直接等同起来之泛论，故有很大的局限性。毕竟，文艺家的活动是一种创造性活动，它是在自由的又是自主的状态中体现出劳动价值。在现代的劳动价值论中，劳动有时也被认为具有创造精神，但它终究只是一种重复的、再创造的活动。显然，艺术创造比物质创造更显珍贵。

深入理解艺术（美术）与劳动的关系，不可能避谈休闲。皆知，艺术的发生与劳动的进化有关，它的进一步发展是与闲暇时间的增多具有直接关系（如近代小说的兴起和某些现代媒介艺术的发展）。中国现代美学家肯定闲暇之于艺术的积极意义，在论及艺术（美）的发生问题时指出了这一客观事实。如蔡元培认为，美是人的高层次的需要，闲暇产生美术。《简易哲学纲要》（1921年）曰："美术不是日常所必需的，而是闲暇所产生的，与纯粹科学一样。"[②]朱光潜在《谈美》（1932年）、《文艺心理学》（1936年）中都谈到艺术与游戏的关系。他反对"游戏说"，因为游戏是本能的，艺术是社会的，两者不能等同。固然如此，他还是首先指出并承认两者是类似的，表现在意象客观化、兼用创造和模仿、佯信的态度、伴随快感等方面[③]。对闲暇、游戏的关注，事实上还包含着他们鲜明的主观动机，此即通过闲暇对接艺术，使两者沟通，用以改造、革新国民性。这种追求，早在王国维那儿就已经表达出来。《去毒篇》（1906年）曰："感情上之疾病，非以感情治之不可。必使其闲暇之心有所寄，而后能得之自遣。"在他看来，宗教和美术皆可淳化国民的感情，但宗教的兴味是理想的，而美术（文学、雕刻、图画等）的兴味是现实的，所以要"以美术代宗教"[④]。提倡美育，就是要求通过艺术慰藉国民，使国民生活生发趣味，从而提高美感能力。

趣味是使人感到愉快或能够引起兴趣的特性，往往指人的爱好、兴趣等。

① 田汉.田汉全集：第14卷[M].石家庄：花山文艺出版社，2000：123.

② 蔡元培.蔡元培全集：第5卷[M].杭州：浙江教育出版社，1997：233.

③ 朱光潜.朱光潜全集：第1卷[M].合肥：安徽教育出版社，1987：368.

④ 王国维.王国维文集：第3卷[M].北京：中国文史出版社，1997：27-30.

对于人的这种生活状态，在日常中常用有与无、高与低、正与不正来评价。积极生活的人，总是追求高级的、正当的趣味，并视之为生活中不可或缺的部分。故此，它能够表示一种富有意味的国民性。梁启超畅谈"趣味"，提倡"趣味教育"，信仰"趣味主义"。这些在《"知不可而为"与"为而不有"主义》（1921年）、《趣味教育与教育趣味》（1922年）、《学问的趣味》（1922年）、《美术与生活》（1922年）等当中得到集中体现。他的趣味说的核心观点在于"生活于趣味"。此意即有趣味的生活才是有意义、有价值的生活，尽管趣味不能直接等同于生活，但是没有趣味的生活必然不是生活本身。与之同调的有丰子恺。《废止艺术科》（1928）曰："人生中无论何事，第一必须有'趣味'，然后能欢喜地从事。这'趣味'就是艺术的。"他确信人生依赖于"美的慰藉""艺术的滋润"是普遍的，而不相信世间存在"全无'趣味'的机械似的人"[①]。又在《家》（1936年）中称，"趣味"是自己生活上的一种重要养料，"其重要几近于面包"[②]。梁启超也是把"兴味"作为"生活粮资"[③]。在《美术与生活》中，他还把劳作、游戏、艺术、学问作为能够成为趣味的"主体"[④]。这些反映了他矢志追求个体自由、精神创造与审美情操的人生美学精神。丰子恺通讲新艺术、美与同情、绘画之用、儿童画、女性与音乐，并结集成书，名曰《艺术趣味》（1934年），亦是真正把趣味作为人生诸事之首要[⑤]。可见，趣味有着十分广泛的范围。之于自然、艺术、人生的审美选择中，人生趣味当是更为根本。

从实质上说，趣味便是美感。无论是趣味还是美感，都是可以作为审美心理特征和艺术活动的中心。简言之，趣味的发生依赖美感，而美感是使艺术成为艺术的条件。中国现代美学家普遍把两者等同起来，用于提倡美育。而这个"美育"也就是"美感教育"（蔡元培、朱光潜）和"趣味教育"（梁启超、丰子恺）。吕澂在《艺术和美育》（1922年）中认为，普通民众之所以要养成鉴赏美的能力，乃是因为"随处能有美感，便觉到生活的趣味，而

---

① 丰子恺.废止艺术科：教育艺术论的序曲[J].教育杂志，1928，20（2）：5.

② 丰子恺.丰子恺文集：第5卷[M].杭州：浙江文艺出版社、浙江教育出版社，1992：520.

③ 梁启超.梁启超全集：第11卷[M].北京：北京出版社，1999：3411.

④ 梁启超.梁启超全集：第16卷[M].北京：北京出版社，1999：4013.

⑤ 丰子恺.丰子恺文集：第2卷[M].杭州：浙江文艺出版社、浙江教育出版社，1990：553.

不绝充满着清新的生活力"①。故从趣味谈美感，就是从美感谈趣味。培养趣味，就是培养美感，就是使普通民众具有感受美和艺术的能力。所谓"生活美化""人生艺术化""民众艺术化"等诸多口号，其意大抵皆如此。就"民众艺术化"而言，它的诉求并非只是艺术的民众化，而且是民众生活的艺术化；它的目标是使普通民众都具有趣味的人生观；它的实现则要依据艺术进行"趣味的改革"。徐朗西将"趣味"作为不同于伦理的、经济的独特范畴。他在《艺术与社会》（1932年）中指出，实现平等主义社会的首要在于提高劳动者本身的修养。其中的必要之修养方面，有"德性之修养"，还有"趣味之向上"。至于它的途径，主要就在于艺术，"对劳动者之余裕时间，务须使有得接触艺术之机会"。为此，他极尽强调艺术是民众教化的必要，并指向娱乐之改革。针对"趣味之鄙野""不良之娱乐"的事实，他要求娱乐正当化、有益利用时间的余裕，并给予修养的机会②。由于艺术提供并满足了这种条件，所以应该大力加强劳动者的艺术修养，通过艺术和艺术教育提高他们的美感能力。

"趣味说"不仅丰富了劳动说，而且凸显出中国现代美学的美育特色。中国现代美学家在肯定劳动价值的时候并不排斥闲暇的作用，相反，它被当作具有如劳动一样的价值，且事关个体发展、社会进步，甚至文化新构的重要性。本着追求生命力发展、人性自由，他们主张改造国民性，提升国民休闲水平，引导国民追求有趣味的生活方式，故又大力呼吁"休闲教育"③。由于时代、政治等客观条件的制约，这种休闲审美论往往彰显为一种理想主义，但是又因极其切近中国人的人生生活实际而发生，从而成为独特的现代美育话语。

三、城乡说

日常生活世界是个体的人真实生活于其中的世界，是人与人交往、人与环境互动的关系世界。城市与乡村则是日常生活体验和感知的场所，即是空

---

① 俞玉姿，张援．中国近现代美育论文选1840-1949[C]．上海：上海教育出版社，2011：134.

② 徐朗西．艺术与社会[M]．上海：现代书局，1932：11-38.

③ 相关研究，参见陆庆祥．民国时期休闲教育研究概论[M] // 王德胜，章辉．休闲评论：第8辑，杭州：浙江大学出版社，2015：231-240.

间与主体生活之间互动的环境。作为文化存在，它们早在20世纪初就已经进入中国美学家思考的视野。王国维在1906年发表多篇论教育的短文，批评乡邑教育。《纪言》谓"窃兴学之美名"，《教育小言》谓"城市村落之蒙塾，虽其鲁莽灭裂实甚，然仅可谓之不完全"①。这种对教育现状的不满，是与他追求"完全之人物"的教育宗旨相一致的。《去毒篇》以"从鸦片烟之根本治疗法及将来教育上之注意"为副题，提出的"美术者，上流社会之宗教"这一命题隐含了"审美是现代市民文化人的宗教"②的观点。王国维论教育是从乡邑看城市乃至中国现状，亦指摘城市人生活，从而提出普及美术的重要。他对城乡问题的关注，虽然尚未能够全面展开，但是预示了中国美学的一种现代发展方向。美学思想的形成，总是建立在对社会问题思考的基础上。随着中国人生活空间的扩展，现代城乡治理问题必然浮现，而将思考重心落于此，自然是情理之中。梁启超的城乡自治观念、蔡元培的城乡美化论、"五四"时期的"新村运动"、20世纪二三十年代的城市规划理论和"乡村建设运动"，这些有关城乡建设的思考与实践，是中国现代化进程中的重要部分，所提供的"重建"方案也具有重要的生活美学意义。

（一）都市美化

城市化是一个必然的社会进程，是建立现代社会的必要之径。近代中国处于从传统农业社会向现代工商业社会全面转型的历史时期。这一漫长而曲折的社会变迁过程，同时是一场由传统乡村文化向现代城市文化转型的文化变迁过程。英国学者吉登斯指出："现代城市的出现创造了一种与传统社会截然不同的日常生活背景。在传统社会，风俗（custom）有着强大的影响，即使在城市，大部分人的日常生活也呈现出一种道德的性质，例如，把日常生活与个人所面临的危机和关键时刻（transition）——如疾病、死亡和代际循环等——联系在一起。同时，传统社会也存在着以宗教为基础的道德框架，它们提供了应对这些现象的既定模式，并以一种符合传统的方式消解它们。"③"城市化"是一个处理现代与传统之关系的文化课题。在近代以来有关

---

① 王国维.王国维文集：第3卷[M].北京：中国文史出版社，1997：76-78.
② 刘小枫.现代性社会理论绪论[M].北京：三联书店，1998：311.
③ 吉登斯.社会学：批判的导论[M].郭忠华，译.上海：上海译文出版社，2013：86.

中国的现代性想象中，中西文化关系被想象成乡村与都市的关系。杜亚泉在《静的文明和动的文明》（1916年）中指出，西方社会发生"动的文明"，而中国社会发生"静的文明"。"两种文明，各现特殊之景趣与色彩，即动的文明，具都市的景趣，带繁复的色彩，而静的文明，具田野的景趣，带恬淡的色彩。"①这种二元对立的认知突出了中西文化差异，即西方文化是都市的，而中国文化是乡村的。现代的是城市的，西方文明是都市文明，故现代化首先要西方化、都市化。改造中国社会就需要化"静"为"动"，使之由乡村文明变为都市文明。周作人在《新文学的要求》（1920年）中指出，"新文学"是"人生的文学"；"是人性的，不是兽性的，也不是神性的"；"是人类的，也是个人的；却不是种族的，国家的，乡土及家族的"②。这从根本上否定了中国文学传统。对中国文学去乡土化的主张，饱含着他深深的现代性焦虑。无论从文明还是文学看，中国的现代化都需要从乡村性向城市性过渡，而这无疑成为启蒙知识分子致力通过思想文化改造社会的方向。

在近代以来中国城市现代化问题的思考中，梁启超是最为用力者之一。首先，清醒认识到近代城市化进程的必然趋势，城市之于现代文明的重大意义及其局限。《中国改革财政私案》（1902年）曰："世界愈文明，则都市愈发达。"③《新大陆游记》（1903年）曰："以都市为生产机关之总汇，则其发达之速率，有不可思议者。现世之大市，莫不皆然。"④他充分感受到城市现代化的魅力，同时认识到都市化进程会带来负面影响，都市生活滋生许多弊病。其次，深切意识到东西方在城市发展方面的差距和中西自治精神迥异。他指出，族制自治与市制自治是中西社会发展的不同主线，西方的自治传统是城市的，而中国的自治传统是宗族自治，故建立现代民主国家，就需要转变自治观念，实行市制的自治模式。《城镇乡自治章程质疑》（1910年）曰："……盖今日欲奖励自治，非先从各省会及繁盛之都市下手不可，以其民智较开通，而筹办经费亦较易也。而本章程则于此种地方之自治，最为窒碍也。愿当局者有以处之。"⑤这

① 杜亚泉.杜亚泉文存[M].上海：上海教育出版社，2003：341.
② 周作人.周作人文类编：本色[M].长沙：湖南文艺出版社，1998：46.
③ 梁启超.梁启超全集：第3卷[M].北京：北京出版社，1999：627.
④ 梁启超.梁启超全集：第4卷[M].北京：北京出版社，1999：1134.
⑤ 梁启超.梁启超全集：第6卷[M].北京：北京出版社，1999：1854–1856.

就是要求把地方自治与城市建设结合起来。其三，把都市建设纳入现代国家规划之中。《中国立国之方针》（1912年）指出，"欲使我国进为世界的国家"必须谋求使之促进的"保育政策"（即干预），之一就是都市建设。"大都市之建设，凡此之类，畴昔以为宜放任之，使人民自为谋者，今乃知放任之结果，势必至废而不举，即举矣，而利必不能溥，故其权步步集于国家，国家职务之范围乃日以恢。"① 其四，主张优化市民文化。他提倡"新民说"，师从"以群为本"，十分重视民众的力量，倡导自下而上的改革，通过文学革命激发出民众的群性，从而达到新民之目的。他创办《新小说》，发表《论小说与群治之关系》（1902年）。"小说界革命"张扬小说的社会功能，要求以小说这一文体反映现实、揭露时弊、改良社会，其实皆指向市民文化的空间新构和生活优化。这四个方面都是基于政治考量而要求改良城市，这使得梁启超的城市观念成为重要"关节"，特别是"城市自治"，对近代以来的中国思想界影响甚大②。

　　城市问题又是一个社会学问题。社会学是西学。它在19世纪末20世纪初由严复、章太炎等率先翻译，至20年代逐渐实现制度化，发展为一门相对独立的学科。西方社会学在中国的早期传播，是以译著、教会学校、留学生为途径③。在这一过程中，有关城市话题也带入进来。如李达翻译的《社会问题总览》（1920年，高畠素之）谈到"都市方面的社会政策"，涉及交通、建筑物与公园娱乐场、卫生、教育、救济，等等。在不断引入的基础上，加上对国内城市治理问题的关注，形成了本土的都市社会学专著。吴景超④的《都市社会学》（1929年）从经济、人口、区域与控制四个方面论述了都市问题，提出"区域的规定""街道改良"等建议，认为都市设计能够使都市环境变得优美，都市是"文明人士居留之地"，社会学的中心问题便是人与社会的关系。该书尽管不能算是研究中国都市的报告，但是介绍了西方学者都市研究的方

---

① 梁启超.梁启超全集：第8卷[M].北京：北京出版社，1999：2493.

② 赵可.市政改革与城市发展[M].北京：中国大百科全书出版社，2004：353.

③ 陈新华.留美生与中国社会学[M].天津：南开大学出版社，2009：214.

④ 吴景超（1901-1968），安徽徽州人，1925-1928年留学美国，归国后先后任南京金陵大学、清华大学、中央财经学院和中国人民大学教授。他的《都市社会学》（1929年）一书共有4章和1个附录，共4万字，1929年世界书局出版，又收入孙本文主编的"社会学大纲"第13种，印行多次。

法，并且提出了一些新颖的社会学观点，具有开创性，公认是中国第一本都市社会学专著。当然，吴景超只是当时众多留学生中的一员。与他的情况一样，还有许多留学生在日本、美国等学习先进的西方理论。他们把社会学、市政学等介绍进来，还特别引入"田园都市"理论，此亦成为民国政府市政改革的重要指导思想（另论）。

城市自治观念的发生、都市社会学的发展极大地促进了中国本土的都市研究。能够把都市改造问题提高到美学的高度进行认识的，首推蔡元培。早在留法期间为华工学校授课而编写的讲义（1916年）当中，他就提出"都市之装饰"一说："人智进步，则装饰之道，渐异其范畴。身体之装饰，为未开化时代所尚；都市之装饰，则非文化发达之国，不能注意。由近而远，由私而公，可以观世运矣。"并举巴黎为例，称之是"以餍公众之美感"①。《文化运动不要忘了美育》（1919年）曰："文化进步的国民，既然实施科学教育，尤要普及美术教育。"他谈到"专门练习""普及社会"的一些场所，其中包括市、镇。"市中大道，不但分行植树，并且间以花畦，逐次移植应时的花。几条大道的交叉点，必设广场，有大树、有大树、有喷泉、有花坛、有雕刻品。小的市镇，总有一个公园。大都会的公园，不止一处。又保存自然的树木，加以点缀，作为最自由的公园。一切公私的建筑，陈列器具，书肆的印刷品，各方面的广告，都从美术家的意匠构成。"②《美化的都市》（1920年）提出湖南醴陵的未来发展目标是"建设一个新的、美的、有进步的，去代替那旧的、不美的"，又举西方都市为例："瑞士是欧洲的花园，他们布置极好，山水明媚，花草满野，铁道如织，交通便利，旅馆、医院等等美丽的新建筑物，到处都是。"③《美术的进化》（1921年）提到"建筑的美观"，"最广的，就是将一所都市，全用美观的美术，布置起来。"又曰："我们中国人自己的衣服，宫室，园亭，知道要美观；不注意于都市的美化。知道收藏古物与书画，不肯合力设博物院，这是不合于美术进化公例的。"④《美学的研究法》（1921年）谈到"美术的进步"和"不能

① 蔡元培.蔡元培全集：第2卷 [M].杭州：浙江教育出版社，1997：427.
② 蔡元培.蔡元培全集：第3卷 [M].杭州：浙江教育出版社，1997：740.
③ 蔡元培.美化的都市 [N].大公报（长沙），1920-11-16，17.（此文《蔡元培全集》失收）
④ 蔡元培.蔡元培全集：第4卷 [M].杭州：浙江教育出版社，1997：302.

不研究美的文化"，其中研究方法之一就是"都市美化的关系"。"现在欧洲各国，对于各都市，都谋美化。如道路与广场的修饰，建筑的美化，美术馆、音乐场的纵人观听，都有促进美术的作用。"对此，他感叹道："我们还没有很注意的。"①《美育实施的方法》（1922年）提到"一种普遍的设备"，这就是"地方的美化"。"若只有特别的设备，平常接触耳目的还是些卑丑的形状，美育就不完全；所以不可来谋地方的美化。"② 于此，他提出道路、建筑、公园、名胜的布置，古迹的保存，等等。《创办国立艺术大学之提案》（1927年）曰："金陵为总理指定之首都，有山有水，办学固所宜也，但城市嚣张之气日盛，加以政治未上轨道，政潮起伏，常影响学校之秩序与安全。"故他认为"最适宜者，实莫过于西湖"③。《教育大辞典》（1930年）的"美育"辞条中，把"美育之设备"分为学校、家庭、社会三方面，称改良社会要"以市乡为立足点"，最后总结曰："美育之道，不达到市乡悉为美化，则虽学校、家庭尽力推行，而其所受环境之恶影响，终为阻力，故不可不以美化市乡为最重要之工作也。"④《二十五年来中国之美育》（1931年）曰："美育的基础，立在学校；而美育的推行，归宿于都市的美化。"⑤《民族学上之进化观》（1934年）在说明人类的"目光与手段"都是由近及远的时候，他先举美术为例："人类爱美的装饰先表示于自己的身上，然后及于所用的器物，再及于建筑，最后则进化为都市设计。"⑥可见，蔡元培长期关注都市美化问题，且与美育之提倡并行而议。"都市"是一个可共享的概念，是美育实施的特定空间，而"美化"是普及美育的方法、途径和目标，故"都市美化"即是"美育"。从公共空间建构角度提倡美育，体现出中国现代美育思想走向深入发展的阶段。

---

① 蔡元培. 蔡元培全集：第4卷 [M]. 杭州：浙江教育出版社，1997：321.

② 同①：672.

③ 蔡元培. 蔡元培全集：第6卷 [M]. 杭州：浙江教育出版社，1997：134.

④ 同③：601–604.

⑤ 蔡元培. 蔡元培全集：第7卷 [M]. 杭州：浙江教育出版社，1997：92.

⑥ 同⑤：628.

　　提倡"都市美化"的，还有张竞生、华林①、汪亚尘、丰子恺等。张竞生主张"美的人生观"，又提出"美的社会组织"。《美的社会组织法》（1925年）拟定了一个由国势部、工程部、教育与艺术部、游艺部、纠仪部、交际部、实业与理财部、交通与游历部等8种机关组成的"美的社会"。谈到工程部时，他提出"美的北京"的概念，并从路政、建筑、需要品、点缀品等四个方面进行说明。又说："美的城市，须要一方有城市的利益，一方又要有乡村的生趣。"他还批评过去的社会是"鬼治"的，近代的社会是"法治"的，未来进化的社会是"美治"的。他把城市的腐败归之于城市的规模、大小，指出城市要向郊区发展，提出"城市的乡村化"和"乡村的城市化"②。华林在《乡村生活》（1924年）中表示自己赞成提倡"乡村运动"，以实现理想的生活。他特别欣赏法国近代美术家米勒（J-F.Millet），称之是"平民乡野的艺人"和"为人道而革命的天才"③。对乡村生活的赞美，又正好与他对城市生活的批判相对照。《美的人生》（1925年）曰："北京城简直可说是一座数千年的古墓，作为中国一个小小的缩影。遇见的人们，多半是弯腰屈膝，墓气沉沉，好像与鬼为邻似的样子，可见人要没有伟大的愿望，和极端的情感，觉不会感得人生的趣味。"④他希望有志青年，努力造就自己、改造世界。《艺术与公共生活》（1925年）曰："艺术能应用在工业上及社会日常之需要品，以及城市乡村之装饰，皆可启发艺术之情绪。"⑤他并以意大利佛罗伦萨等城市为例来说明。这些都体现了他的一贯的"思潮"，即"始终尊重个人自由，而集中在'爱美'方面"⑥。

　　城市是现代文化的聚集地。随着城市文化的日渐发达（尽管城市化水平

---

① 华林（1882-？），浙江湖州人，生于江苏江都，历任杭州艺术专科学校、新华艺术专科学校教授。抗日战争期间，他在四川重庆从事抗战文化工作，加入中华全国文艺界抗敌协会，并被推为第一届理事会常务理事，兼总务部副主任，又任中国文艺社总干事。论著较多，主要有《枯叶集》（1924年）、《艺术思潮》（1925年）、《新英雄主义》（1925年）、《艺术文集》（1927年）、《文艺杂论》（1928年）、《求索》（1932年）、《艺术与生活》（1933年）、《啼痕》（1937）、《巴山闲话》（1945年）等，其中《枯叶集》《艺术文集》多次再版。

② 张竞生.张竞生文集：下卷[M].广州：广州出版社，1998：195.

③ 华林.乡村生活[M]//华林.枯叶集.3版.上海：泰东图书局，1929：45-47.

④ 华林.美的人生[J].晨报·副刊，1925（1206）：4.

⑤ 华林.艺术思潮[M].上海：出版合作社，1925：28.

⑥ 华林.引言[M]//华林.艺术文集.2版.上海：光华书局，1928：1.

不高），人们日渐感受到现代文化对于日常生活的深刻影响。汪亚尘在《艺术与社会》（1924年）中提出"设置公园""设立博物馆、动物馆、植物馆、美术馆""举行美术博览会""改良城市和平民生活""奖励出外游学、发展旅行""美化路旁广告"等10条艺术运动要旨。谈到"改良城市"时，他说："凡道路、桥梁、交通机关等等建筑物，宜注意艺术的趣味，因艺术能创造社会之新秩序，有饱含人类之情趣。道路两旁，种以树木，是不可缺的。"①《现代装饰艺术浅解》（1934年）指出，现代艺术并不是"有产阶级的消遣品"，而是着力于"日常所见的事物上"。"都会中的事事物物，尤其是现代各国的都市，近的说，如上海近年来各种流行物。我们所接触的衣食住行，都含有艺术的要素，如果离开了艺术，便不成其为都市。"②他重视日常生活与艺术的关系，强调艺术之于现代生活不可或缺。丰子恺在为《新中华》而作的《商业艺术》（1933年）中说："到处的都市，城邑，乡村的外观，都被这种唐突的广告所污损。试看都市的街道，则奇形怪状的招牌，从四面八方刺射行人的眼睛，只求触目，不顾美丑，污损了街道的整洁，又给观者以嫌恶的印象。嫌恶由你嫌恶，广告的宣传目的毕竟被他达得的。不但如此，愈能刺射人目而使人嫌恶，广告的效果愈大。他们只管要你看见，不管你看见时的欢喜或嫌恶。因此之故，艺术的丑恶者，往往是广告的有效者。于此又见资本主义蹂躏艺术的现象。"③他对出现在现代生活中广告泛滥的现象进行了控诉，诉求一种"真正"的艺术。汪亚尘、丰子恺都是从艺术角度谈都市问题，尽管多有批判，但是要求通过艺术提升都市化水平，推进"都市美化"，这是共同的。

近代以来出现的"都市美化说"具有重要的思想文化和社会背景：或者是因有感于中西文明的差异，渴求于现代文化的需要，从而将都市作为现代化建设的重要方面；或者是因日渐感受到因此带来的消极影响，比如城乡隔绝、广告泛滥等现象的出现，从而要求改造都市生活、文化，提升都市化水平。两者主要着眼于城市（都市）功能而论。事实上，城市是一个可以从多方面进行认知的对象。美国学者凯文·林奇（Kevin Lynch）把城市理论概括为"一般理论""规划理论"和"功能理论"，且认为基于空间建构与个人经

---

① 汪亚尘. 汪亚尘论艺 [M]. 上海：上海书画出版社，2010：146.

② 同①：259.

③ 丰子恺. 丰子恺文集：第1卷 [M]. 杭州：浙江文艺出版社、浙江教育出版社，1990：101.

验的"一般理论"包含更多的"主观意义上的解读"[①]。他还指出，城市的生命力在于它是"有益健康的、有良好生态功能的、有利生物生存的环境"，即以"延续性""安全""和谐""多样化"为特征构成的"重要的和适宜的生存空间"[②]。这表明城市之于现代人具有非凡的意义。城市治理的目标就是使城市变得更加美好。另一位美国学者芒福德（Lewis Mumford）把"关心人、陶冶人"作为"城市最好的经济模式"。他说："在一个城市中，美丽和多样化常是从时间中得来的，而不是从规划师那里得来；城市规划必须有一个小心谨慎的、社会的、生物学的及美学的原则。"[③]这是十分意味深长的。城市规划乃是通过科技手段创造人类的"未来的梦"与"生活的艺术"。就此反观蔡元培等一批现代美学家，他们提倡"都市美化"，不可不谓具有前瞻性。

（二）"都市田园化"

近代以来中国启蒙思想家普遍指出西方的城市之发达，而中国的城市之落后。纵然他们无力从政治、经济上进行改造，但是能够提供一套现代城市建设的人文方案。鉴此，我们还需要关注一批市政学家、园林学家。众所周知，民国政府在20世纪二三十年代开展了推行城市自治观念、健全城市组织结构、加强城市基础设施建设、完善城市公共事务管理的市政改革运动。这场改革以实现城市现代化和现代城市化为表层目标；以最终实现依靠城市带动社会发展并改革全国政治、建立真正民治精神国家为根本目标。国民政府定都南京后，制定了《首都大计划》（1928年），提出要把南京建设成"农村化""艺术化""科学化"的新型城市。当时的南京市市长何民魂说："最近各国都市主张田园化运动。所谓田园化就是都市要农村化。因向来以工商业为生命，现代大城市居民的生活往往过于反自然，过于不健全，所以主张都市田园化于城市设施时，注意供给清新自然之环境。此不但东方学者有此主张，即欧美学者亦力倡其说。"[④]这场市政改革运动的初衷，就是借鉴欧美成功经验来解决中国城市建设问题，而指导实现这个"三化"目标的重要思想就是"都

---

① 凯文·林奇.城市形态 [M].林庆怡，译.北京：华夏出版社，2001：26–27.

② 同①：87–92.

③ 皇甫晓涛.文化治理 [M].北京：中国文史出版社，2014：36.

④ 何民魂.何市长在第六次总理纪念周之报告 [J].南京特别市市政公报，1927（3）：3.

市田园化"。这个由从国外留学归来的新型市政学者引入的外来理论，由于具有美学指向而不可不在这里详述之。

"田园都市"（Garden City）最先是由英国的社会改革家埃比尼泽·霍华德（Ebenezer Howard，1850—1928，以下简称霍华德）在《明日的田园城市》（*Garden Cities of Tomorrow*，1902）一书中提出①。针对当时英国大城市的弊端，他倡议建立一种兼具城市和乡村优点的"田园城市"，用"城乡—乡村磁场"，即现在通常所说的"城乡一体"的新社会结构形态来取代城乡分离的旧社会结构形态。其理论要点在于：克服城乡缺点，另起"田园城市"新炉灶；依靠土地改革的和平路径；实现"社会城市"的新格局。不仅如此，他还积极将自己的理论付诸实践，亲自主持建设莱奇沃思（Letchworth，1903年）和韦林（Welwyn，1920年）两座田园城市。英、法、美、德等国兴起的"田园城市运动"使得田园都市理论饮誉全球，亦使之成为经典的现代城市理论。陈玉润在《东方杂志》第10卷第7号（1914年1月）"内外时报"栏目发表《欧美改良都市农村说》。其中写道："英人哈哇多读其书，生无穷之感想，竟研究十年，至千八百九十九年，自著《明日》编，主张以农业地为中心，建设新都市，以防都市人口之密集。"②公认这是最早将霍华德（哈哇多）的"田园都市"理论介绍到中国。"五四"时期随着以归国留学生为主体形成的新型市政势力的崛起，这一理论得到较为集中的引介和宣传。最值得我们关注的是孙科、林云陔、董修甲、杨哲明、殷体扬等几位新型市政学者。还有陈植、张维翰，他们并非是严格意义上的市政学者，但是对"田园都市""都市美化"的译介和推行也都十分用力，故在这里一并评述。

孙科于1912—1916年在美国留学，回国后发表了一些城市改革主张。《都市规画论》（1919年）详述西方城市规划的历史与经验。开篇即曰："'都市规划'一语，本是英文之 City Planning，为晚近欧美之言都市改良者之一新术语，

---

① 该书1889年初版时名为《明日：一条通往真正改革的和平道路》（*Tomorrow：A Peaceful Path to Real Reform*），1902年第2版时改为《明日的田园城市》，此后各版内容均据此，在内容上有所删节和调整。这也是至目前已有的6个英文版本当中，最为通行的名称。商务印书馆2000年出版的中文首译本《明日的田园城市》，亦根据第2版所译，译者金经元。需要注意的是，1936年商务印书馆（上海）出版的《明日之城市》，并非此书。该书作者是法国工程家戈必意（Le.Corbusier）。译者卢毓骏根据英文本翻译，书前载有戴传贤、余念中、董修甲的3篇序言。

② 陈玉润. 欧美改良都市农村说 [J]. 东方杂志，1914，10（7）：42.

亦即市政学之最理想的而最重要之一部。其功用在规划新都市之建设，或旧都市之改造，使都市一地真能符合希腊哲人亚理斯多德之旨，为'人类向高尚目的讨共同生活之地'。"接着，又写道："自1895年由私人发起建立新式都市之议倡始以来，英国之都市政良事业日渐兴盛。遂有所谓'花园都市运动'之事。……此都市规画法之主要目的，即在发展花园都市运动之理想的期望，使国中人民，无论贫富，皆得享美善健康之环境，以增进国民之福利也。"①此文重点在对"花园都市"的介绍，为近代以来中国人论都市规划的奠基之作。1923年孙科任广州市市长，与林云陔共同在广州推动田园都市实践。林云陔于1912—1918年在美国留学，回国后担任《建设》杂志编辑，发表《欧美市制概论》和《市政与二十世纪之国家》（1919年）等。1927年他接替孙科掌理广州，次年即草拟《广州市政府施政计划书》，提出"依据最进步之市政原理"建成"完美之都市"之方针，且认为"最新之城市设计，以'田园都市'为最优良"②。可见他对广州市建成田园都市已经有了初步构想。

　　董修甲一生研究成果颇丰，仅论文就有120余篇，著述有《市政新论》（1924年）、《市政学纲要》（1927年）、《市政研究论文集》（1929年）、《我国大都市之建设计划》（1929年）、《都市分区论》（1931年）、《市政与民治》（1931年）、《我国都市存废问题》（1931年）等10余部。1918—1921年他在美国学习，回国后发表《都市计划之意义》（1923年）、《田园新市与我国市政》（1925年）等。其中《田园新市与我国市政》详细介绍田园都市理论，谈到田园新市之发端、何氏（指霍华德—引者注）计划之要点与其著述之影响、各国田园新市运动之历史及其比较等问题，最后呼吁："各省能于田园新市之制度，详加研究，竭力提倡，使我中华民族新国，真能成一新美之现象，庶几各国轻视我者，亦可从此恭敬我矣。"③又曰："田园新市之制度，实亦我国当今之急务。盖我国无论旧式城市（如内地各城市是），或新式城市（如各通商大埠是），其卫生上，居处上，亟待解决之问题实多。至我国乡野，虽空气充裕，树木众多。极合卫生，惟人生需用物具，多不设备，其不便也孰甚？故欲使我国各地，悉成乐土，当注意寓乡于市之意；除使乡间天然之安乐，固有清

---

① 孙科. 都市规画论 [J]. 建设杂志，1919，1（5）：1.

② 陈泽泓，胡巧利. 广州近现代大事典（1840–2000年）[M]. 广州：广州出版社，2003：314.

③ 董修甲. 田园新市与我国市政 [J]. 东方杂志，1925，22（11）：44.

雅，完全保存外，更将城市之种种方便，一切美丽，介绍于乡间。"① 可见，他在引进"田园都市"概念时已经把自己理解的分区制融入其中。

张维翰于1918—1922年在日本留学，回国后先后出版了两本译作：一是《英国田园市》（1927年，弓家七郎）。该书分城市之田园化、田园市之滥觞、毫厄德里之背景、毫厄德里之田园市论、勒赤窝市田园市、勒赤窝市之自治行政、卫尔文田园市、田园市运动大观等8章。丁文江在书序中充分肯定田园都市制度的借鉴意义，称誉此书的翻译是"中国新城市建设之新导"②。另一是《田园都市》（1930年）。该书共有11章，内容广泛、写作上有特色。"序言"曰："……其编纂目的是考究理想之都市与理想之农村，而博旁引，泛举欧美各国对于都市及农村二者改良进步上必要之美善设施，又使都市与农村二者各存其特征，长短相辅，以期完成醇美之自治，共资国运之发展，叙述详明。以余素所醉心田园化的都市与都市化的田园之两种企图，增益兴趣不少。"③他通过翻译日文著作，把田园都市思想和运动介绍到中国。另外，他发表《都市美化运动与都市艺术》（1926年），对建筑、街路、招牌广告物和树园逐一进行了介绍。他提倡"都市美化"，提出了诸多新见。如在谈到都市需要有良好的街路系统、铺装道路时，他说："此不但有益于实用，抑且为审美的必要条件"。又如在谈到人有将都会树园称为"都会中之乡村"时，他说："以田园之雅趣移植之于热闹之街衢，其有益于都市美明矣。"④从这些可以明显见出"田园都市"思想对他产生了重要的影响。

陈植于1919年进入日本东京帝国大学农学部林学科造园研究室学习，专攻造林学和造园学。1922年回国后数十年，一直从事林业教育和学术研究工作，成果有《为热心营林者进一解》（1924年）、《市政与公园》（1926年）、《造林要义》（1927年）、《南京都市美增进之必要》（1928年）、《国立太湖公园计划书》（1930年）、《都市与公园论》（1930年）、《观赏树木》（1930年）、《造园学概论》（初版，1935年；增订版，1947年）等。其中《南京都市美增进之必要》特别提出"都市美"的概念，并曰："美为都市之生命，其为首都者，

① 董修甲.田园新市与我国市政 [J].东方杂志，1925，22（11）：41.
② 丁文江.丁序 [M] //弓家七郎.英国田园市.张维翰，译.上海：商务印书馆，1927：3.
③ 张维翰.序言 [M] //日本内务省地方局.田园都市.张维翰，译.上海：华通书局，1930：1.
④ 张维翰.都市美化运动与都市艺术 [N].申报，1926–12–15.

尤须努力改进，以便追踪世界各国名城，若巴黎、伦敦、华盛顿者，幸勿故步自封，以示弱与人也。"①《造园学概论》曰："都市中各种设施，美观实用，皆宜兼顾，故都市美中，两者实相含并蓄，而不可须臾离也。"②他从建筑、道路交通、绿化景观、色彩及音响与街路美术等方面论述"都市美化"。

杨哲明③出版多种市政学普通读物，包括《美的市政》（1927年）、《市政管理ABC》（1928年）、《都市论ABC》（1929年）、《市政工程ABC》（1929年）、《市政计划ABC》（1929年）、《现代市政通论》（1929年）、《市政组织ABC》（1930年）、《都市政策ABC》（1930年）、《世界交通状况》（1930年）、《桥梁工程学》（1930年）、《公园怎样建设》（1936年）等。几乎每本出版物都涉及"田园城市"理论，且占有相当大的比重。其中《美的市政》本着"美学的原理"说明美的市政中各种设施和计划。全书共10章，分别论城市设计、市街、市河、市湖、市政中房屋段落的设计、公共娱乐所之设计、美的公共房屋之设计、市政中之交通、美化的市政卫生、市政交通保安之策略。《市政计划ABC》是他历年来研究市政学心得的结晶，讨论市政计划中的重要事项，更将最新的"田园市"及"国际市"之计划，译为介绍，以引起研究市政计划者之兴趣。《现代市政通论》参考了欧美各国市政书籍杂志、散见于杂志及其他各种关于市政的刊物中"国内市政专家的意见"。其中第四编"现代市政革新运动之趋势"专述霍华德的田园城市理论以及西方的田园城市运动，包括田园新市之概况、我国创办田园新市之计划、田园新市之法律与制度等内容。可以说，他在推动现代城市规划思想的传播和普及方面起到了重要的作用。

与前述各位不同，殷体扬并没有留学经历，而是在国内完成学业的。1928—1932年他在暨南大学求学，期间发表了《田园都市的理想和实施》（1931年）。该篇长文分田园都市的由来、田园都市的历史演进、英国田园都市概观、田园都市与城市设计等4个部分，对霍华德（华特）的田园都市理论的精神、内容做了全面概述④。晚年他回忆道："我受了美国人（误，应为英国

① 陈植. 南京都市美增进之必要 [J]. 东方杂志，1928，25（13）：35–36.

② 陈植. 造园学概论 [M]. 北京：中国建筑工业出版社，2009：149.

③ 关于杨哲明的生平资料极少。笔者所能查询到的信息，仅为《世界杂志》（1931年1–11月，共10期）的编辑和出版了多种"ABC"丛书。

④ 殷体扬. 田园都市理想和实践 [J]. 学生杂志，1931，18（8）：55–64.

人—引者注）霍华德关于城市发展的理论的影响。他认为城市人口不宜过于集中在一个地区内，否则，就会造成痈肿的种种弊病，给人类带来危害。几十年来事实证明。霍华德的远见卓识，是值得重视的。我在重庆发行的《市政评论》曾在封面上提出'城市农村化，农村城市化'的口号，作为我们追求和努力的巨标。"在上海，殷体扬主编《社会科学》"三日谈""经常发表城市田园化的言论，鼓吹地方自治的理论，提倡建造小城市，为人类造福"①。他在《市政评论》杂志发表《都市农村化问题》（1941年）、《农村都市化问题》（1941年）、《都市计划之新趋向》（1948年）等，继续宣传田园都市理论。殷体扬以自己主编的市政刊物为载体，发表自己和其他市政学者的都市田园化主张，也使得田园都市理论在中国得到深入推进。

可以说，几乎每位市政学者、每部市政著述中都会提及霍华德和他的"田园都市"理论。由于国民政府重视城市建设，使得城市问题研究出现了一个高潮。各种有关城市建设、城市行政管理、城市组织等方面的手册、论文集、专著、编著不断涌现。根据粗略统计，当时仅论著就有30余种。值得一提的是陆丹林主编的《市政全书》（1928年）。这部厚厚的资料汇集分论著、各国市政府制度、各省市政概况、各省市政计划与建议、各国市政概况、各省市制法规等6编，内容十分丰富，实用性很强。进入20世纪30年代，都市规划研究趋向深入，形成了一些共识，并出现了一些美学特色。如强调城市规划既要实用又要美观的原则，这在一些都市规划著作中都已自觉体现。王国瑞的《都市计划学》（1936年）列有"都市美育"一章（第7章），谈到它的意义、设备、与工商业关系和效能等4个方面。关于都市美育的效能，这样写道："苟都市美育，力加提倡，不特改良都市恶劣璧境，且能发展人类之本性和活动之能力。"至于它的效能，又概括为"涵养趣味""陶冶美感"两个方面②。陈训炳的同名著作（1937年）当中也专门设列"城市美观"一章（第15章）。谈到都市计划与美学之关系时，这样写道："从事计划都市时，自应解决居民的物质的享受上的问题，即卫生及方便二者。……然此中包含有许多问题，'且合有文学上美妙旨趣'。"又写道："哲学家、美学家、城市计划

---

① 殷体扬.殷体扬自传[M]//陈翔华.中国当代社会科学家传略.11辑.北京：书目文献出版社，1990：307–308.

② 王国瑞.都市计划学[M].天津：百城书局，1936：126–127.

家均公认，美为人生之一需求，盖美学属于精神上卫生之一道也。"① 这些表明，"田园都市化"不仅被确定为城市规划建设指导思想，而且已自觉成为人们的新生活理想模式。

"田园都市"作为一种新型城市理论，之所以被引入并得到实践，其实是由中国城市建设的急迫要求所决定的。在市政学者看来，都市是一国的文化、经济、政治的中心，是"乡村的模范"②。故他们在提出除完善基础设施建设之外，有了"科学化""艺术化"这样更高的要求。对城市进行合理规划，就得吸取西方国家先进经验，满足社会发展的新趋势、新需求，甚至使城市生活充满艺术氛围，使生活环境更加美丽，使生活感受更加舒适。总而言之，就是"科学的艺术化"，即在运用科学规划城市的同时，还要使生活艺术化。这种观念反映了人们希冀把物质性与精神性结合起来规划城市，从而真正达到"城市美化"的目标。当然，都市规划、城市建设都是系统工程，需要多方面思想的介入。城市发展也必须与乡村的发展结合起来，促进城乡之间的和谐互动发展，唯此才能使社会得到全面发展。莫朝豪的《园林计划》（1935年）公认是"我国早期公园建设的理论性专著"③。该书着眼于中国的实际情形，提出"都市田园化与乡村城市化"的主张。至今看来，这仍是非常值得参考的。兹摘录"导言"的一部分：

……

都市的形成，必具其特殊的因素，如工商业繁盛之区，教育文化聚合之地，或政治军事之中心，而必居其一者。吾人试观近代城市的现象，摩天高阁，车水马龙，路如蛛网，居如货仓，衣食住行，无不赖机械为生，故以工商业为中心的都市生活与农业的手工为主的乡村，二者之间，显现出相异的特征。

然而，由机械万能的结果，往昔以数十人工作的生产事业，现今则以二三具机器，即能替代有余，而其生产的数量和质料，与粗劣的人工所制成的出品互相比较，则精美百倍。从此，专靠手工业来维持的农村组织，

---

① 陈训炯.都市计划学 [M].上海：商务印书馆，1937：220–221.

② 董修甲.今后我国都市之建设与防空 [J].市政评论，1937，5（6）：7.

③ 安怀起.中国园林史 [M].上海：同济大学出版社，1991：118.

就于外力侵压下完全崩坏。

失业农民为维持日常的生活，不能不忍痛地抛弃固有的作业而纷投进都市之门，因为工厂商店的酬劳底代价，总比颓废的村落所得的工金为高，故都是就成四乡各地失业者的集合场。然而，以一定不变的地域，容纳这种剧增无已的居民，在求过于供的情势之下，不能不增高楼房的高度，来扩大住居的体积，但都市的经营多受资产阶级所支配，而其图利为目的的野心所波动，就映现出建筑劣陋，面积狭小、空气恶浊、死亡率之剧增，租金昂贵等等问题的发生。这是现代都市病态的显而易见的现象。

我国的都市，更受外国政治经济的侵略，在资本化的外商借着帝国主义的暴力保护下的情势，施行其捣乱我国市场的倾销政策，因此，本国的工商业也受其压迫而倒闭，故失业的工人日渐增多，品性暴烈者则铤而走险，为匪作盗；其懦弱无能之辈，则冻死饥寒漂泊于道旁城郭！所以我们研究市政者，不能不注意本国特殊的情形。

都市的居民在此种纷乱的恶势力宰制之下，其生活当然离不了机械的支配。同时，在工作过度的操劳之后，也无适宜的娱乐及游乐地域，以洗涤其日间尘汗交流的身心的痛苦。

因此，我们应该不但解决市民的生计，尤须努力保养市民的精神低需求——心灵上的欢乐，即是使其减少机械的色彩，而回返其本来之家——自然之田园。

　　……

我们以为欲求都市与乡村人民皆能享受现世文明及自然的赐予，必须使都市的本身，减少其机械的色彩，加以自然的调剂，同时应该立足乡村运动，并先行保留其固有自然的美丽和景物，使其运输便利，增进农工生产的效率，改良住居及施以卫生设备，务令科学建设与自然利益在合理的原则分配于都市与乡村生活之全部。如是，各尽其利而成为康健的、艺术的、美满的自然之田园。此必须有待于"都市田园化与乡村的都市化"之新兴的园林计划呢！ ①

---

① 莫朝豪. 园林计划 [M]. 广州：南华市政建设研究会，1935：1—5.

（三）和谐理想

现代化进程中的城乡关系，是"剪不断理还乱"，是需要着力面对和解决的社会问题，自然也是人文启蒙者思考之焦点。城市化是现代社会的必然之发展趋势。然而对处于起步阶段的中国城市化而言，它也不无让人时刻保持警惕。城市化使市民获得物质文明之利的同时，不可避免地带来各种现代化弊端。在推进城市建设的同时，还要防止"城市病"的发生，避免重蹈西方城市化覆辙。如蒋慎吾在《近代中国市政》（1937年）一书中所说："欧美先进国家之城市计划，业与相当典型之实现，同时，其黑暗面亦在发荣滋长，正图改造而未能，最近之田园市设计，即适应此项需要而出现，我国都市，如以现状为满足者，则无论矣。倘能克遵中山先生遗训，使都市前途更有广大丰富谐美之生命者，当亦应尽量利用，免蹈覆辙也。"[①]这就需要从精神层次方面进行弥补，以提升城市生活质量。为此，一些市政学者提出"美"的建设原则。如杨哲明说："美的市政就是要使这整个的市政，实行受美的洗礼。美的市政，不但是要使市政中，处处都是层楼巍宇高出重霄，处处是车水马龙，处处是布满了物质的美。美的市政中，一面固然是要有科学化艺术化的物质文明建设，一面还有乡村生活的意趣。所以美的市政中，一方面要使市中有乡村化，一方面又要使市中发展市场化，最好是使市场化与乡村化，两者互相调节，这是计划美的市政所最要注意的。"[②]"美"之于都市，不只是"都市之美"，而且需要"乡村之美"。全面改造、提升都市生活，除提高城市本身的综合实力之外，必须协调好城乡关系，使之和谐发展。

"没有乡村，如何懂得城市？"[③]城市是与乡村相对而言的，两者之间的密切关系无法割裂，故论及城市根本无法避谈乡村。乡村的意义，初步地看是城市存在的前提，但从深层看则是能够成为城市的参照。这就是说，乡村具有双重性，一是相对于城市而存在的现实乡村，二是相对于现代都市的理想乡村。在现代化进程中，城乡关系就表现为这种异常的特殊性。皆知，城市是随着人类文明进展而出现的，都市是现代人最为重要的生活活动空间。城

---

① 蒋慎吾. 近代中国市政 [M]. 上海：中华书局，1937：140.

② 杨哲明. 美的市政 [M]. 上海：世界书局，1927：67–68.

③ 布罗代尔. 日常生活的结构：可能与不可能 [M]. 顾良，施康强，译. 北京：三联书店，1992：26.

市日常活动包括工作、家务、购物和闲暇等，具有时间（周期性）和空间（重叠性）的特征①。相比之，乡村日常活动是单一的、重复的。在西方学者看来，近代以来的中国的乡村生活毫无生机可言，"单调和贫乏""无论在实体上还是精神上都是一个固定物"②。费孝通在《乡土中国》（1948年）中指出，中国社会是乡土性的，"而且近百年来更在东西接触边缘上发生了一种很特殊的社会"。他认为，乡村人们的生活方式是简单的，空间上是不流动的，人际共享熟悉的资源。为此，他用"差序格局"的概念描述中国人传统的社会网络③。在中国社会从传统到现代的转型过程中，启蒙者致力乡村之改造。他们一方面承认乡土中国是病态的，是批判的对象，另一方面构筑起新村梦，试图重建乡村。"五四"时期的"新村运动"和20世纪二三十年代的"乡村建设运动"是现代知识分改造乡村的积极探讨。他们试图在局部范围内进行理想实践，而其背后都由一个改造中国社会的理论在支撑着④。

"新村运动"是起源于19世纪初法国的一场社会运动，主张辟地乡间，以互助合作组织村落，作为理想社会的模范。这种在当时无法实现的小资产阶级空想，却在20世纪初的美国、日本等地得到倡导和试行。其中日本的"新村运动"，经由江亢虎、周作人的介绍进入中国，并在"五四"时期得到流行。当时介绍和讨论的阵地，除著名的《新青年》之外，还有《新人》和《批评》。《新人》由上海新人社出版，从1920年4月—1921年5月共出版8期，出版过"衣食问题""文化运动批评号"等专号。《批评》作为《民国日报》副刊，是由北京大学学生创办的半月刊，从1920年10月—1921年1月共出版7期，其中第4~6期皆为"新村号"专刊。参与"新村"讨论的，有周作人、郭绍虞、邰光典、余毅魂、陈视明、王光祈、罗敦伟、王统照等。他们在理论上接受了新村主义，热衷于新村运动，甚至有人还创办了新村。新村主义这种外来

---

① 王兴中.中国城市社会空间结构研究[M].北京：科学出版社，2000：67.

② 明恩溥.中国乡村生活[M].午晴，唐军，译.北京：时事出版社，1998：305-306.

③ 费孝通.乡土中国[M].北京：人民出版社，2008：1-8.

④ 20世纪中国的乡村建设始于1904年米氏父子提出的"村治"。对乡村的审美批判，当以鲁迅的乡土写作为代表：既有对愚昧、落后病征的提示（如《狂人日记》《孔乙己》《药》），又有对和谐、善良农民品质的抒怀（如《故乡》《社戏》）。这两种写作模式的对立、对话、互补，能够使我们深刻理解中国农民的复杂性和"真实"情况。相关研究，参见张丽军的《想象农民：乡土中国现代化语境下对农民的思想认知与审美显现（1895～1949）》（山东人民出版社，2009年）一书。

的先进文化思想，通过他们的介绍和实践，扩大了在中国的影响，促进了民众对改造乡村必要性的认识。

在中国传播新村主义的，首推周作人。他发表这方面的文章最多，是在译介武者小路实笃的基础上形成自己的"新村"主张。《日本的新村》（1919年）阐明"新村主义"。他认为，主张泛劳动、提倡协力的共同生活的"新村运动"，比托尔斯泰的"泛劳动主义"已大大发展，"是更合乎理想，真是人类的福音"①。接着他详细介绍武者关于"新村主义"的基本思想理论及其当时准备实施的情况。《新村的理想与实际》（1919年）曰："新村的目的，是在于求正当的人的生活，其中有两条重要的根本上的思想。第一，各人应尽劳动的义务，无代价的取得健康生活上必要的衣食住。第二，一切的人都是一样的人，尽了对于人类的义务，却又完全发展自己个性。"他甚至认为，对于此二项理想完全了解的人，"便已得了新村的精神""虽然还不能去躬耕，在道德上已不愧为正当的新人了"②。对此，《新村的精神》（1920年）再度进行强调，并且认为承认人应当有生存权，把尽人类的义务和完全发展自己的个性相统一的"新村"，是不同于南京的启新农工场有限公司、北京的平民新组织、龙华的新村等与新村相像的几种运动的 ③。他还分别与胡适、黄绍谷讨论（1920年），就他们的误解、质疑进行辩驳。大体看，周作人的新村思想包括"人道主义""劳动义务""发展个性""严格自律"等4个方面④。这种明显具有个人化的主张，实是他早期的或者说是阶段性的思想。正如他在《艺术与生活·自序》（1926年）中所说："我以前是梦想过乌托邦的，对于新村有极大的憧憬，在文学上也就有些相当的主张。我到今还是尊敬新村的朋友，但觉得这种生活在满足自己的趣味之外恐怕没有多大的觉世的效力。"⑤1925年前后，周作人在思想上发生了重要转折，不再一味地赞美"新村"，而是融入了更多的理性思考。如在《乡村与道教思想》（1926年）中，他认为改良中的乡村最大阻力是乡人们自身的旧思想，主要是道教思想。与之前偏重从国外输入理论不同，

---

① 周作人.周作人文类编：中国气味 [M].长沙：湖南文艺出版社，1998：100.
② 同①：101–105.
③ 同①：127–133.
④ 靳明全.关于周作人的新村思想 [J].文学评论，1993（6）：151–153.
⑤ 周作人.周作人文类编：本色 [M].长沙：湖南文艺出版社，1998：334.

他重新转向对中国传统的批判（参见本章动静说部分）。

　　从人道主义立场出发，幻想通过创办新村实现人的自由和全面发展，周作人模式只是当时众多"新村主义"之一种。其他的有：从无政府主义立场出发，希望通过创办新村实现无政府共产主义；将新村作为一种新制度、新生活的试验地；将新村当作知识分子联系农民群众、发动农民群众的一种组织形式，等等①。显然，中国的新村主义者都是把创造中国、改造社会与拯救乡村联系在一起的。不过，他们的"拯救乡村"并不是"乡村城市化"，而是要对乡村进行"重建"。进入20年代，中国的乡村面临更为严重的遭遇，农村接近崩溃、农民生活困苦、农地问题突出。这些现实情况逼使当时政、学、商、农各界都把目光投向乡村，"乡村建设""农村复兴"亦成为一时流行之口号。在当时，全国涌现出几百个乡村建设团体，派别林立，形成了一场声势浩大的乡村建设运动高潮。

　　这场运动以晏阳初在山东定县、梁漱溟在山东邹平、陶行知在江苏晓庄的实验活动最具有代表。晏阳初主张"平民教育"，发表《平民教育之宗旨目的和最后使命》（1927年），出版《平民教育概论》（1928年）等。他认为，中国社会的问题是人的问题，重点是在个体的农民身上，而中国农民的弱点就是"愚、穷、弱、私"，正是这些互为因果的缺陷大大地制约着农民生活水平的提高。为此，他提出"以文艺教育培养知识力""以生计教育培养生产力""以卫生教育培植强健力""以公民教育培植团结力"这4种"教育"分别救济之。正如在《定县社会概况调查·序》（1933年）中所直言："定县实验的目标是要在农民生活里去探索问题，运用文艺教育、生计教育、卫生教育与公民教育的工作，以完成农民所需要的教育与农村的基本建设。而一切的教育工作与社会建设必须有事实的根据，才能根据事实规划实际方案。"②梁漱溟发表《中国民族自救运动之最后觉悟》（1933）等，又出版《乡村建设大意》（1936年）、《乡村建设理论》（又名《中国民族之前途》，1937年）等，结合民族文化和当时的国际情势，认定中国要走乡村建设的道路。在他看来，中国经济的发展之路离不开文化的制约，中国文化中孔家生活的态度应得到保

---

① 吴雁南.中国近代社会思潮 1840–1949：第2卷 [M].长沙：湖南教育出版社，2011：371–376.

② 晏阳初.晏阳初文集 [M].北京：教育科学出版社，1989：48.

持，在此基础上才能完全接受西方文化；更何况，中国人的精神与世界文化发展的趋势相适，而西洋社会亦将走到此种文化路向上来。中国乡村建设运动，它的目标就是要在此种精神生活的基础上"全盘接受"西方的物质文化，并对之加以改造；它的执行要由"刚者"来领导，要对中国的社会组织进行重建。之所以要从乡村入手，这是因为中国是"集家成乡，集乡而成国"。换言之，在乡村里"从理性求组织"有许多合适点，即中国的农村社会有着传统的儒家文化，其生活方式又为乡治提供了有利的条件①。陶行知发表大量的论文，出版《中国教育改造》（1928年）、《教学做合一讨论集》（1932年）、《普及现代生活教育之路及其方案》（1945年）等多种论著，形成了以"生活教育"为核心的教育思想。"生活教育"是"健康""劳动""科学""艺术""改造社会"的教育（后又增加"有计划"）。它以"生活即教育""社会即学校""教学做合一"为基本原则。这种价值追求，实则为社会建立了以人为本的新价值体系，因而也具有一种启蒙意义②。当然，还有很重要的一点就是他把"生活教育"作为对中国乡村进行根本性改造的指导思想。晏、梁、陶皆是主张"乡村建设"的重要代表。他们把建设乡村与社会改良、文化改造的要求紧密联系起来，从而推动了中国现代化进程。

　　作为发生在20世纪二三十年代极其重要的一场现代化运动，"乡村建设运动"的影响是重大的，但是存在一些局限。就当时参与的人员情况看，虽然数量众多，但是大部分仍旧属于那个时代的知识分子群③。因此，他们对于乡村的认识大多仍是从思想、文化现代化的角度进行，无力也不可能从政治上进行改变。在保存现有制度的前提下进行乡村建设，注定这是一种改良性质的理想主义思想。所以，评价这场运动，仍需要我们立足"五四"以来启蒙与救国的双重叙事框架。在中国现代知识分子的情感世界中，"乡村"始终是一种潜在的心理存在。正如有学者指出，他们在理智上不会反对建立、发展现代都市，敌视现代都市文明，但是在情感上受到潜在的民族情绪的驱使，

---

① 梁漱溟.乡村建设理论 [M] //梁漱溟.梁漱溟全集：第2卷.济南：山东人民出版社，2005：313-314.

② 徐莹晖.生活教育：走出现代教育困境的一次探索：本册导读 [M] //徐莹晖，王文岭.陶行知论生活教育.成都：四川教育出版社，2010：6-10.

③ 吴星云.乡村建设思潮与民国社会改造 [M].天津：南开大学出版社，2013：100.

在一定程度上对都市文化抱有不解、拒斥的态度。而当他们的这种内在情感被强化时，就可能从根底上影响对都市生活的认同程度[①]。他们把乡村作为一个值得托付理想的"新生活"之地，这是情理所在。故他们对城市与乡村都有了双重标准，即肯定城市生活又强烈批判城市生活，既痛恨乡村又不得不把目光转向广大乡村。如李大钊在宣扬"工读互助"的《青年与农村》（1920）中说："都市的生活几乎是鬼的生活，乡村中的活动全是人的活动"；"青年啊！……那些终年在田野工作的父老妇孺，都是你们的同心伴侣。"[②] 又如宗白华在《我的创造少年中国的办法》（1919年）中提出一个从"山林"到"中国"的"创造"之社会理想。"……要脱离这个城市社会，另去造个山林社会，我们才能用新鲜的空气，高旷的地点，创造一个'新中国'的基础，渐渐的扩充，以改革全国的窳败空气，以创造我们的'少年中国'。"[③] 以乡村对抗都市，在乡村寻找理想，这成为"五四"时期一大批新文化人的坚定选择。

随着认识的深入，有识之士越来越意识到，乡村之所以成为问题，并不在于乡村本身是现代化的障碍，很大程度在于与城市的隔绝。对此，傅斯年深有感触。《时代与曙光与危机》（约1926年）曰："大城市和乡村或小邑的生活，在经济上、思想上、生活状况上、组织上、文化阶级上、习俗上……截然不同，两者之间竟很少一些流通的脉络。"又曰："现在促进社会的办法，第一步便是疏通脉络：一方把大城市的社会和农民的社会联络起来，一方把城市中的各类社会互相联络起来，一方把城市中的各类社会互相联络，而生动做出来——这是因为就中国现在社会的横切面看来，散立。"[④] 实际上，城市与乡村并不因为彼此对立，从而就能够脱离另一方。问题的关键是如何把城市与乡村连接起来，打通两者的关系。这就需要意识到城市、乡村各自的性质及其两者的紧密关系，通过改造乡村、城市，进而达到改造中国的理想。"使乡村美化，都市美化，使中国美化。"（《为老百姓而画》，1946年1月）陶行知的这句诗，反映了"五四"以来乡村建设派们的一种崇高理想。乡村建设思想的出现，代表了中国现代知识分子的乌托邦冲动，此即在无意识层面的

① 陈慧忠. 一种文化困扰：都市与乡村 [J]. 文艺理论研究，1993（3）：30.
② 李大钊. 李大钊全集：第2卷 [M]. 北京：人民出版社，2006：307.
③ 宗白华. 宗白华全集：第1卷 [M]. 合肥：安徽教育出版社，1994：38.
④ 傅斯年. 傅斯年集 [M]. 广州：花城出版社，2010：112-113.

一种结构性欲望。从政治层面讲，"乌托邦"更多是指一种不依托于社会实际的力量，即沉迷在幻想中的、不切实际的、无法达成的愿景。但是这种理想，对于处于苦闷中的知识分子，尤其是广大青年极具吸引力。乡村建设思想的出现也表示一种对现存发展模式的批判性思考，蕴涵了一种乡愁式的回归和着力重新发明乡村主体性的实践。但一个不触及根本性的生产与分配关系，及在此基础上生发新的社会构造，这种实践的现实意义值得怀疑。若论及意义，也只能是伦理的和美学的，即基于身体感性的启蒙，是一种关于未来的动员与预演。

概而述之，城乡关系建构是中国现代化进程中的复杂课题。中国现代城市、乡村之改造，其核心思想就是在现代性语境中构建和谐的城乡关系。此即在坚定现代化是必由之路的思想观念之下，消除城乡隔绝的状态，追求自由的生活方式。作为一定区域内共同存在的两个空间实体，城市与乡村相依相存，彼此影响。城市的存在发展必须以一定范围的乡村作为自己的腹地，离不开广大乡村的支撑，而乡村的发展亦离不开城市的带动。城市与乡村本来就是对应性存在。正如芒福德所言："城与乡，不能截然分开；城与乡，同等重要；城与乡，应当有机会结合在一起。如果问城市与乡村哪一个更重要的话，应当说自然环境比人工环境更重要。"[①]更好地解释城乡关系，也只有上升到人类和谐生存的高度，唯此才能更深入地把握它的历史演进和未来发展走向。

四、美育的现代生活话语

中国现代美学家提倡的"人生艺术化"，其实是一种本土性的美育话语。作为中国现代性思想，美育发端于19世纪末20世纪初，民初开始大行其道，并在"五四"前后得以广泛流行开来。经过约半个世纪的发展，中国现代美育的成绩有目共睹。在理论倡议上，树立起"立人"的基本宗旨和现代教育理念，确立了美育的特殊的地位和作用；从多学科的角度论证了实施美育的

---

① 芒福德.城市发展史：起源、演变与前景 [M].宋俊玲，倪文彦，译.北京：中国建筑工业出版社，2005：79.

合理性，在美育学发生、美育实施方法等方面取得了共识。在实践探索上，涌现出一批国立、私立的艺术院校，有影响的美育人物和倡导美育的诸多杂志[①]。在获得这两方面成绩的过程中，始终伴随着的是中国启蒙知识分子的现代性想象。他们把美育当作中国现代性方案，一方面主张通过美的、艺术的方式，达到改造人心、美化生活的目的，另一方面强调美育在学校、社会、家庭等各个生活领域的普及。所以，中国现代之"美育"拥有"美感教育""美的教育""美术教育""艺术教育""生活教育"等多重面相。其中"生活教育"的美育，是把生活作为教育的中心。从根本上说，它是让现代人回归"整体生活"和成为"一个美的人"[②]。这里着重本土语境中现代生活与美育之间的逻辑关联，以识得中国现代美育独特而深刻的时代意义。

（一）"现代"的诱惑

汉语词"现代生活"，亦作"现代的生活"，是由"现代"这个修饰词来构成的。普遍认为，"现代"是一个外来词。日语用"现代"（gendai）及其近义词"近代"（kindai）指称西方文明对日本发生影响之后的时期，而汉语"现代"或"摩登"用于对译英文词 modern，指受西化影响的新潮或时髦。"现代"与"近代""近世"等经常可以并用，用来表示现在的、当今的时代，代表历史前进的观念[③]。至20世纪20年代，"现代"一词普遍使用开来，较广泛出现在思想界。大致说来，"现代生活"是随"现代"一词的出现而在汉语界流行。如果说"现代"是外来词，那么"现代生活"也是具有相当程度的外来词意味，但最终表现出本土特色。

语言是人的活动，它记录、影响人的生活。"想象一种语言就意味着想象一种生活形式。"[④]意即通过特定场合的语言可以想象特定群体的生活方式。换言之，语言的意义来自生活方式这种"必须接受的东西""给予我们的东西"，

① 谭好哲，刘彦顺.美育的意义：中国现代美育思想发展史论[M].北京：首都师范大学出版社，2006：12-14.

② 张公善.生活诗学：后理论时代的新美学形态[M].合肥：中国科学技术大学出版社，2013：84-85.

③ 李欧梵.未完成的现代性[M].北京：大学出版社，2005：41-42；李怡.词语的历史与思想的嬗变：追问中国现代文学的批评概念[M].成都：巴蜀书社，2013：24.

④ 维特根斯坦.哲学研究[M].李步楼，译.北京：商务印书馆，2009：12.

而后者总是前者的表现。对于外来词，借此来说明也是十分合适的。在近代以来西学东渐的大潮中，由语言转换、对接而成的译语是常见的文化现象之一。它的实现，即从日、英等源语言成为目标语言汉语，依赖以报刊为代表的现代传播媒介。《东方杂志》从1904年创刊到1948年停刊，历时40余年，刊发文章数量惊人，广泛传播国内外政治、经济、文化、教育、军事等最新信息，成为20世纪上半叶办刊时间最长、影响巨大的综合性杂志。在该杂志上，载有多篇以"现代""生活""现代生活"等为名的译文，如《现代生活之研究》（为人译，1910年）、《共同生活与寄生生活》（陆咏黄译，1914年）、《现代生活之机械化》（坚瓠译，1921年）、《生活美化论》（从予译，1924年）。另外，《学生杂志》载有《现代生活与职业问题》（朱文叔译，1925年）、《民铎杂志》载有《现代生活的基调》（丰子恺译，1925年）；《文学周报》载有《"现代生活的艺术价值"》（近藤，1925年），等等。域外现代思想借助这些杂志得以进入，为中国人现代（生活）意识的发生提供了背景、条件。

尽管"现代"是外来词，有关"现代"的理论大多是译入的，但是本土有识之士对现代问题的思考早在20世纪初就已经开始了。在梁启超1902年发表的《新民说》《新大陆游记》《开明专制论》当中，"现代"一词已经开始零星使用。这种情况表明当时思想界的一种动向，即有意使用这样的概念来表达、追求一种意义。1910年代有关"现代""现代生活"的讨论逐渐增多。如杜亚泉先后发表《现代生活之弱点》（1913年）、《迷惑之现代人心》（1918年），对中国"现在"的文明状况表达深切担忧，呼吁要急切进行"救济"。李大钊在《文豪》（1913年）和《厌世心与自觉心》（1915年）中均论到："文学本质"是"在写现代生活之思想"，而文人作家是有感于社会黑暗，致力以文学救世的"先知先觉者"。陈独秀发表《孔子之道与现代生活》（1916年），议论"律以现代生活状态，孔子之道，是否尚有遵从之价值"的问题。曰："盖孔教不适现代日用生活之缺点，因此完全暴露，较以孔教为宗教者尤为失败也。"又曰："现代生活，以经济为之命脉，而个人独立主义，乃为经济学生产之大则，其影响遂及于伦理学。故现代伦理学上之个人人格独立，与经济学上之个人财产独立，互相证明，其说遂至不可摇动，而社会风纪，物质文明，因此大进。"① 这种"非孔"的现代主张，在《新青年》读者中引发强烈反响。他在回复常乃惪、傅桂馨、俞颂华、佩剑、刘竞夫等读者的信中继续给予抨击，这同时是在传播现代生活观念。

20世纪二三十年代出现了《现代生活》《现代周刊》《现代评论》《现代中国》《现代》等以"现代"二字命名的多种期刊。《现代生活》（1923年6月—1924年1月，新时代学社创办）称"现代生活就是一种文化的生活"。该刊宗旨是："对麻木不仁的社会主彻底的改造，作激昂慷慨的鼓吹，促醒一般执迷的人们；对顽固专制的旧家庭，作不屈不挠的抵抗，引人们到新家庭光明的途径；对婚姻问题，主张恋爱自由，提倡'恋爱道德'，宁作无限量的牺牲，达灵肉二元相兼的幸福；对文学，决和一切'非人的艺术'奋斗，孕育切合'现代生活'的'人的文学'，排斥虚无缥缈的'神性文学'，更须铲除荒谬淫佚的'兽性文学'！"② 主编楼建南（适夷）在《怎样是现代生活？》中认为，"现代生活"不是狭义的"现实的生活"，而是广义的"努我们的力去创造适合现代的生活"，并指出这种"生活"具备3个条件，即"进取的不是保守的""平等的不是阶级的"和"劳动的不是安逸的"③。《现代周刊》的《发刊词》称"现代乃新旧交替之过渡时代"，并把"宣露现代之真状""批评现代之设施""输入现代之学说""讨论现代之问题"列为"编辑之标准与立言之范围"④。《现代评论》（1924年12月—1928年12月，太平洋社和创造社合作）宣称："本刊的内容是关于政治、经济、法律、文艺科学各种文字；精神是独立的，不主附和；本刊的态度是研究的，不尚攻讦；本刊的言论趋重实际问题，不尚空谈。"⑤ 此刊就中国的自由、民治、法治等问题展开热烈探讨，表现出鲜明的自由主义立场和精神。除宣传自由之外，还弘扬科学，所涉及的内容包括科学新知识、中国科学现状、科学研究的地位以及评价中西医优劣等。这是一本在新形势下出现的，发扬新文化运动宗旨和弘扬民主和科学的现代期刊。《现代中国》（1928年5月—1929年1月，郭锦昌主编）的《发刊词》提出"现代

① 陈独秀.陈独秀著作选：第1卷[M].上海：上海人民出版社，1993：232–233.
② 蒋启壎.《现代生活》引言[J].现代生活，1923，1（1）：1.
③ 楼建南.怎样是现代生活？[J].现代生活，1923，1（3）：48–49.
④ 刘宏权，刘洪泽.中国百年期刊发刊词600篇（上）[Z].北京：解放军出版社，1996：264–265.
⑤ 现代评论社.本刊启事[J].现代评论，1924，1（1）：1.

化""科学化""理性化""工业化"四条原则，以表明本刊的立场和态度。谈到"现代化"时，这样写道："中国的社会，中国的思想，中国的历史，在目前，大半尚在封建的阶段，中国必须向现代追赶，脱离封建的阶段，中国才有希望。中国必须现代化，脱离一切旧的，封建的，以突飞猛进的追求，推动历史前进，促进社会进化。一切旧的快些摧毁，一切新的快些接受与新生，这是现代化的意义。我们主张中国现代化，反对一切保守与后退。"①

上述所列杂志皆出现在20世纪20年代，其中《现代生活》《现代周刊》《现代评论》是综合性刊物，发表政论、社会观察、文学作品等，《现代中国》是政治类刊物。而另外一种杂志《现代》（1932年5月—1935年7月），则是"诗刊"，是作为30年代"唯一的纯文学刊物"。主编施蛰存在《创刊宣言》中称"本志是文学杂志，凡文学的领域，即本志的领域"，并反复称"不是同人杂志"②。《又关于本刊中的诗》（1933年）曰："《现代》中的诗是诗，而且纯然是现代的诗。他们是现代人在现代生活中所感受到的现代情绪用现代的词藻排列成的现代的诗形。"接着解释："所谓现代生活，这里包括着各式各样的独特的形态：汇集着大船舶的港湾，轰响着噪音的工场，深入地下的矿坑，奏着Jazz乐的舞场，摩天楼的百货店，飞机的空中战，广大的竞马场……甚至连自然景物也和前代的不同了。这种生活所给予我们的诗人的感情，难道会与上代诗人从他们的生活中所得到的感情相同的吗？"③简言之，"现代生活"是现代化生活、都市生活，它是现代诗的内容。这是作者针对读者不理解《现代》所刊之诗而做出的回答。他认为，诗不应该受到形式限制，而要自觉地与古典传统沟通，充分调动汉语语言独特的美感，彰显新诗的生命力。《现代》促进了现代诗的发展，在当时诗坛产生了重要影响。特别的是，《现代》这种纯文学刊物还植入了许多商品广告，出现在第1卷第5期至第6卷第1期，共有121则。内容包括书籍、香烟、药品、调味品、稿纸或信笺、银行、丝织厂等，几乎涵盖了生活各方面，吃、穿、用、学无所不包，为读者营造出一个物质丰富的商品世界，通过大众传媒再现了"现代生活"。有学者这样评价："杂志的这些商品广告中，通过香烟消费的提倡，暗示一种获得新型身份的路

---

① 刘宏权，刘洪泽．中国百年期刊发刊词600篇（上）[Z]．北京：解放军出版社，1996：308–309.

② 同①：378.

③ 施蛰存．又关于本刊中的诗[J]．现代，1933，4（1）：6–7.

径，其中传统审美意识的广告图案，既流露都市化工业化给人带来的现代焦灼，又再现了传统审美意识的牢固；国货广告中大量的洋货诉求点再现了一种面向世界的现代意识，而药品广告对个人健康重要性的建构，既流露个人幸福至上的世俗化倾向，对妇女生育功能的强调又再现了极强的传统意识；国货广告宣传里的消费与爱国情感的建构，再现了特定时代工业化和科技迷思的现代性想象。"[①]这些表明，至20世纪30年代中国现代性已变得复杂多义。

　　"现代生活"语义变迁反映了近代以来中国社会思想文化的进展。集中地看，就是中国人的生活方式逐渐现代化。分而言之，一是启蒙哲学、理性主义是中国现代生活的支配性观念，二是日常生活改造从理念层面落实为具体实施。特别是后者，表达出现代生活的实践意义。郁达夫在《新生活与现代生活》（1936年）中把"现代生活"的特征概括为"独立生活""自治生活""积极的进取的倾向"，并称"近代生活的特点，也就是近代生活的真义"[②]。他所说的"现代生活"即是"近代生活"，而所说的"新生活"则是国民政府开展的"新生活运动"。该运动于1934年2月在南昌发起，并在全国推行。制订的《新生活须知》对食衣住行等日常生活进行规定，确定的目标是实现"生活合理化"，包括"三化"："提倡'礼义廉耻'，使反乎粗野卑陋之行为，求国民生活之艺术化"；"提倡'礼义廉耻'，使反乎争盗窃乞之行为，求国民生活之生产化"；"提倡'礼义廉耻'，使反乎乱邪昏懦之行为，求国民生活之军事化。"该运动通过持续多年的实践，的确使得国民的生活状态得到一定程度的改变。但是提出的"三化"，是以"礼义廉耻"为中心的，这注定了它的历史局限性。在这种道德规约下的"新生活"，也必然不同于"五四"新文化派提倡的"新生活"[③]。

　　刘禾认为，新词语及其建构是"有关历史变迁的极好的喻说"，但是"这种变迁的概念是不能被化约为按照本质主义理解的现代性的"[④]。这提示我们对"现代性"不能概而论之，而是必须基于具体的理解。汉语语境中的"现

---

① 颜湘茹. 层叠的现代：《现代》杂志研究 [M]. 广州：中山大学出版社，2011：115.

② 郁达夫. 郁达夫全集：第8卷 [M]. 杭州：浙江大学出版社，2007：207–210.

③ 吕厚轩. 接续"道统"：国民党实权派对儒家思想的改造与利用1927–1949[M]. 济南：山东人民出版社，2013：222.

④ 刘禾. 跨语际实践：文学，民族文化与被译介的现代性（中国：1900–1937）[M]. 宋伟杰，等，译. 北京：三联书店，2002：55.

代生活",与"现代""美育"一样,都具有本土现代性意味。美育在中国的现代发生,基于近代以来西学东渐的时代背景,与中国现代性问题迸发共进、相辅相行,是中国现代思想文化的重要组成部分。从根本上说,现代生活意识的兴起是美育思想开始自觉的体现,因为美育正来自"现代生活"的召唤。众所周知,"美育"这一现代概念来自德国美学家席勒。在他看来,现代社会异化现象突出,产生了"社会分工造成的知识划分的碎片化""教育组织的机械化造成的思维模式的机械化""社会的等级化造成的标签化人群"等严重后果[①]。鉴此,他提出"非政治"的解决之道,主张人性自由,提倡审美游戏精神。这种美育思想是十分深刻的,席勒也成为西方现代美育思想史上标志性人物。20世纪以来,王国维、蔡元培、张君劢等不断译入席勒美学,使得席勒成为影响中国现代美育最直接、最深刻的西方美学家之一。

诚然,美育来自"现代"的诱惑、现代生活的召唤,是批判性反思的美学,但是中西现代化背景不同、程度不一,美育现代发生问题亦自然有所差异。西方现代美育主要是针对工业化弊病而提出,具有鲜明的反异化精神。如果说中国现代美育也具有类似精神,那么它更多的是来自解决"烦闷生活"的渴望和对"机械生活"的警惕。如杜亚泉在《现代生活之弱点》(1913年)中所说:"吾国文明,尚在幼稚,而都市生活之趋势,已露端倪;亦宜杜渐防微,力为禁遏,夫然后受物质文明之利而不承其弊也。"[②]随着现代化的深入展开、都市文明的日渐发达,对于这种反思变得更加直接,如称"现在的社会是机械的社会",是"科学化的""机械化的"和"物质化的世界",故希求"美术的人生""物质与精神调和后的文明"。而所谓的"美术",是一种"看似无补于人生的游戏品,……这种废物的用处,却正在他的游戏的效果中"[③]。在科学昌明的时代,提出"美术有益于人生"的观点,不仅接续了传统艺术化人生思想,而且突显了现代美育精神。从根本上说,美育是一种追求人生艺术化的,以批判性重建为路向的现代生活方案。这就是把艺术、美作为国民高尚品质,并要求化之为普遍的生活追求,使之现代化。无疑,中国现代美育是兴起于中国本土现代性语境的生活美学话语。

① 邢建昌. 美学 [M]. 石家庄:河北人民出版社,2012:421–423.

② 杜亚泉. 杜亚泉文存 [M]. 上海:上海教育出版社,2003:274.

③ 兰. 美术与人生:"良友"第1期读后 [J]. 良友,1926(4):24.

（二）新文化想象之维

现代性（modernity）本是西方文化语境的产物，有着复杂的意涵（参见本书导论）。西方现代性能够与中国现代性发生直接的亲缘关系，前提是对西方的认同。近代以来中国启蒙知识分子将古今中西的四维关系化约为二元对立，以一种非此即彼、不能两全的方式安顿好了各自的位置。由此形成的重今、趋新的认识，为现代性的引介提供了思想场所。它在中国的遭遇，经历了从异域到本土、从复杂到相对明确的过程，在"五四"时期形成了较为严格的意义，呈现为"科学"与"民主"两个明确指向。科学是作为理性方法和建立普遍有效知识的理性系统，民主则是作为解决社会停滞、走出弱势状态的现代观念和进步取向，两者都烙上了有利于消除蒙昧传统影响的启蒙印记[①]。近代以来中国启蒙知识分子普遍把目光对准"传统"，通过披露国民生活以建构起理想的国民形态。他们无不意识到"前现代"的生活是蒙昧的，指责它是落伍的，与时代要求完全不一致，故而展开对旧文化与现实社会生活的强烈批判。正如陈来所言："在社会文化演进的过程中，外在的价值表现形式，如衣食住行等生活方式、迎送揖让的礼仪习俗乃至政治结构和制度，都可以发生剧烈的改变。"[②]只有通过包括日常生活在内的全面的改变，才能真正促进社会演化和创造新文化。

建构即披露。现代性作为一种重要的新观念、新思想活跃着。它是作为传统性的对立面，首先指向本土文化、国民品格等问题。它从维新时期就已开始，在"五四"论战时期形成了更为直接的交锋[③]。梁启超在维新之后所写的诸多文章中指陈中国国民性的缺点，如"柔静无为之毒，已深中人心"（《说动》，1898年）；"吾国民之永静也久矣"（《中国积弱溯源论》，1900年；《夏威夷游记》，1902年）。他指出的缺点，不仅有"静"，还有"无高尚之目的"（《新大陆游记》，1902年）。通过在异国的考察，他感到欧美人具有"好美心""社会名誉心""宗教之未来观念"等特点，这是西方文明之所以发达的根本。反观中国人，此三者皆缺少，"故其所营营者只在一身，其所孳孳者只

---

① 任剑涛. 道德理想主义与伦理中心主义：儒家伦理及其现代处境 [M]. 上海：东方出版社，2003：231–235.

② 陈来. 回向传统：儒学的哲思 [M]. 北京：北京师范大学出版社，2011：110.

③ 姜义华. 现代性：中国重撰 [M]. 北京：北京师范大学出版社 2013：283–284.

在现在。这是凝滞堕落之原因，实在于是"①。《中国国民之品格》（1903 年）提到"爱国心之薄弱""独立性之柔脆""公共心之缺乏""自治力之欠阙"等各种"缺点"，并说："人人有高尚之德操，合之即国民完粹之品格。"②《新民说》（1904 年）强调"新民"必具"公德"的观念，并提到中国传统伦理是"私德居其九，而公德不及其一"。不过他又把"私德"列入"新民"采补的品质之一。在他看来，私德与公德，"非对待之名词，而相属之名词"。"是故欲铸国民，必以培养个人之私德为第一义；欲从事于铸国民者，必以自培养其个人之私德为第一义。""至今日之中国而极"的"私德之堕落"，实是由"专制政体之陶铸""近代霸者之摧锄""屡次战败之挫沮""生计憔悴之逼迫""学术匡救之无力"等 5 个原因造成。至于私德之必要，他主要是针对"破坏主义"而言，育德与育智一样，皆是"救国"所需。在此基础上，他又提出"立本""慎独""谨小"的为学之道③。他提出的新民品质有公德、国家思想、进取冒险、权利思想、自由、自治、进步、自尊、合群、生利能力、毅力、义务思想、尚武、私德、政治能力等，而这些品质都是新公民所应该具有的。《新民说》的姊妹篇《国民浅训》（1916 年）更加系统阐述国民的国家观、宪法观、权利义务观、自治精神和公共观念。其中"公德心"篇提到"孤独生活"一说：

　　我国人所以至今不振者，一言蔽之，曰公共心缺乏而已。私家之事，成绩可观者往往而有。一涉公字，其事立败。……此等性质若不改变，势必至全国无复一公共机关，而人人皆为孤独生活。夫使孤独生活而可以立于世，是亦何害。无如人类本以合群然后能生存。孤独自营，其究必归于淘汰。况今日世界愈文明，一切事业之规模愈大。而协力分劳之原则，适用愈广。独力能举之事，行将绝迹于天壤。我国民若长抱此先私后公之恶习，其将何以自存。明知此习积之甚久，非一旦可去，要不得不急图补救。④

---

① 梁启超.梁启超全集：第4卷 [M]. 北京：北京出版社，1999：1188.
② 同①：1077–1079.
③ 梁启超.梁启超全集：第3卷 [M]. 北京：北京出版社 1999：714–725.
④ 梁启超.梁启超全集：第6卷 [M]. 北京：北京出版社 1999：2843–2844.

此说来自菲斯的（Fichte，J.G.，今译费希特）。在西方哲学史上，费希特是一个从康德到黑格尔的过渡式人物。他提出"人本身就是目的""社会意向属于人的基本意向"等观点，强调人的本性是理性，人的存在离不开社会这一"共同体"。梁启超在《菲斯的人生天职论述评》（1915年）中对费氏的个人是深深"托庇"于社会的观点十分欣赏，赞其"意义极精辟"①。

"五四"新文化运动主将陈独秀、李大钊更是批判的矛头指向"旧文化""旧生活"。陈独秀在《宪法与孔教》（1916年）中把民国以前所实行的"大清律"，全部称为"孔子之道"，要求必须全面废除。他提出要使"适今世之生存"的根本问题，"不可不首先输入西洋式社会国家之基础，所谓平等人权之新信仰；对于与此新社会新国家新信仰不可相容之孔教"②。《孔子之道与现代生活》（1916年）指出，如果"律以现代生活状态"，"孔子之道"根本没有遵从的价值。他猛烈批评康有为的主张："意在尊孔以为日用人伦之道，必较宗教之迂远，足以动国人之信心，而不知效果将适得其反。……总之，果作何态，诉诸良心，下一是非善恶、进化或退化之明白判断，勿依违，勿调和——依违调和为真理发见之最大障碍！封建时代之道德、礼教、生活、政治，所心营目注，其范围不越少数君主贵族之权利与名誉，于多数国民之幸福无与焉。"③他把矛盾指向封建礼教，依据"道与世更"的原理，以社会进化论否定传统社会的不合理存在。这种强烈的反传统主义色彩，体现出鲜明的现代立场。

李大钊在《矛盾生活与二重负担》（1917年）中称"中国人的社会"是"矛盾的社会"。"吾侪际此新旧衍擅之交，一切之生活现象，陈于吾侪之前者，无在不呈矛盾之观。即吾侪对于此种之生活负担，无在不肩二重之任。吾济欲于此矛盾生活中胜此二重之负担，实不可以沈雄之气力、奋斗之精神处之。中国今日之社会，矛盾之社会也。"又说："国民之生活以是等为基础，生活之基础既陷于矛盾之域，故今日之生活现象，无往而非矛盾生活之现象也。"④《动的生活与静的生活》（1917年）指出"矛盾生活现象"是产生于"以

---

① 梁启超．梁启超全集：第9卷 [M]．北京：北京出版社1999：2758.

② 陈独秀．陈独秀著作选：第1卷 [M]．上海：上海人民出版社，1993：229.

③ 同②：232.

④ 李大钊．李大钊全集：第1卷 [M]．北京：人民出版社，2006：237.

静为原则，以动为例外"的一种普遍现象。"……矛盾之生活现象，乃随处而皆是。即如吾人于日常生活所肩之负担，无论其为空间的、时间的、精神的、物质的，均有气竭声嘶日不暇给之势。"①《新的，旧的》（1918年）曰："中国人今日的生活全是矛盾生活，中国今日的现象全是矛盾现象。举国的人都在矛盾现象中讨生活，当然觉得不安，当然觉得不快，既是觉得不安不快，当然要打破此矛盾生活的阶级，另外创造一种新生活，以寄顿吾人的身心，慰安吾人的灵性。……矛盾生活，就是新旧不调和的生活，就是一个新的，一个旧的，其间相去不知几千万里的东西，偏偏凑在一处，分立对抗的生活。这种生活，最是苦痛，最无趣味，最容易起冲突。这一段国民的生活史，最是可怖。"②《东西文明根本之异点》（1918年）曰："吾人生活之领域，确为动的文明物质的生活之潮流所延注，其势滔滔，殆不可遏。而一察其现象，则又扦格矛盾之观，到眼都是。"③在这些文章中，李大钊以"随处而皆是""到处""到眼都是"等字眼来表达中国人生活的普遍缺陷，认为这种生活性质，一方面是静的生活习惯造成，另一方面是动的文明物质的生活之潮流所延注。简单地说，中国人的"静"的生活是在"动"的文明的冲击之下而造成的矛盾结果。

　　"孤独生活"（梁启超）、"孔子之道"（陈独秀）、"矛盾生活"（李大钊）都是用于描述国民生活的说法。显然，这类生活是现实的、传统的，是"旧生活"，自然与"新生活"格格不入。视文化、生活有新、旧之别，这是"新文化"构想具有现代价值的一面。"现代生活"，与"现代性"一样，都是相对性的概念，总是包含着对旧的、传统的否定和对新的、外来的肯定，熔铸了双重情感。这种蕴含着中与西、古与今的双重二元对立的，以新、旧对立为核心，是理解被不断建构和拓展的"现代"概念的重要框架④。"新"的即是现代的，"新文化"即是现代文化。至于"新文化"，又是体现在"新观念""新时代""新社会"等各个方面。如《新青年·本志宣言》（1919年12月）曰：

---

① 李大钊.李大钊全集：第2卷[M].北京：人民出版社，2006：96-97.

② 同①：196.

③ 同①：216.

④ 伍方斐.文学史叙事模式对"现代"文学的建构及其后现代转型[J].学术研究，2006（12）：120.

"我们想求社会进化，……决计一面抛弃此等旧观念，一面综合前代贤哲当代贤哲和我们自己所想的，创造政治上道德上经济上的新观念，树立新时代的精神，适应新社会的环境。"又曰："政治道德科学艺术宗教教育，都应该以现在及将来社会生活进步的实际需要为中心。"再曰："我们因为要创造新时代新社会生活进步所需要的文学道德，便不得不抛弃因袭的文学道德中不适用的部分。"① 政治、道德、宗教、文学等都是新文化建构的部分，而由此确立的"新"之形象是丰富多样的，"新青年"就是一个典型。陈独秀在《新青年》创刊号（1915年9月）上发表《敬告青年》称"予所欲涕泣陈词者，惟属望于新鲜活泼之青年"，展开了新文化运动中第一个崭新的现代青年的想象。《新青年》还刊有《青春》（李大钊，1916年），《青年与国家之前途》和《青年之敌》（高语罕，1916年），《敬告新的青年》（朱希祖，1920年）等许多标示"青年"的文章。作为"五四"时期宣传新文化的主要阵地，《新青年》通过新潮的恋爱、同居、婚姻、家庭生活等主题展开"新生活"想象。实际上，报刊编辑运作都可以看作是推动新观念的文化行为。

　　"新生活"作为新观念，毕竟还需要通过具体的生活模式来体现。"五四"前夕周作人发表《日本的新村》（1919年），内容主要根据伍者小路实笃的《新村的生活》一书来介绍新村的实践意义。他称日本的新村运动是"世界上一件很可注意的事"，又称"新村运动"是"主张泛劳动，提倡协力的共同生活，一方面尽了对于人类的义务，一方面也尽了个人对于个人自己的义务，赞美协力，又赞美个性，发展共同的精神，又发展自由的精神，实在是一种切实可行的理想，中正普通的人生的福音"② 。这是在中国有关日本新村的最初介绍，新村主义（"新村"的新生活）也引起许多青年的共鸣（参见本章劳动说部分）。《时事新报·学灯》专辟"新生活商榷"栏，刊出《新生活和新的人生观》（叶圣陶，1919年）等文。《新生活》这本通俗周刊（1919年8月—1921年6月）是继《新青年》《新潮》《每周评论》之后，又一个以面向社会大众为鲜明特色的新文化刊物。该杂志由李辛白主持，宗旨是"在这欧战告终皇帝将断种的新世界新潮流中，何以谋个人的生活、社会的生活、国

---

① 刘宏权，刘洪泽．中国百年期刊发刊词600篇（上）[Z]．北京：解放军出版社，1996：157-158.

② 周作人．周作人文类编：中国气味 [M]．长沙：湖南文艺出版社，1998：101-105.

家的生活"①，主张把新文化普及到民间，做文化普及工作。它成为新文化派"五四"后阐释新文化与新生活关系的重要媒体。胡适在创刊号上发表《新生活》（1919年），对"新生活"做了解释。他称"新生活"不是"糊涂生活"，而是"有意思的生活"；"生活的'为什么'，就是生活的意思"。他还说"为什么"并不容易，我们应该尝试这种新生活。该文传播甚是广泛，推广了"新生活"理念②。蔡元培发表的《我的新生活观》（1920年），是把"新生活"与"旧生活"进行对比，评价后者是"枯燥的""退化的"，前者是"丰富的""进步的"。他称新生活的要件只在人人作工、人人求学。"有一个人肯日日作工，日日求学，便是一个新生活的人；有一个团体里的人，都是日日作工，日日求学，便是一个新生活的团体；全世界的人都是日日作工，日日求学，那就是新生活的世界了。"③在该刊发表文章的，除李辛白、胡适、蔡元培之外，还有李大钊、高一涵、陈独秀、傅斯年、汤尔和、缪金源等等。新文化派以《新生活》周刊为重要舆论阵地，提倡新生活观，试图引领大众实现社会生活的改良，其大众社会生活层面的社会改良主张和思想成果是对时代的贡献④。

"五四"时期涌现出《新青年》《每周评论》《晨报》《国民》《新潮》《湘江评论》等众多进步报刊，共同宣扬民主、科学、进步、自由，关怀国民的生活状态和精神状态，把提倡"新生活"作为义不容辞的责任。如《新潮》（1919年1月—1922年3月）的《发刊旨趣书》提到四大"责任"，其中"第二责任"中曰："中国社会形质极为奇异。西人观察者恒谓中国有群众而无社会，又谓中国社会为二千年前之初民宗法社会，不适于今日。寻其实际，此言是矣。盖中国人本无生活可言，更有何社会真义可说？若干恶劣习俗，若干无灵性的人生规律，倥桔行为，宰割心性，以造成所谓蛋蛋之氓；生活意趣，全无从领略。犹之犬羊，于己身生死地位、意义，茫然未知。此真今日之大戚也。同人等深愿为不平之鸣，兼谈所以因革之方。虽学浅不足任此弘

---

① 刘宏权，刘洪泽. 中国百年期刊发刊词600篇（上）[Z]. 北京：解放军出版社，1996：139.

② 胡适日记（1934年1月25日）载："我的文章传播最广的要算那篇《新生活》，是我为李辛白的小报做的，现在小学中学的新（教）科书里都选此篇。"

③ 蔡元培. 蔡元培全集：第4卷 [M]. 杭州：浙江教育出版社，1997：213-214.

④ 陆发春. 新文化与新生活：以胡适及"新生活"周刊为中心 [J]. 安徽大学学报（哲学社会科学版），2012（2）：107-113.

业，要不忍弃而弗论也。"① 又如《曙光》（1919年11月—1921年7月）以"本科学研究，以促进社会改革"为创办宗旨，其《宣言》曰："我们处在中国现在的社会里头，觉得四围的各种环境，层层空气，没有一样不是黑暗、恶浊、悲观、厌烦，如同掉在九幽十八层地狱里似的，若果常常如此，不加改革，那么还成一种人类的社会吗？所以我们不安于现在，想着另创一种新生活，另创一种新社会。"② 它们都旨在唤起国人觉悟，促进社会改革，让人们摆脱在黑暗中的生活，协力走向光明的生活之途。

"五四"新文化建设的要求就是破坏旧文化，竭力引入西方的科学和民主，以西方人的思维方式、生活方式来取代中国人惰性的思维模式和守旧的生活方式，从而使得中国人的生活状态得到根本改变。从"旧生活"到"新生活"，贯通其中的是从"静"到"动"的转变。"动"是一种必要的文化、时代之精神。陈启天在《什么是新文化的真精神》（1920年）中指出，新文化的精神真正在于"动"的人生观，就是从"旧倾向"到"新倾向"，首义就是"由静的人生到动的人生"③。泽民在《太戈尔与中国青年》（1924年）中把"从浑沌的玄学思想到科学的精神""从昏迷的冥想生活到活动的生活"作为青年的"起码的觉悟"④。简单地说，"现代生活"即是"动"的生活。"五四"建设的新文化标举的科学、民主思想，自由平等博爱观念，就是为国家、民族及个人谋生存与发展的科学文化。在整个新文化运动运动中，蔡元培扮演着一个十分重要的角色，他是新文化运动的创始者、推进者，而在他周围集聚了胡适、陈独秀等一批重要人物，由此形成了"场域效应"⑤。蔡元培提出"兼容并收之主义""科学研究尤其是一切事业之基础""以美育代宗教""文化运动不要忘了美育""中国文化复兴"等一系列主张。《文化运动不要忘了美育》（1919年）曰："文化进步的国民，既然实施科学教育，尤要普及美术教育。"⑥在他看来，文化运动是全面的运动，对处在文化进步中的中国社会，尤其要

① 刘宏权，刘洪泽 . 中国百年期刊发刊词600篇（上）[Z]. 北京：解放军出版社，1996：108.

② 同①：144.

③ 陈启天 . 什么是新文化的真精神 [J]. 少年中国，1920，2（2）：3.

④ 孙宜学 . 泰戈尔在中国：第2辑 [C]，南昌：江西高校出版社，2016：299.

⑤ 叶隽 . 北大立新与"新青年"之会聚北平：蔡元培、陈独秀、胡适之的新文化场域优势及其留学背景 [J]. 清华大学学报（哲学社会科学版），2016（3）：72–85.

⑥ 蔡元培 . 蔡元培全集：第3卷 [M]. 杭州：浙江教育出版社，1997：739.

普及美育，不仅要在各级学校中展开，同时要面向全社会进行普及。美育是蔡元培新文化思想的重要部分。

中国现代美育理论形成是一个不断建构的过程，依赖于美学家主体的不懈努力。除此之外，各种媒介因素、传播方式也起到促进作用。媒介化是现代生活的突出特征之一。现代人通过媒体的中介作用来接受世界。各种不同的媒体横亘在人与世界之间，造成了与古典时代不同的体验世界的方式。在某种程度上，人与世界的关系越来越多地由各种中介技术决定。"由于不断接受各种技术，我们成了它们的伺服系统。"[①] 由此可见，媒介在现代生活中的巨大力量。它不仅起着传播现代思想文化作用，而且直接塑造了现代日常生活。来自现代生活召唤的美育，自然离不开媒介的介入和传播的作用。论及传播，则有媒介化传播、符号化传播、行动传播等不同方式。特别是行动传播，它在效果上具有更强的力度和更大的深度，更具有对于人的情感的震撼力。五四运动是在《新青年》等媒介传播的基础上，在社会上直接引发的一次具体的"行动"。正如此，新文化传播才会进入一个新的、更高的阶段，广大民众的觉醒不仅被大大推进了一步，而且扩大到全国最大的范围，深入到各个社会阶层[②]。中国现代美育思想的兴起，与新文化的发生与传播紧紧联系在一起。

（三）艺术生活的追求

传统的问题又是现代的问题，其中的关键是"价值的现代化，尤其是道德价值的现代化"，如韦政通所说，"要把传统的德目，经过再解释，使它重新具有适应现代生活的功能"[③]。这意味着要使传统的成为现代的，就要确立其符合时代的作用。文化、生活特定意义的彰显，总是包含在独立性价值的追求当中。张厚载说："中国如今真要想革新社会，发展思想，造成新国民的新生命，也非得要把这个'荫生'的思想根本打翻不可。换一句话说，仍旧是

---

① 麦克卢汉.理解媒介 [M].何道宽，译.北京：商务印书馆，2007：79.

② 郝雨.中国现代文化的发生与传播：关于五四新文化运动的传播学研究 [M].上海：上海大学出版社，2002：229—230.

③ 韦政通.中国文化与现代生活 [M].台北：水牛出版社，1987：26.

非生活独立不可。"①所谓荫生的，就是世袭的，即中国人的一种根深蒂固的依附观念。因此，变依附为自由，就是变被动为主动，就是使"旧生活"成为"新生活"。"新生活"是独立的、想象的、理想的，它有各种生活样式。除前面已提到的"新村生活"之外，还有如"团体生活""非宗教生活""艺术生活"等。这些皆代表现代生活方式。特别是"艺术生活"，它不仅是由"现代生活"所引发，而且是美育精神的直接体现。因此，这种有"艺"味的生活方式别具意义。

"团体生活"是群体性的生活方式。作为普遍形式的生活，它总是以个人生活为逻辑起点，以群体生活为最高形式。从表面看，个人与群体存在利益冲突，两者是不相容的。但是，个人价值的实现终究离不开社会的依托。因此，把社会的建设作为个人的目标，乃是十分自然的事情。进而言之，解决整体存在因不合理因素造成的各种矛盾，促进必不可少的生存条件的改善，也需要将个体团结起来②。梁启超"孤独生活说"所批评的就是中国人的私德观念，意在强调现代公民需要具备"公德心""社会"的生活观。陈独秀在《新文化运动是什么？》（1920年）中指出，新文化运动包含着"科学、宗教、道德、文学、美术、音乐"等运动，是"注重团体""创造精神""人"的运动③。王光祈在《团体生活》（1919年）中说："中国人最缺乏的，便是团体生活"。"团体生活"就是"本互助的精神为相当的组织，以适应环境"；"我们解决生活问题，必先有团体的组织，这个团体便宜是我们生活的保障。"并且总结说："人类与自然界奋斗的团体生活——如科学团体、生产团体——而且是一切主义的先决问题。对于欲谋生活独立的中学生尤有密切关系。"④在《城市中的新生活》（1919年）中，他又提出建立"工读互助团"，期望"为苦学生开一个生活途径，为新社会筑一个基础""为欲脱离家庭另谋独立生活的青年男女，提供兼顾'读书'与'作工'的新生活"⑤。"公德心""团体生活"等的提出，其实皆指向中国人固有的家庭观念和实用观念。胡适主张"非个人

① 张厚载.生活独立[J].新潮，1919，1（4）：667.
② 欧肯.近代思想的主潮[M].高玉飞，译.合肥：安徽人民出版社，2013：292-300.
③ 陈独秀.陈独秀著作选：第2卷[M].上海：上海人民出版社，1993：123-129.
④ 王光祈.王光祈文集：第4辑[M].成都：巴蜀书社，2009：70-72.
⑤ 同④：26-28.

主义的新生活",希望中国青年"不要去模仿那跳出现社会的独善生活"。这是他针对"新村主义"而言的,目的就是警告那种把个别的社会问题与总的革命的根本解决割裂开来的做法,引诱青年"去研究一个个具体问题"①。事实上,有关"新生活"的言论都是以提倡培养现代国民的公共意识为要务,即反对固有的观念。在这方面,一些美育论者早已指出。如余箴发表《国民性与教育》和《美育论》(1913年)两篇文章。在前文中,他称"我国国民性"是"因袭性""利己心"的"实用国民"("我为实用国民,而导之不得其道,则有时于知力上,出以因袭之精神,又于行为上,流为利己之倾向")。他说:"划除因袭性,而国民渐达于自觉之域,则将有推究人生终鹄。"故又这样建议教育家:"当知今世国民之行动,已迷堕于利欲之沈渊,以牖民为职志者,首宜猛然觉悟,出其舍己为人之精神,为彼后进实范。"②后文更是指出普及"审美趣味"的必要。"吾亦知审美趣味之普及不可以蘄诸今日之社会,而不能不期诸未来之国民。为未来国民计,则鼓吹审美趣味之责,非吾教育家畴与任之,故即按时势以立言。而普通教育之宜以美育为重。自有不容已者。"他认为,美育是根本的,"舍美育外,无所谓智育、德育,亦即无所谓教育"③。此外,王国维、蔡元培等在内的众多美学家都提倡美育,主张以美救心救世,这是众所皆知的。

"非宗教生活"是相对"宗教生活"而言的。把宗教生活作为现代生活的对立面,这是由建构新文化的时代要求决定的。新文化秉以"重估一切价值",对于社会一切思想、制度都采取批评态度,宗教自然也在讨论之列。"五四"时期是讨论宗教思潮的"黄金时期","凡注意新思潮的人们,对于此种运动不能不加以研究"④。李大钊把宗教看作是造成"矛盾生活"的一个特别因素,而陈独秀把"孔道"作为宗教事实给予批驳,要求人们信仰科学。《敬告青年》(1915年)指出,唯有"科学"才能根治"无常识之思维,无理由之信仰"⑤。《再论孔教问题》(1917年)明确主张"以科学代宗教,开拓吾人真实

① 胡适.非个人主义的新生活[M]//胡适.胡适全集:第1卷.合肥:安徽教育出版社,2003:714.
② 余箴.国民性与教育[J].教育杂志,1913,5(3):38-46.
③ 余箴.美育论[J].教育杂志,1913,5(6):78-79.
④ 张钦士.国内近十年来之宗教思潮[C].北平:燕京华文学校,1927:1.
⑤ 陈独秀.陈独秀著作选:第1卷[M].上海:上海人民出版社,1993:135.

之信仰"①。蔡元培从康德哲学高度来区别宗教与科学、政治、道德、教育、美育，以便从后者当中排除出去。他反对宗教干涉教育，主张教育独立，以使受教育者的人格更为健全。他的"以美育代宗教"说（1917年）产生重大反响，亦引发不小的争议。如许崇清在《美之普遍性与静观性》（1918年）中认为，主张以美育代宗教说者在解释"普遍性"和指出"美能使人去除利害得失之计较"两个方面是不正确的。"论者因此二大谬误，遂至混淆美之意识与宗教意识，又复混淆美之意识与道德意识。既主以艺术代道德之论，复以美术代宗教之说。论者视人性则太简，视道德又太轻矣。"②杨鸿烈在《驳"以美育代宗教说"》（1923年）中认为，蔡元培的立论有一些疏忽，没有说清"美育""美"与"宗教"等概念。如美育与宗教的功能是不一样的；又如美和宗教的本质有歧异高下之处，它们的范围也有大小的不同；再如美和宗教都是独立的，有各自的价值限度。"美之消失其独立性，是由于人的利用，那么使它脱离宗教的关系而独立，和宗教各有其任内的界限。怎么能够替代呢？"③许、杨的意见皆认为"以美育代宗教"这一说法太笼统，美育不能够替代宗教。殊不知，蔡元培是着重于国民教育的要求来理解美育的特殊功效和时代意义。在他看来，宗教就是非科学的，是与美育对立的，而美育是时代之需要，是作为国民教育的一部分。与蔡元培一样，视美育为"美感教育"的，还有朱光潜。他在《谈美感教育》（1942年）中指出，美感教育是情感教育，具有"本能的冲动和情感的解放""眼界的解放""自然限制的解放"的价值。不仅此，美育是德育的基础，关乎民族兴衰。"现在要想复兴民族，必须恢复同以前歌乐舞的盛况，这就是说，必须提倡普及的美感教育。"④这就明确了美育在中国得以发展的前景。

　　无疑，"艺术生活"是"新生活"。《新青年》《新潮》《学生杂志》《少年中国》《现代生活》等进步刊物都表达了以艺术为方向的生活改造论。如《新青年》补发的《本志宣言》（1919年）曰："我们新社会的新青年，当然尊重劳动；但应该随个人的才能兴趣，把劳动放在自由愉快艺术美化的地位，不应

① 陈独秀.陈独秀著作选：第1卷 [M].上海：上海人民出版社，1993：253.

② 许崇清.美之普遍性与静观性 [J].学艺杂志，1918，1（3）：5–6.

③ 郎绍君，水中天.二十世纪中国美术文选：上卷 [C].上海：上海书画出版社，1999：98–100.

④ 朱光潜.谈修养 [M] //朱光潜.朱光潜全集：第4卷.合肥：安徽教育出版社，1988：145–151.

该把一件神圣的东西当作维持衣食的条件。"[①]杨贤江在《我对于本志改革的意见及今后的希望》(1921年)中提出"乐动主义""要把人的生活来艺术化""在现代生活里要希望人的劳动就是人的生活"。他说:"我对于本志改革的意见,也不外乎趋重艺术的、活动的方面,以作养成健全人格的,补助;并改良印刷的形式,以期发生审美的印象。"[②]《现代生活》从第2卷第1期(1924年1月)起由新时代学社与嫩绿社共同主编发行,并改宗旨为"介绍现代最新的思潮和学术""研究青年的切身问题""提倡人生艺术"3个方面[③]。在个人提倡方面,宗白华、丰子恺都是代表。宗氏在《少年中国》先后发表《中国青年的奋斗生活与创造生活》(1919年)和《艺术生活》(1920年)两篇文章。前文曰:"我们改良社会现状唯一的方法,就是要个个人都过他正当的奋斗生活与创造生活,完全消灭这种寄生生活的存在。"他大力呼吁创造"适应新世界新文化的'少年中国精神'"[④]。后文从同情的角度解释艺术。"艺术世界的中心是同情,同情的发生由于空想,同情的结局入于创造。于是,谓艺术生活者,就是现实生活以外一个空想的同情的创造的生活而已。"[⑤]把人格与文化、人生与艺术并列考虑,特别是以艺术的态度用于解决烦闷生活的方法,赋予艺术以社会功利性,这是别具时代进步性的。丰氏发表《现代艺术潮流》(1923年)和《废止艺术科——教育艺术论的序曲》)(1928年)。前文指出,现代生活是偏于"精神生活",指摘实利主义的,而现代的艺术也是"生"的、动的,因此两者是统一的。所谓"艺术化的人生",就是因"苦于生存竞争,厌于人间实在生活的苦恼"而"争言艺术"[⑥]。后文称"艺术的生活"就是"把创作艺术、鉴赏艺术的态度来应用在人生中,即教人在日常生活中看出艺术的情味来"[⑦]。这种把生活、人生指向艺术化的道路,实是突显作为现代生活的"艺术生活"之价值。

20世纪20年代前后美学家无不关注艺术之于社会(或生活)的重要意义,其实还与要求艺术(美术)观念的现代转型有关。所谓"美术革命"(陈独秀,

① 刘宏权,刘洪泽.中国百年期刊发刊词600篇(上)[Z].北京:解放军出版社,1996:157.

② 杨贤江.杨贤江全集:第1卷[M].郑州:河南教育出版社,1995:324-325.

③ 范泉.中国现代文学社团流派辞典[M].上海:上海书店出版社,1993:523.

④ 宗白华.宗白华全集:第1卷[M].合肥:安徽教育出版社,1994:93.

⑤ 同④:319.

⑥ 丰子恺.现代艺术潮流[J].艺术评论,1923(5):1.

⑦ 丰子恺.废止艺术科——教育艺术论的序曲[J].教育杂志,1928,20(2):3.

1918年），就是"革王的画"，通过推倒中国美术文人画传统、输入西方美术观念进行革新。这就是把现代与传统置于对立、冲突的两面。传统的艺术是写实的，入于俗世、定法，这种惰性无法激起对生活的"非常态"理解，自然也就无法表达现代人的生活意识①。所以，"美术革命"就是使艺术民众化、通俗化，以艺术之名行思想文化革命和社会革命之实。蔡元培在《文化运动不要忘了美育》（1919年）中说："不是用美术的教育，提起一种超越利害的兴趣，融合一种划分人我的偏见，保持一种永久平和的心境；单单凭那个性的冲动、环境的刺激，投入文化运动的潮流，恐不免有'利己''自私''厌世'等各种流弊。"② 王统照在《美育的目的》（1919年）中称美育是"利用人类本能的冲动，以超于物质对象的美的教育，去启化涵濡他，使人类的教育，达到完善的目的"。所谓"人类的教育"即是"美术"的美育。他认为，美术是"满足人类鼓乐与欲望的表现"，故"美育尤为一切美术生活的纲领，能充其全力，以普及于世界"。至于美育之提倡，也是为了把"可怜污浊的中国社会"完全改造好③。显然，王统照在美育提倡方面受到蔡元培的影响。他自觉宣扬蔡元培的新文化观和美育观，倡导人生艺术化，把艺术与人生结合起来，让艺术成为摆脱生活羁绊的方式，使普通的生活成为艺术的生活。

总而言之，现代话题充满诱惑。"现代"是一种"活力"，"不仅文学如此，一切的思想界，都以这活力——不是单凭理论来思考的道理，是与活的人生相并行的活力，换言之，即创造着的，实现着的，成长着的，发生着的——为人生的最后的肯定，最后的依归处。"④ 美育迫切之提倡来自现代生活的召唤，对新文化的想象和艺术本身具有的独特魅力。美育之重要则来自以教育为主调的多方面需要：

---

① 深入地看，西方艺术与中国艺术在体系内部的基本结构是不同的。"西方文脉的重点是用常态的眼睛看非常态的生活。西方的所有作品都是错构，只要是非常态就有可能成为作品。用常态的眼睛观察非常态的错构作品，从中获得审美感悟。而中国文脉的重点是用非常态的眼光去看常态的生活，它的核心是'转念'。"错构和转念是相对的，是构成艺术的两种方式。（潘公凯.艺术与生活的边界 [M] //中国国家博物馆.国博课堂 2011-2012.上海：上海古籍出版社，2015：307）
② 蔡元培.蔡元培全集：第3卷 [M].杭州：浙江教育出版社，1997：739.
③ 王统照.王统照文集：第6卷 [M].济南：山东人民出版社，1984：315-317.
④ 日田敏.现代艺术十二讲 [M].丰子恺，译.上海：开明书店，1929：23.

　　谈教育者，必曰德育、智育、体育，然此三者，无不寓以美育在其中。盖美之精神，不外纯洁高尚。其形于外者，为优雅，为整齐，为调和，为统一，为有条理，为充实而有光辉，所谓德智体三者，其能外此而为事耶？凡于一事一物一言一动，可以美为涵养性情整齐身心之具。故近日学者，以美育代宗教，则其神秘不可思议之处，可使人生信仰心，生欢喜心，一切烦恼卑污之念无由而起。于德育智育体育三者，有不可离之关系，而可助三者之精进。今日中国青年之道德，日趋于卑下。志趣日流于龌龊之境者，盖无高尚纯洁之美育为之涵养，为之引导故也。夫所谓美者，又非绚烂奢华之谓，无形之中，使有悠然自得之乐，而人生事业，由此发达，此其所以普通宜注重美育之理由也。①

　　这里把提倡美育的理由充分体现出来，明确了美育具有辅助德育、替代宗教和美化人生的重要作用。1922年中华教育改进社年会美育组关于普及教育奖进美术的这段"建议案"，颇具代表性，表明美育在当时已得到广泛关注，以至于成为"议题"。从世纪初王国维提出"美育"到民初蔡元培开始大力提倡美育，再到1920年以来的不断发展，这一过程是中国现代美育从发生、初兴再到勃兴的过程。对此，舒新城进行了全面审视。《美感教育思想》（1929年）一文回顾、分析了中国现代美育思想的发生背景、变迁和影响，并且指出，民国10余年的美育成绩和影响是巨大的，"并不亚于其他各种教育思想，甚或过之"。他认为，"美育本身的功能""政治的助力""时代思潮的激荡"三方面的原因使得"饥不可食寒不能衣的美感教育思想，竟能在教育实际上绵延地发生些较大的影响"②。1930年代以来美育在实践方面得到广泛体现，美育理论也不断得到深入发展。可以认为，中国现代性语境下的美育是反思性的，具有制度批判、文化认同、生活想象等多重蕴含。美育是一种现代价值论，诉求现代的、艺术的生活方式，是用于国民性新构的美学方式。现代生活之想象是中国现代美育的内涵，也是其魅力所在。这对于处于新时代生活中的我们，如何更好地发扬美育精神带来重要启迪。

---

① 中华教育改进社年会美育组. 普及教育奖进美术建议案 [J]. 新新教育，1922，5（3）：514.

② 俞玉姿，张援. 中国近现代美育论文选1840–1949[C]. 上海：上海教育出版社，2011：189–191.

第三章　美学情结与学人生活

在中国现代美学思想史上，涌现出王国维、梁启超、鲁迅、蔡元培、萧公弼、吕澂、陈望道、朱光潜、宗白华、丰子恺等一批影响卓著的美学家。他们普遍接受过传统与现代的教育，致力中国美学的建设，体现出一种强烈的"美学情结"。正如陈文忠说："一位真正的美学家提出他的美学主张，都不是轻易之举，无不调动他的全部知识学养，经历痛苦的求索过程，交融着热烈的追求和冷静的沉思、难解的烦恼与成功的欢欣，一旦豁然开朗，便成知识信仰。这包含着观念、情感和意志的学说主张，成为一种思想的情结，盘旋心胸而终生相守。"[①] 显然，这种特殊心理的形成绝非偶然，与他们的个性、生活方式等亦有直接关系。美学家是具体的人、社会的人。作为美学家，他们具有高深的学问，除提出美学见解之外，一定还有他人无法能够取代的一面。钱钟书说："大学问家的学问跟他整个的性情陶融为一片，不仅有丰富的数量，还添上个别的性质，每一个琐细的事实，都在他的心血里沉浸滋养，长了神经脉络，是你所学不会、学不到的。"[②] 这个他人无法取代的"个别的性质"，构成了区别性特点，不可不让我们注意、重视。

还原学人生活，并非易事，比较有效的方式就是解读他们的自述文本。自传、日记、书信、谈话等皆有自述性质，其中保存了个人的鲜活的"历史"。不仅此，它们还有超出文本自身的一面。英格利斯（David Inglis）说：

---

① 陈文忠. 美学领域中的中国学人 [M]. 合肥：安徽教育出版社，2001：4.

② 钱钟书. 谈交友 [J]. 文学杂志.1937，1（1）：193.

"关于一个事件的任何回忆都是有偏见的，并且是被一个看待及判断事情有着特定方法的人创造出来的，这种看待事情的方式部分是个人的，部分是他们'文化'的产物。"① 自述文本并非"纯粹"，日常生活与文化认同皆蕴藏其中，主观叙述中又具有客观必然性。换言之，我们查考"私人档案"，即那些"被记录下来的文化"（recorded culture），可以获得接近真实生活的途径。鉴此，本章借助自传文本，选取王国维、梁启超、蔡元培、朱光潜、宗白华两代5位美学家，分别着重于"读""友""游""苦""观"的"个别的性质"进行评述。在还原学人日常生活的基础上，探询日常生活与文化、美学之间的有机关联，这亦有助于我们深入理解人生艺术化思想。

一、王国维的矛盾心态

著名历史学家严耕望说："一个人学问成就的深浅，可以从他的生活修养中看出一些端倪，因为日常生活与人生修养对于学术工作影响极大。"② 借此来评说王国维是十分恰当的。王国维一生淡泊名利，不治生人产业，唯以读书做学问为生命。"余毕生惟与书册为伴，故最爱而最难舍去者，亦唯此耳。"③ 他平生最大的一个爱好就是读书。他读各种古书、新书，以译读、泛读、比较、探本求源、循序渐进等为方法，在读书生活中迈步，几十年如一日，勤勉不息，锲而不舍。通过"读"，他取得哲学、美学、诗学、史学等多方面成绩，并求得人生的解答和救世的方法。所谓"生死书丛文字间"，正是他一生的真实写照。

作为中国现代美学的重要奠基者，王国维在19世纪末20世纪初开始接触西方的知识界（主要以日本为中介），通过对西方哲学、美学理论的翻译、移用和改造等方式批评中国文学、美学，从而产生了新颖的文艺观、美学观。可以认为，王国维是在中国近代历史发生转变的机遇中，以一种"中西相化"的方式进行中国传统理论命题的现代转换，从而开辟出中国文艺美学的新境界（参见第二章动静说部分）。不过，王国维的这一过程并非一帆风顺，其一

---

① 英格利斯 . 文化与日常生活 [M]. 张秋月，周雷亚译，北京：中央编译出版社，2010：23.

② 严耕望 . 怎样学历史：严耕望的治史三书 [M]. 沈阳：辽宁教育出版社，2006：113.

③ 赵万里 . 王静安先生手校手批书目 [J]. 国学论丛，1928，1（3）：179.

生为学多变，在学术道路上充满了艰辛和坎坷，并不时地陷入自我反思的困境中。这种特殊心理在他的《静庵文集·自序》（1905年）、《自序（一）》和《自序（二）》（《静庵文集续编》，1907年）中有相当详细的表述。"自序"是学人进行自我陈述的普遍方式之一，"除讲述'我'的故事，更重要的是面对自我、分析自我、反省自我"①。对于后人而言，自述是相当珍贵的参考文本，有助于了解学人在特定环境下的接受事实以及某些鲜为人知的动机，也是值得反复阅读和细致考量的。对于这些自述文本，在许多王国维研究中仅仅将其作为一种人物的思想背景来处理，并不着意于这种话语的蕴藉。这里针对3篇"自序"，深入探析前期王国维在从哲学、美学向诗学转捩过程中的两种矛盾心态以及由此所造成的特殊意味。

（一）疏离康叔哲学

王国维提到1905—1907年期间面临着"可信"与"可爱"不能兼得的"最大之烦闷"。《自序（二）》曰："余疲于哲学有日矣。哲学上之说，大都可爱者不可信，可信者不可爱。余知真理，而余又爱其谬误。伟大之形而上学、高严之伦理学与纯粹之美学，此吾人所酷嗜也。然求其可信者，则宁在知识论上之实证论、伦理学上之快乐论与美学上之经验论。知其可信而不能爱，觉其可爱而不能信，此近二三年中最大之烦闷。"②

王国维研究哲学始于1901—1902年，终于1907年左右，前后达五六年之久。康德（汗德）、叔本华是他最早接触的西方哲学家中的两位，康德、叔本华哲学（统称"康叔哲学"）也是他前期"为学"之重点。受罗振玉邀请，王国维治理东文学社杂务。期间，他受到两位日籍教师的影响而研读康叔哲学，而他弄通康德哲学恰是借助了"叔本华"这座桥梁。1903年春，他始读康德的《纯粹理性批判》，"苦其不可解，读几半而辍"，而后读了叔本华的著作，"其所尤惬心者"为他的《知识论》而康德之说"得因之以上窥"。在《自序（一）》中，王国维交代得相当详细："至《先天分析论》几全不可解，更辍不读，而读叔本华之《意志及表象之世界》一书。叔氏之书，思精而笔锐。是

---

① 陈平原.中国现代学术之建立 [M].北京：北京大学出版社，1998：380.

② 王国维.王国维文集：第3卷 [M].北京：中国文史出版社，1997：473.

岁前后读二过,次及于其《充足理由之原则论》《自然中之意志论》,及其文集等。尤以其《意志及表象之世界》中《汗德哲学之批评》一篇,为通汗德哲学关键。"①从康德到叔本华,又从叔本华到康德,王国维花了大量时间反复研读两人的哲学。如此执拗于康叔哲学,想必王国维一定对康叔哲学有了透彻的理解,并产生了一种深深的认同感:康叔哲学蕴含知识和真理,是"可信"的哲学。

在研读康叔哲学的过程中,王国维也把它们运用到诗学当中,并把诗学研究当作自己哲学研究的一个组成部分。如他依据叔氏学说将文学艺术视为永恒真理之记号,为人生解脱之手段。他的《静安文集》及此后的《静庵文集续编》中的一系列哲学论文、诗学论文,以至诗词创作等,大多是前期研究康叔哲学的辛勤结晶。如《红楼梦评论》(1904年)就是他实践叔本华唯意志论的代表作;《论古雅之在美学上的位置》(1907年)发挥了康德审美无功利性的思想,提出了"第二形式之美"的观点。王国维之所以在诗学上有这些成就,是与他承认哲学的"可信"密切相关的,但是他也倍感哲学之"不可信",这主要是从哲学处理人生问题上见出。他对叔本华哲学既服膺之,又质疑之。《静庵文集·自序》曰:"其人生哲学观,其观察之精锐,与议论之犀利,亦未尝不心怡神释也。后渐觉其有矛盾之处,去夏所做《红楼梦评论》,其立论虽全在叔氏之立脚地,然于第四章内已提出绝大之疑问。旋悟叔氏之说,半出于其主观的气质,而无关于客观的知识。"②他虽借叔本华哲学作为通康德哲学之"关键",减少了许多"窒碍之处",但在第4次之研究时已发觉"大抵其说之不可持处而已"。这说明他对康德哲学这种建立在纯粹唯心主义基础上的哲学体系已产生了不信任。另外一个重要的原因是这种哲学与实际的人生有很大出入,特别是与自己的经验不符:为学期间王国维身体状况出现了大问题。《自序(一)》曰:"体素羸弱,性复忧郁,人生之问题,日往复于吾前。"③这本是他"自是始决从事于哲学"的原因,而今所识之哲学竟是这般模样。王国维对于康叔哲学的"不可信",终因是这种哲学解决不了人生问题而"不可爱"。

---

① 王国维.王国维文集:第3卷[M].北京:中国文史出版社,1997:471.

② 同①:469.

③ 同①:471.

由此看出，王国维对康叔哲学并没有持"从一而终"的态度，在"酷嗜"中有疑惑，在辨析中有选择。由于他在研读康叔哲学过程中同时涉猎了其他的一些西方哲学著作，遂有所谓的"伟大之形而上学、高严之伦理学与纯粹之美学"和"知识论上之实证论、伦理学上之快乐论与美学上之经验论"。这些说法其实都是他对西方哲学论说各种情况的说明，但主要是针对康叔哲学而言的。以康叔哲学为中心，王国维有了对"哲学"的一般理解：一是任何哲学都有自己的目标和追求，这是"可信"的，是值得自己遵从的；二是哲学又从来不是绝对的，任何具体的哲学都是一分为二的，真理与谬误并存，这是"可爱"的地方，也是能得到印证和值得自己顺从的。正是哲学的这种"不完美"特点使得致力于哲学研究的人始终处于"可信而不能爱""可爱而不能信"的选择困惑之中。王国维因"疲于哲学"而产生的"最大烦闷"就是他试图突破"不完美"哲学的一种心理表征，而康叔哲学的缺陷也必然成为一个巨大的意念障碍，使他经常处于与之扫清联系的努力中。大凡既受过传统文化濡染又受过现代文化冲击的人，都会存在类似的心理。传统与现代之间的矛盾、冲突时时会引发他们一种自我批判的内心冲动。如果出现偏于传统或现代一极的情况，那么就会极易陷入一种难以逾越的思想境地：越是加以批判，越是无法自拔。王国维对待康叔哲学的情况与此类同，他越是想批判康叔哲学，越是难以摆脱它。尽管他预备与康叔哲学从"即"到"离"，但康叔哲学至少构成了他青年时代无法泯灭的一种思想环境。当然，解脱"疲于哲学"困境进行自我拯救的最佳途径就是疏离康叔哲学，进而寻求、皈依与他个人经验相似的哲学家、诗人。

（二）接近席勒经验

陷入囹圄的王国维此时也正面临着究竟是为"哲学家"还是为"诗人"的选择难题。《自序（二）》曰："余之性质，欲为哲学家，则感情苦多而知力苦寡；欲为诗人，则又苦感情寡而理性多。诗歌乎？哲学乎？他日以何者终吾身，所不敢知，抑在二者之间乎？"①

成为哲学家与美术家（诗人），这是前期王国维的理想。他曾寄予哲学

---

① 王国维.王国维文集：第3卷[M].北京：中国文史出版社，1997：473.

（家）与美术（家）以极高的地位。《论哲学家与美术家之天职》（1905年）曰："……所以酬哲学家、美术家者，固已多矣。若夫忘哲学、美术之神圣，而以为道德、政治之手段者，正使其著作无忘价值也。"①哲学、美术之所以具有如此地位，正是志之"天下万物之真理，而非一时之真理"。特别是，从事哲学、美术可以获得人生之快乐，而人事道德、政治只图短暂的利益，并不能实现人生永恒的价值。所以，王国维对那种急功近利的道德主义和政治主义嗤之以鼻，急切要求改变哲学、美术长期归顺道德、政治的现实，要求还原哲学家、美术家的天职和"独立之位置"。因此，王国维视哲学、美术为"无用之用"，这几乎成为他一生的道德、学术价值追求。然而，几年"为学"下来，却落下为"哲学家"还是为"诗人"的选择困惑。他的解释是，从来任何的哲学家自立一新哲学是"非愚则狂"，可见成为真正的哲学家之不可能；而自己的个性又不喜爱成为哲学史家，此为其一；其二是此前他在治哲学的同时也有相当的文学成就，如在《自序（二）》中所提到的"近年嗜好之移于文学，亦有由焉，则填词之在成功也"②。可以说，哲学家还是诗人的选择困惑使王国维充满了深深的焦虑，因为他相信背弃自己的信仰就是一种纯粹的自我反叛。

王国维的这种精神状况，很容易让我们联想起席勒。佛雏早就指出："王氏徘徊于哲学家与诗人之间，这颇有点类似为王氏述为的希尔列尔（即席勒）曾经经历的一种矛盾心境。"③席勒在致歌德的信（1794年8月31日）中说：

我的知解力是按照一种象征方式进行工作的，所以我像一个混血儿，徘徊于观念与感觉之间，法则与情感之间，匠心与天才之间。就是这种情形使我在哲学思考和诗的领域里都显得有些勉强，特别在早年是如此。因为每逢我应该进行哲学思考时，诗的心情却占了上风；每逢我想做一个诗人时，我的哲学的精神又占了上风。就连在现在，我也还时常碰到想象干涉抽象思维，冷静的理智干涉我的诗。④

---

① 王国维.王国维文集：第3卷[M].北京：中国文史出版社，1997：8.

② 同①：473.

③ 佛雏.王国维诗学研究[M].北京：北京大学出版社，1987：7.

④ 朱光潜.西方美学史（下）[M].北京：人民文学出版社，1982：438.

哲学思辨与诗歌感情之间永无止境的争斗，使得席勒无不深深陷于生存的困境之中，甚至他的至交歌德也这样评价："哲学思辨对德国人是有害的。"①作为一位爱好历史与哲学的诗人，席勒面临着艰难的选择，孤独而又忧伤。加上早年受约束的身体，使得他把追求理想之自由成为一生的使命，这也使诗人失去了部分生命，因为理想迫使他超过对自己体力所能及的要求。

席勒的这种精神状况，正是他的思想背景和文学经历的突出反映。但席勒之所以成为席勒，是因为他首先是一位"康德主义者"，是用先验论的方法来解决美学问题。他全面接受了康德十分抽象的哲学（如对后世影响卓著的《美育书简》一书就是依据康德哲学进行立论），并在此基础上建立了一种关于美的独特理论。席勒借助哲学思维在诗歌创作上也获得了巨大成功。正如西方学者所言，作为"雄辩诗人"的席勒，"为了要使在自己著作中丰富的形象及包藏着音乐性的语言充满生气，就需要唤起思想的活力。这种道德主义倾向注定要成为康德的学生。而由于才能上的对立，他又注定要成为康德的批评者"。在承认康德方法的同时，席勒却对康德所下的关于美的定义十分不满，并要求以"客观"概念取代"主观"概念。他在《论美书简》《美育书简》等论著中，"以富有诗意的实在，或更确切地说，以适合于诗人描绘的实在，取代了康德幻象式的实在。而一旦达到这个目的，席勒也就脱离了思辨哲学，完全献身于诗歌创作"②。席勒既是"赞同康德的道德主义者"，又是"批评康德的诗人"，总之，为了摆脱哲学而利用哲学，正是这位"哲学诗人"所采取的手段。

席勒的哲学"情结"也是此时具有与席勒同样"气质"的王国维的真实感受。可以想象：在从哲学、美学向诗学的转捩过程中，王国维的内心世界正进行着一场更为深刻的革命，他所面临的艰巨任务是如何实现哲学命题的深度转捩，而这恰恰与席勒的精神困境及其超越方式不谋而合。席勒对王国维应该是一个巨大的暗示：要突破哲学的困惑而向诗学向度上的转换。不久之后，王国维写出了《人间词话》（1907年）这一影响颇巨的诗学著作，标示着他转向的全面完成。这除了个人兴趣之外，也正是依托了哲学力量进行全

---

① 歌德 . 歌德谈话录 [M]. 朱光潜，译 . 上海：上海译文出版社，1988：39.
② 吉尔伯特，库恩 . 美学史：下卷 [M]. 夏乾丰，译 . 上海：上海译文出版社，1989：472–474.

新的美学设计，以一种较为纯粹的自我经验切入哲学、美学的阅读体验当中，进而将之投射到诗学创作当中，从而使中国古典诗词批评焕发新彩。

（三）勃发独创意识

实际上，王国维从研究康叔哲学开始不久就已经有意保持与席勒之间的某种联系。在前期发表的诸多论文中，他在借用、阐发康叔哲学观点的同时也在逐步引用席勒的观点。如《论教育之宗旨》（1903年）提出以智育、德育、美育"三者并行而得渐达真善美之理想，又加以身体之训练"的"完全之人物"；《文学小言》（1905年）提出"文学者，游戏的事业也"；《人间嗜好之研究》（1907年）中认为文学、美术这些最高尚之嗜好也是"得以游戏表出者"；《孔子之美育主义》（1907年）中说的"最高之理想存于美丽之心"；等等，这些观点都是对席勒思想的移置和化用[①]。此外，席勒也是王国维十分推崇的德国学者之一。在他主编的《教育世界》杂志上就有两篇介绍席勒（王国维译为希尔列尔）的文章，即《德国文豪格代、希尔列尔合传》（1904年）、《教育家之希尔列尔》（1906年）。两文都高度评价席勒，称之为"世界的文豪""教育史上的伟人"，并把他与歌德并称。而在与歌德的比较中，他又特别突出席勒的文品与人品。席勒在王国维心目中的地位，显然是非同一般的，可以说是他的思想导师。但如果以3篇"自序"去比较前期王国维的理论工作，我们会相当惊讶地发现：王国维竭力突出康德、叔本华两人对他"为学"的影响，就是只字不提席勒。这种思想表述与实际的理论动作之间的不对应关系，实质上构成了另一层面上的矛盾。

王国维从不时移用席勒观点到逐渐疏离康叔哲学，从经历"席勒式"困境再到"自序"中撇清与席勒之间的界限，这一过程颇值得玩味。朱寿桐曾以"思想邻壑"概括类似的悖论心理：

所谓思想邻壑现象，体现着思想表述和理论运作中的主体对于自己思想、理论和精神创造的一种保全性防范心理：他们往往并不害怕来自

---

① 相关研究，参见佛雏.王国维与席勒美学 [M] // 佛雏.王国维哲学美学论文辑佚.上海：华东师范大学出版社，1993：407–421.

于不同立场甚至相反的价值体系的思想理念的质疑、挑衅和抵触，而更敏感于与自己观念相近、相似的精神价值所可能造成的纷扰、含混与消解。因此，他们对敌对的观念常常表现出不屑置辩的轻松或泰然处之的雍容，而对于与自己立场相近、精神价值相类的观念及其表述则往往表现出如临大敌般的紧张和急于划清界限的焦虑，这颇类似于中国成语"以邻为壑"所昭示的那种人生现象，……①

　　这表明王国维对席勒实行"邻壑"政策具有某种企图。晚清至近代是中国最具过渡性质的历史时段之一。随着异质的西方势力的渐入，中国两千余年的封建统治逐渐走向末路，并形成了"数千年未有之大变局"。面对社会剧变，一些深受传统文化教育影响的知识分子有感于身世背景和人生际遇，表现得"心有余而力不足"，无力改造社会，往往处于苦闷和彷徨之中，王国维便是这类知识分子的典型代表之一。尽管他在意志上相当消沉，但在学术上并不那么消极，表现在他试图以一种"非陌生化"的方式求得精神信仰，以"保全性防范心理"索求理论新构。一方面，他决意要走出这种焦虑的阴影，另一方面要保持知识人的学者姿态，但又苦于与他人同道，这种矛盾心理恰恰体现了理论自觉意识。王国维当属那种"对自己的独创性特别在意也特别强调，而且特别有自信的状态"②的情况。刻意保持与席勒之间的距离，做出拒绝被席勒"笼络"的姿态，这正是他诉求独创这一特定心理的反映。

　　席勒在王国维心目中的地位似因在康叔哲学的"笼罩"下并不能得到突出，然而一旦他遭遇"理智"与"情感"相互征服的困境时，席勒的意义就显示出来了。王国维的席勒"情结"在自述文本中以这种"遮蔽"方式呈现，也应对了自传的特征。一般地说，创作者都会在自己的著述序言中如实追忆个人的生活经历和思想发展历程。然而，正如陈平原所言，"'追忆'既是一种呈现，也是一种掩盖；既在讲述真情，也在散布谎言"，因为它是用"今天"的眼光赋予往事某种意义与逻辑，并非简单地去追溯往事，回到过去，而只是"陈述其能够陈述的"③。杨正润也指出，"自序"只是自传的形式之一（或

---

① 朱寿桐. 林语堂之于白璧德主义的思想邻壑现象 [J]. 福建论坛（人文社会科学版），2008（7）：93.

② 同①：95-96.

③ 陈平原. 中国现代学术之建立 [M]. 北京：北京大学出版社，1998：308.

称"亚自传"），"作者只有部分的自我叙述，或者是不完备的自我叙述，并不以自我的生平为核心或主要内容，其中叙事的断裂和遗漏是常见的，也不需要特别说明"[1]。可见，这种自传形式确有一种特殊的边缘性质，既具有一定的确定性，又具有相当的不确定性。读者的确能够借此"还原"创作者的某些生活、思想方面的事实，而"叙事的断裂和遗漏"实又为"误读"提供了可能。不仅此，不同的阐释者可以依据自己的需要对文本做出自己的阐释，甚至可以修正曾经做出的阐释。当然，这些都必须立足于文本产生的特殊语境。以往我们基本将王国维文艺美学置于以"叔本华悲观主义美学为本"的唯心主义哲学的理解框架中，这样就忽视了王国维文艺美学中的一些异质因素，甚至"埋没"了它的人本主义精神实质。其实，对于任何一位处于时代转折关键时期的思想者来说，他不可能不受到众多因素的影响，王国维文艺美学思想的系统化形成也绝非只是受某一二位思想家的影响所致，它应是立足于中国文化传统这一土壤并广泛摄取西方文化资源的基础上"相化"而成的。当然，中西两种文化的成分会有所不同，各家思想的比例也会随个人思想发展阶段的不同而有所差异。可以说，王国维对中国文艺美学独创性的预设中蕴含着席勒的"真理"，王国维文艺美学中也处处闪烁着席勒思想的"光芒"。浦江清（穀永）在王国维自沉周年的一篇纪念文章中，评他为"吾国之希勒（今译席勒）"[2]，可谓一语道破，只可惜未得到后人应有的重视。

二、梁启超的异域体验

从在中国美学现代进程中所扮演的角色类型看，梁启超不同于王国维的学院型，也不同于蔡元培的管理型，而是属于社会型，"类似于公共知识分子，其学用来推动社会的进步，甚至带着一种功利的急迫性，去唤起民众"[3]。这特别表现在前期提倡"新民说"，至于后期"趣味说"，则应当是它的一种延续。从前期到后期，他的思想发展呈现出"变而非变"的演化特征，"凸显了其人生论美学的基本学术立场和由社会政治理性观向文化人文价值观迈进的基本轨

---

① 杨正润 . 现代传记学 [M]. 南京：南京大学出版社，2009：354.

② 穀永 . 王静安先生之文学批评 [N]. 大公报·文学副刊（第23期），1928-6-11.

③ 张法 . 中国现代美学起源三大家 [J]. 文艺争鸣，2008（1）：41.

迹走向"①。梁启超的文学、美学的思想之形成，值得我们从多方面解读。

梁启超历经晚清与民国这两个重要的历史时段（各为16年）。就其一生活动范围看，则有海内外的双重经历。自1895年"浪游"开始，他的游历空间逐渐扩延海外，足迹遍及日本、美洲、澳洲、欧洲，且留下《夏威夷游记》（1902年）、《新大陆游记》（1905年）、《欧游心影录》（1920年）等多部作品。这些具有异国情调的游记作品，具有他个人思想变动的征兆。正如周宪所言："周游列国总会遭遇所到之处的历史和传统，并对此发表感叹和联想，这就会触及对本土历史与文化的思索。"②显然，这种异域体验之于梁启超而言是十分深刻的。故通过梳理海外游历活动的轨迹，深入发掘海外游记作品的文学性特征，我们能够还原他的"真实"生活，尤其是能够发现"游历"对他所产生的多方面意义。总体认为，异域体验成为他一生游历活动之特色，具有鲜明的动机，并促使他思想转变，故绝非是简单的行旅；他的海外游记作品具有文学性特征，是"行动"的效果之体现；"游历"是自我实践方式，是追求身份认同，但终究是他徘徊在政治与学术之间这段特殊心史的反映。

（一）海外之旅

众所周知，中国古人谈治学、修身特别强调游历的重要性。所谓"读万卷书，行万里路"（董其昌《画禅室随笔》）；"独学无友则孤陋而难成，久处一方则习染而不自觉"（顾炎武《与友人书》），即是要求"学"必须与"游"结合起来。只有知行合一才能完善自我，才能有进一步的立功之可能；只有通过行路、游历，才能通过实际见闻验证自己的学问，与同道中人切磋研磨，勃发创造性。如李白、杜甫、柳宗元、苏轼、范仲淹、陆游等一大批耳熟能详的诗人，他们大都在漂泊无定的环境中写出大量的经典诗篇。"疲厌游学，博物多能"，"遇"必"究"，"讲贯切磋"（包世臣《小倦游阁记》），古人的"倦游"精神和游之"道"深为后人称道。近代以来随着国门的打开，越来越多的有识之士走向世界。他们游历西土，移习西学，感受缤纷的异域文化。在这批人当中，有考察西方政治和风土人情的外交使节，有志在游学求知的

---

① 刘向信.中国现代人本主义美育思想研究 [M].北京：明天出版社，2005：87.

② 周宪.旅行者的眼光与现代性体验：从近代游记文学看现代性体验的形成[J].社会科学战线，2000（6）：119.

留学生，有谋富经商的商人，有因生计所迫的谋生者，有避难政治的逃亡者，等等。他们把所见所闻所感记录下来，或向国人介绍世界各地的政教风物，或探寻富国强民的方法。异域行旅的拓展，又带来了域外游记的勃兴，从而形成了中国游历文学发展的一次高潮①。游历人员、游历目的、游历空间的变化及域外游记的产生，反映了近代中国社会发生深刻变化的现实，而这种现实在梁启超身上得到集中体现。

梁启超于1873年出生在广东新会，于1929年病逝在北平，生命短暂，但人生道路非凡：结师康有为，领导变法维新；倡导新文化，支持五四运动；倡导文体革命，追求政治与学术。他留下1400多万文字，在近代学人中无人能匹之。观其一生，与游历莫不有重大关系。他自述有一个从"游"到"浪游"的人生过程。《夏威夷游记》曰："余生九年，乃始游他县，生十七年，乃始游他省，犹了了然无大志，蒙蒙然不知天下事。"②稍早的《变法通议》（1896年）则曰："启超本乡人，曹不知学，年十一，游坊间，得张南皮师之，牺轩语《书目答问》，归而读之，始知天地间有所谓学问者，稍长，游南海康先生之门，得《长兴学记》，勉焉孜孜从事焉。"③他在早期接受的教育是封闭式的，但是当投奔到康有为门下之后，视野获得了极大拓展。在这里，他不仅能够得到传统式的教育，而且能够接触到现代的知识、理念。康有为主持的长兴学舍招收、培养有志之士，制定了明确的教育大纲。它分分纲、学科和科外学科三部分，其中科外学科又分校中、校外两部分，前者包括演说、劄记，后者包括体操、游历④。游历，赫然列在大纲之中，成为他接受的教育内容之一。故这里所说的"游"当是以"学"为主。至于"浪游"，则与他谋划政治活动密切相关。《夏威夷游记》又曰："吾自中日战争以来，即为浪游：甲午二月如京师，十月归广东。乙未二月复如京师，出山海关。丙申二月南下，居上海。十月游杭州，十二月适武昌。丁酉二月复还上海，十月人长沙。戊戌二月复如京师，八月遂窜于日本，九月初二日到东京，以至于今，凡居东京

---

① 相关研究现状，参见刘少虎 . 近代中国海外游记研究综述 [M]. 湖南商学院学报，2007（5）：58-61.

② 梁启超 . 梁启超全集：第4卷 [M]. 北京：北京出版社，1999：1227.

③ 梁启超 . 梁启超全集：第1卷 [M]. 北京：北京出版社，1999：39.

④ 吴其昌 . 梁启超传 [M]. 天津：百花文艺出版社，2004：42.

者四百四十日。"①他在变法前奔走于国内各大城市，在变法失败之后不得已亡命日本，在横滨创刊《清议报》，次年8月在东京创办高等大同学校。

在日本初期，梁启超心无旁骛，专注日事。其一，广泛阅读日文报刊，了解日本时事，"每日阅日本报纸，于日本政界、学界之事，相习相忘，几于如己国然"②。其二，关注福泽谕吉、中村正直、中江兆民、加藤弘之等日本思想家，研究他们的著作。其三，观察日本社会风尚。他曾这样描述对日本社会风尚的感受："戊戌亡命日本时，亲见一新邦之兴起，如呼吸凌晨之晓风，脑清身爽。亲见彼邦朝野卿士大夫以至百工，人人乐观活跃，勤奋励进之朝气，居然使千古无闻之小国，献身于新世纪文明之舞台。回视祖国满清政府之老大腐朽，疲癃残疾，肮脏蹒跚，相形之下，愈觉日人之可爱、可敬。"③可以说，日本对于梁启超来说具有重要意义，"不仅仅是接受西洋近代思想的中转地，而且也是作为赋予自己的政治主张以某种客观性的场所"④。

梁启超"浪游"始于1895年夏，流亡到日本是1898年9月，自此揭开了异域游历的序幕。在日本期间，除关注日事之外，他还有赴夏威夷、南洋、美洲之异域之旅。为办理保皇会、募集捐款、筹划自立军起事、准备武装"勤王"，1899年冬他来到夏威夷，并在此地停留约半年时间。"道出夏威夷岛（即檀香山），夏无奈人絷维之，约留一月行。既而防疫事起，全市华侨廛宅付一炬，环岛不通行旅者数阅月。于是余自庚子正月至五月，蛰居夏威夷。"⑤此后由于国内急电，他遂不得不返回，先至日本再到上海、香港、槟榔屿。1900年7月他一度归国，不久自立军起事失败，乃取道印度、菲律宾赴澳洲，居澳半年，于次年5月返回日本横滨。

梁启超于1903年2月底前往北美，3月抵温哥华，5月到纽约，至12月返回日本。在美国，他几乎游遍了各州，所到城市有这些：纽约、哈佛、波士顿、华盛顿、费城、波地摩（巴尔的摩）、必珠卜（匹兹堡）、先丝拿打（辛

---

① 梁启超.梁启超全集：第4卷[M].北京：北京出版社，1999：1217.

② 梁启超.夏威夷游记[M]//梁启超.梁启超全集：第4卷.北京：北京出版社，1999：1217.

③ 吴其昌.梁任公先生别录拾遗[M]//夏晓虹.追忆梁启超.北京：中国广播电视出版社，1997：142-143.

④ 狭间直树.梁启超和日本：以梁启超的著述及相关资料为中心[M]//复旦大学文史研究院，中华书局编辑部.鼎和五味.北京：中华书局，2010：33.

⑤ 梁启超.新大陆游记[M].梁启超全集：第4卷[M].北京：北京出版社，1999：1126.

辛那提）、纽柯连（新奥尔良）、圣路易、芝加高（芝加哥）、汶天拿（蒙大拿）、舍路（西雅图）、钵仑（波特兰）、旧金山、罗省技利（洛杉矶）等。所到一处，他主要考察华人、维新会、美国名流、历史文化建筑、教育、交通、城市、人口、社会、外交、政治、军队、世界博览会等。此次美洲游因为早有计划，但是直到4年后才成行，故自称"旧游"。夏威夷、澳洲、美洲之游都有一些文字记载，其中澳洲游只留下一些诗作，而夏威夷游有《夏威夷游记》（旧题《汗漫录》，又名《半九十录》），美洲游有《新大陆游记》。游历情况在这些作品中得到直接的反映。

梁启超还有一次重要的异域之旅，这就是"战后之欧游"。欧游筹划于协约国巴黎和会召开之前，"想拿私人资格将我们的冤苦，向世界舆论申诉，也算尽一二分国民责任"[①]。梁启超一行于1919年1月抵达伦敦，直至次年8月回国。他们以巴黎为大本营，遍访大部分欧洲国家。在巴黎和会休会期间，他们与随行记者考察"一战"之西部战场、莱茵河右岸、布鲁塞尔等地，游历比利时、荷兰、瑞士、意大利、德国等国家，考察伦敦、爱丁堡、伯明翰等城市，访问亚当·斯密、莎士比亚等名人故居，参观剑桥大学、牛津大学等著名学府。关于这次游历，他在《欧洲心影录》中对过程做了详细记录，并对战后欧洲的政治、经济、文化等做了全面分析和细致反思。

归纳起来看，梁启超居日本约14年，期间赴夏威夷、澳洲各半年，美洲10个月；从日本回国8年之后的游欧达1年半载。这几次海外游历之于他，感触颇多，如其自言："吾尝游历美洲、澳洲、日本诸地，察华商之情况，皆有一落千丈不可收拾之概。"[②]特别是游历体验之于他意义重大，在思想上产生直接影响。如美洲游之后，他却"梦俄罗斯"，言论也大变，完全放弃过去所深信的"破坏主义""革命排满"主张。再如他在欧游之前对中国传统文化之批评本有取舍，甚至怀疑，而归来后则彻底放弃"科学万能"之迷梦，主张在中国文化上"站稳脚跟"。他认为，中国与欧洲的"固有基础"不同，故不能走与之一样的道路，而是要坚守固有的传统，保持对中国前途的乐观态度。如果说《新大陆游记》是他告别孙中山主义的宣言，那么《欧游心影录》是

---

① 梁启超.欧游心影录 [M] // 梁启超.梁启超全集：第10卷.北京：北京出版社，1999：2987.

② 梁启超.论民族竞争之大势 [M] // 梁启超.梁启超全集：第4卷.北京：北京出版社，1999：899.

他告别"科学万能"并倡导"中国不能效法欧洲"的告白。"蛰居夏威夷""旧游新大陆""战后之欧游"构成了梁启超一生中思想发生变化的关键环节，对此我们不可不详察。

（二）文学行动

上述已言及，梁启超的游历冲动与他的启蒙教育有关，但是真正促成他游历的则是来自实现政治理想的需要。前期梁启超提出"新民说"，主张改造国民、培育民智民德。为此，他在《新民丛报》发表大量政论文章进行阐发，又主张通过文艺，特别是小说的改造批判方式，从而彰显文艺的"群治"作用。这是他的功利主义文学观，即主张文学政治化的体现。后期梁启超在言论、思想等方面有些变化，但这仍是属于"新民"这个具有内在统一性的思想内核。他对文学的趣味、情感等审美特征的突出，强调文学、美术的独立性，表达科学与美术相融的观点，这些都是基于政治框架[①]。所以，《夏威夷游记》《新大陆游记》《欧游心影录》这3部海外游记作品，还需要我们从文学角度做进一步的评析，毕竟文艺是他政治构想中极为重要的一部分。

杂用姿态。一般说的"游记"是一个统称，按使用语言、写作对象、风格呈现等，可以分为各种类型。中国古代就有文言体游记、白话体游记，诗人游记、哲人游记、才人游记、学人游记，还有笔记体游记、日记体游记，等等，体式多样，不一而足。梁启超游记使用的主要是白话，间杂一些文言，还吸收外来语，夹入一些"新词"，以学人型为特色，又以日记体为主。《夏威夷游记》曰："昔贤旅行，皆有日记，因效其体，每日所见、所闻、所行、所感，夕则记之，名曰《汗漫录》，又名曰《半九十录》，以之自证，且贻同志云。其词芜，其事杂，日记之体宜然也。"[②]综合看，他在文体上兼及多种类型。他在海外游历时间长，所经之地多，所涉及内容相当丰富。他以游历行程来安排写作格局，详细记录游程和感受。记游性、纪传性成为梁启超游记的显著特点。特别是采用日记体，在日记形式基础上成书，故既是"很好的

---

① 刘锋杰. 文学政治学的创构：百年来文学与政治关系论争研究 [M]. 上海：复旦大学出版社，2013：25-33.

② 梁启超. 梁启超全集：第4卷 [M]. 北京：北京出版社，1999：1217.

历史资料",又是"文学研究的好资料"①。多体的杂用、互渗,既是一种继承,又是一种创新,彰显出近代中国正处于文化对话、思想交流的活跃之背景中。

艺术裁剪。梁启超勤于日记、笔记。他在游历过程中十分注意搜集材料,因此在每次结束后都会有一大堆材料。但是这并非意味着可以将所见所闻笼统地凑合在一起,而是需要有所剪减,经过艺术处理。如《新大陆游记》是"返日本后,以两旬之力"重新整理而成。他说:"中国前此游记,多纪风景之佳奇,或陈宫室之华丽,无关宏旨,徒灾枣梨。本编原稿中亦所不免,今悉删去,无取耗人目力,惟历史上有关系之地特详焉。"它不载"无关宏者""耗人目力"之"风景之佳奇"和"宫室之华丽",而专记"美国政治上、历史上、社会上种种事实"。他还删去了美国政治、"海外同胞异常之欢待"等诸多内容②。该作夹叙夹议、轻快自如、饱含感情,且内涵十分丰富,被后人誉为"1903年前后中国舆论界的'执牛耳者'""一部全面介绍19世纪末20世纪初的美国政治、经济、文化、社会等情况的综合性著作""国内秘密传布的维新立宪名著""散文杂著第一书",等等。梁启超游记兼收并蓄而不杂乱,看似采用比较散漫的散文,实则是便于容纳更多的内容,为读者提供更丰富的信息。

叙议结合。顾名思义,游记是以记游为主,是对游历过程的叙述。以时空变化为视点,并逐一展开,这是游记写作的一般方式。3部游记作品都有清晰的叙事脉络,《夏威夷游记》是时间,《新大陆游记》和《欧游心影录》是地点。不仅此,这些作品以叙带议,体现出相当浓重的议论风格。如《新大陆游记》在总体上是贬抑的基调。它在名义上是"游记",在实际上是把它作为载体,对美国进行鞭辟入里的政论性分析。该作运用数字、列举、图表、摘录、比较等各种说明法,还有大量议论表现手法。这其中又有很大一部分是用于评论时事的。评论内容都是与政治、历史、文化相关的内容。"兹编所记美国政治上、历史上、社会上种种事实,时或加以论断。但观察文明复杂之社会,最难得其要领,况谫陋如余,又以此短日月,历彼广幅员耶?其不足当通人之一噱明矣。但以其所知者贡于祖国,亦国民义务之一端也。于吾

---

① 朱光潜.日记:小品文略谈之一[M]//朱光潜.朱光潜全集:第9卷.合肥:安徽教育出版社,1997:365.

② 梁启超.梁启超全集:第4卷[M].北京:北京出版社,1999:1126.

幼稚之社会，或亦不无小补。大雅君子，尚希亮之。"① 故此，"游美"又被认为"完全是一次政治旅行"②。又如《欧洲心影录》，对英国选举、国会、下议院、巴黎和会、西欧战场形势及战局、国际联盟、《国际劳工规约》等介绍占据了很大篇幅。他不时地插入时政评论，对西方、国际问题发表自己的观点。叙议结合，构成梁启超游记作品的一大特色。他既抒写、感受异国情调，又反思西方文明，从而表达出重建中国国民性的深深焦虑。

　　如上3个方面足以体现出梁启超游记作品的文学性。游记写作要求真实，但是这并非意味游记只能是用于记录，而是同样可以带入主观成分。以叙事、议论为主的表达方式，也使得近代域外游记透露出鲜明的时代气息。相对于传统游记而言，这种做法尽管对审美性的确有所减损，但是能够突出知识性、思想性和异域文明的背景性。至于这种文学性，还有更多的体现。且不论广泛运用细节描写等诸多文学手段，直接涉及"诗""文学"的方面就有许多。"诗界革命""文界革命"的主张就是在《夏威夷游记》中提出的。从录诗看，《新大陆游记》15首，《欧游心影录》6首。《欧游心影录》还记诗、引诗多首，如"南洋所感"一节记有杂诗《楞伽岛》《夜宿坎第湖》《楞伽岛山行即目》《苏彝士河》《大西洋遇风》等5首，引用黄公度《伦敦苦雾行》、杜甫《春望》的诗句，另外还列有专节"文学的反射"。这些成分的加入，大大增强了游记作品的可读性。文学与政治、社会、文化融合在一起，形成了如伊格尔顿所说的"关系性的存在"③。梁启超发挥了自身文学才能和理论思维长处，把游记写作变成了一次次"行动"。

　　通过写作这种个体行为，表达改造社会、诉求新民等目的，这是对文学公共性的彰显。正如徐贲所说："文学创作本身就是一种积极生活、介入与他人共同生活世界的方式。"④公共性是文人作家通过文学关注社会、政治的重要原因所在。梁启超游记，从写作行为看是"有意而为之"，即通过文学构想政治，这是一方面。另一方面，它是对中国游记文学政治传统的继承和发扬。

---

① 梁启超. 梁启超全集：第4卷[M]. 北京：北京出版社，1999：1126.

② 钟叔河. 启蒙思想家梁启超[M] // 钟叔河. 走向世界丛书〈X〉（修订版）[M]. 长沙：岳麓书社，2008：395.

③ 贺桂梅. 文学性："洞穴"或"飞地"：关于文学"自足性"问题的简略考察[J]. 南方文坛，2004（3）：21.

④ 徐贲. 文学的公共性与作家的社会行动[J]. 文艺理论研究，2009（1）：39.

古代文人纷纷走近自然，游山历水，旨在反抗现实、寻求慰藉与解脱。他们通过游历、游历文学，借以表达对政治的愤慨，寄托政治理想。这种政治信念，同样延续到康有为（《欧洲十一国游记》，1905年）、梁启超这儿，他们借游记讨论政治制度问题①。就与政治具有紧密关系看，梁启超游记作为"游记文学"并不纯粹，但是的确又可以视作如此。这种"暧昧"，实则丰富了中国文学。朱文华曾指出："20世纪的中国文学生成、扎根并发展于现实的土壤，同时也一手提携传统，一手伸向异域。这种气候孕育了大批富有创作个性的优秀作家，催生了各种流派，并且活化了中国文学的表现手段。"②以此来评价梁启超的游记写作，可以看作是对中国文学现代化有益的探索。

稍略提及，"游历"在梁启超的传记作品当中也有相当体现。自传《三十自述》《夏威夷游记·序》等以"游"的视角书写自己的人生经历，此前已论及。以散文体、杂体、小传、"非独立"等多种体式呈现的他传作品，不仅数量较大，而且传主广泛，兼及古今中外。以孔子、玄奘、司马迁、康有为、罗兰夫人等为传主的一批作品，均有叙述他们的游历生活。在传记文学方面，梁启超是实践与理论并重，在中国新旧传记的过渡中做出了开创性贡献。

（三）去往开新

在梁启超看来，游历具有增进民智、促进学问、成就事业的重大意义。《论不变法之害》（1896年）提到"增广学识，尤籍游历"；所陈意见主张采西行中，"游历"为总纲之一③。《西学书目表》（1896年）开列数十种域外游记以荐国人，其原委可以从《读西学书法》（1896年）中见出："西人游历各地，多学会所派，或地学会，或商会，或教会，其国家专派人者亦有焉。其所派者率皆学成之人，所至测验气候，量绘阻塞，详纪俗尚，勒成一书，归报国家。其国家他日欲有事于此地，则取资焉。游历之所关重矣。今译者有法人晁西士《探路记》，英人兰士路得《俄属游记》等书，读之可以知彼中游历之

---

① 梅新林，俞樟华.中国游记文学史 [M].上海：学林出版社，2004：15.

② 朱文华."20世纪中国文学精短选读"丛书·总序 [M] // 朱文华.重返家园：日记书信卷.上海：上海文化出版社，2002：1.

③ 梁启超.论不变法之害 [M] // 梁启超.梁启超全集：第1卷.北京：北京出版社，1999：19-20.

体例焉。"①《清代学术概论》（1921年）系统地概括、总结从明末到20世纪初两百多年学术思想的发展，其中以旅行家徐霞客为例说明"自然的发现"是明末学术反动性的一面。在致儿女的信（1923年11月23日）当中，他称赞梁思成的《中国宫室史》是"一件大事业，而且极有成功的可能"，但也建议"非到各处实地游历不可"②。将游历提升到实现政治、文化、人生理想的高度来认识，此足见梁启超对游历的重视非同一般。对于他自身而言，游历则是作为通向政治、学术之理想道路的自我实践方式。

游历活动具有移动性、空间性、逐异性等特点，故能够给游历者带来一种精神享受。作为游历之产物的游历文学（或游记文学），又因其文学性而同样能够带来审美愉悦。但是，无论是游历活动的发生还是游记文学的写作，主体都是游历者本人。正如杨正润指出："（游记）写作的内容主要在于游中的见闻，而不在于记人；不过游是人的活动，作者记录的是自己的游，所以也必然包含自传的成分。"③所以，游记是游历者的自我书写，就是一种自传，而写作游记就是表达自我的方式。在游夏威夷途中，梁启超作《二十世纪太平洋歌》（1901年），其中曰："誓将适彼世界共和政体之祖国，问政求学观其光。"④谈到欧游的目的，他说："第一件是想自己求一点学问，而且看看这空前绝后的历史剧怎样收场，拓一拓眼界。第二件也因为正在做正义人道的外交梦……"⑤从游记的自传性、游历目的看，梁启超正是以"观光"之名行政治、学术之实。

政治与学术，这是梁启超在一生中从事的两大活动。他在早年追随康有为，参加"公车上书"（1895年），成立"强学会"（1895—1896年），主讲时务学堂（1897年）；流亡日本后，积极办刊，筹划自立军起义（1900年），与革命派论战（1906—1907年），推动立宪运动（1907—1908年）。他在政治思想启蒙，促成五四运动、推动国民运动等方面都功不可没。在政治追求的过程中，学术又始终伴随他，且用力甚多、思考甚深。他在《新民丛报》"学术"

① 王扬宗. 近代科学在中国的传播（下）[M]. 济南：山东教育出版社，2009：647.
② 梁启超. 梁启超全集：第21卷 [M]. 北京：北京出版社，1999：6279.
③ 杨正润. 现代传记学 [M]. 南京：南京大学出版社，2009：393.
④ 梁启超. 梁启超全集：第18卷 [M]. 北京：北京出版社，1999：5426.
⑤ 梁启超. 梁启超全集：第10卷 [M]. 北京：北京出版社，1999：2987.

栏目发表《论学术之势力左右世界》等6篇文章，后来又增写《近世之学术》（1904年），此即为《论中国学术思想变迁之大势》。《清代学术概论》（1920年）是记述有清一代学术变迁之大势，又是检讨学术问题、反思自我。该书"自序"曰："'今文学'之运动，鄙人实为其一员，不容不叙及。本篇纯以超然客观之精神论列之，即以现在执笔之另一梁启超，批评三十年来史料上之梁启超也。其批评正当与否，吾不敢知。吾惟对于史料上之梁启超力求忠实，亦如对于史料上之他人之力求忠实而已矣。"① 《中国近三百年学术史》（1924年）是一部十分详尽的有关清代学术发展的专著，特别注重研究有影响的学术流派、学术人物。后人如此高度评价："作为有清一代的学术史，梁启超的这部书是空前的佳作。"② 梁启超对中国学术的贡献甚大。这种贡献也体现在政治学、经济学、历史学等诸多方面。他选择政治，却不忘学术；选择学术，又难舍政治。1917年底他辞去已任5年的段阁财长一职，决心脱离官场，又一度表示"毅然中止政治生涯""决不更为政治活动"。这仅是他的一面之词。退出政坛，预备专事学术，其实他并没有完全脱离政治，只是淡出政坛而已。正如有学者指出，他的政治活动是"在野比在朝时影响更大、更深远"③。致梁思顺的信（1925年9月13日）曰："我现在觉得有点苦，因为一面政治问题、军事问题前来报告商榷者，络绎不绝，一面又要预备讲义，两者太不相容了。"④ 梁启超的焦虑之情是显而易见的。政治还是学术的纠结，即至他的晚年仍陷于其中，难以彻底摆脱。

梁启超时时面临选择的困境，徘徊在政治与学术之间，很大程度是因"善变"的性格所致。对于自己的"变"，他毫不隐藏，多次辩护：

人之见地，随学而进，因时而移，即如鄙人自审十年来之宗旨议论，已不知变化流转几许次矣。（《新中国未来记》，1902年）⑤

此篇与著者数年前之论证相反对，所谓我操我予以伐我者也。今是昨

① 梁启超.梁启超全集：第10卷[M].北京：北京出版社，1999：3067.

② 李喜所，元青.梁启超新传[M].北京：商务印书馆，2015：538.

③ 夏晓虹.梁启超：在政治与学术之间[M].上海：东方出版社，2013：15-16.

④ 梁启超.梁启超全集：第21卷[M].北京：北京出版社，1999：6219.

⑤ 梁启超.梁启超全集：第19卷[M].北京：北京出版社，1999：5609.

非，不敢自默。其为思想之进步乎，抑退步乎，吾欲以读者思想之进退决之。(《保教非所以尊孔论》，1902年)①

又自居东以来，广搜日本书而读之。若行山阴道上，应接不暇，脑质为之改易，思想言论与前者若出两人。(《夏威夷游记》，1902年)②

若夫理论，则吾生平最惯与舆论挑战，且不惮以今日之我与昔日之我挑战者也。(《政治学大家伯伦知理之学说》，1903年)③

我把我对于关税问题的意见演说一回，是晚我们和张东荪、黄溯初谈了一个通宵，着实将从前迷梦的政治活动忏悔一番，相约以后决然舍弃，要从思想界尽些微力。(《欧游心影录》，1920年)④

1902—1903年间及欧游途中的多次表态，的确反映出他性格当中有多变的因子。在近代学人当中，如此善变的绝非多见。尽管这种性格、气质一度遭到后人诟病，但未免不是转型期中国政治、社会变革之复杂、艰难的反映⑤。

"变"是相对"不变"而言的。这个"不变"，按梁启超自己的说法，是他的中心思想和一贯主张，即"爱国"和"救国"。这也是他的所有政治活动的"出发点与归宿点"⑥。以"爱国"论之，因其范围很大、体现很广，这里只能略举二三，以资表明。一是《译印政治小说序》(1898年)。此是他为自己翻译的《佳人奇遇》而作。日本明治时期作家柴四朗(1852—1922)的这部小说，创作的意图、原型，甚至围绕它的版权展开的各种争论都有爱国主义。梁启超在亡命途中偶遇，便随阅随译，后登《清议报》。他之所以对此小说感兴趣，并向国人介绍，是因为它的政治小说文体、政治内容。特别是小说的人物故事与自身经历相似，小说写作的动机，包含的文学功能论等，这些都引起他的共鸣⑦。故他向中国读者阐述小说的社会功能以及译介外国政治小说

① 梁启超. 梁启超全集：第3卷 [M]. 北京：北京出版社，1999：765.

② 梁启超. 梁启超全集：第4卷 [M]. 北京：北京出版社，1999：1217.

③ 同②：1075.

④ 梁启超. 梁启超全集：第10卷 [M]. 北京：北京出版社，1999：2987.

⑤ 罗义华. 论梁启超"流质性"与转型期中国文学的现代性 [M]. 武汉：华中师范大学出版社，2007：97-134.

⑥ 李任夫. 忆梁启超先生 [M] // 夏晓虹. 追忆梁启超. 北京：中国广播电视出版社，1997：418.

⑦ 郑国和. 柴四朗"佳人奇遇"研究 [M]. 武汉：武汉大学出版社，2000：240-246.

的目的。此序写作意图十分明显，如其所曰："今特采日本政治小说《佳人奇遇》译之，爱国之士，或庶览焉。"[①]二是致夫人李蕙仙的家书（1900年6月30日）。其中曰：

> 吾之此身，为众人所仰望，一举一动，报章登之，街巷传之，今日所为何来？君父在忧危，家国在患难，今为公事游历，而无端牵涉儿女之事，天下之人岂能谅我？我虽不自顾，岂能不顾新党全邦之声名耶？吾既已一言决绝，且以妹视之，他日若有所成复归故乡，必迎之家中，择才子相当者为之执柯。（吾因无违背公理，侵犯女权之理。若如蕙珍者岂可屈以妾媵。但度其来意，无论如何席位皆愿就也。惟任公何人，肯辱没此不可得之人才耶？）设一女学校，使之尽其所长，是即所以报此人也。至于他事，则此心作沽泥絮也久矣。吾于一月来，游历附近各小埠，日在舟车鞍马上，乡人接待之隆，真使人万万不敢当。然每日接客办事，无一刻之暇，劳顿亦极矣。[②]

这封家书写在"蛰居夏威夷"期间，表达他因家与国不能两全而产生的尴尬、无奈和内疚。此外，游欧期间致梁仲策的信（1919年6月9日），除交代游历情况之外，同样表达此种"滋愧"之情[③]。译序、家书，皆是自我陈述和内心世界表露，渗透其中的拳拳爱国之心，作为读者不难领会到。

的确，梁启超对从事的是政治还是学术时有在心理上的反复，但是把两者作为理想来追求，这点始终没变。在这种"变"与"不变"的选择中，凸显的恰恰是他的一种身份认同意识，或者说只有"善变"才能表达自己的个性、理想和身份。在《三十自述》（1902年）中，他称自己预备从"乡人""国人"成为"世界人"[④]。异域游历就是他追求"世界人"身份的实现过程，而自传性的异域游历写作则是他志在实现这种身份认同的体现。英国学者吉登斯说："自传，尤其是作为个人通过写作或非文字方式记下的、有关个体所创

---

① 梁启超. 梁启超全集：第1卷 [M]. 北京：北京出版社，1999：172.

② 梁启超. 梁启超全集：第21卷 [M]. 北京：北京出版社，1999：6101.

③ 梁启超. 梁启超全集：第20卷 [M]. 北京：北京出版社，1999：6024.

④ 梁启超. 梁启超全集：第10卷 [M]. 北京：北京出版社，1999：957–959.

造的、广义阐释性自我历史，事实上在现代社会生活中都处在自我认同的核心。"这就是说，自传写作虽然只是"作为整体的个体独特性的更为边缘的特征"，但是具有某种积极意义，它是"维持完整的自我感"的策略①。正是强烈的认同冲动，促使他不断前行，使得他在现实中能够排除一切外在因素的影响而得以"突围"。

在政治与学术之间徘徊，这是梁启超的一段特殊的心史。纠结于两者，并不意味顾此而失此，在前期只顾政治而不顾学问，或者在后期只顾学术而不顾政治，这只能说是在某一人生阶段有所偏重而已。在他看来，政治与学术终究是两种不同的生活方式。在致梁思顺的信（1925年9月13日）中，他称要"努力兼顾，看看如何，若能两不相妨，以后倒可以开出一种新生活"②。两者看似有冲突，实际上并非不可调和，它们似乎又是能够被"兼顾"且能"开新"的。梁启超就是这样一个生活在矛盾中并且努力开拓的人。他以矛盾为快乐，愈到晚年，学问、趣味愈广。在致儿女们的信（1927年8月29日）中，又有这样一段颇耐人寻味且富有启迪的话："我是学问趣味方面极多的人，我之所以不能专积有成者在此，然而我的生活内容，异常丰富，能够永久保持不厌不倦的精神，亦未始不在此。我每历若干时候，趣味转过新方面，便觉得像换个新生命，如朝旭升天，如新荷出水，我自觉这种生活是极可爱的，极有价值的。"③梁启超的可贵之处就在于立志追求政治、学问，努力开创一种"新生活"。趣味说是他的生活观，是他后期美学思想的中心。

三、蔡元培的传记写作

在蔡元培的视野中，美育问题即是人生艺术化问题。"吾人急应提倡美育，使人生美化，使人的性灵寄托于美，而将忧患忘却。"④这是1920年他在湖南长沙发表第七次演讲公开所说的。美育之提倡，是蔡元培一生的事业。

---

① 吉登斯.现代性与自我认同[M].赵如东，方文，译.北京：三联书店，1998：87.
② 梁启超.梁启超全集：第21卷[M].北京：北京出版社，1999：6219.
③ 同②：6274.
④ 蔡元培.对于学生的希望[M]//蔡元培.蔡元培全集：第4卷.杭州：浙江教育出版社，1997：336.

他从德文中翻译"美育"，把"美育"列入新教育方针，提出"以美育代宗教""直以艺术为教育"等诸多影响深远的主张。他提倡美育，坚定之决心绝非同时代人能比，通过演讲等宣传方式亦凸显风格和特色。从文体角度看，他的演讲、写作都是"讲话型"，是面向同仁的宣传，目的是达到"说服"。"说服"就是"审慎地、持续地保证最大的效果"的"持续的言语活动"，是使得"日常生活变得更加人道"的日常交往形式①。由此也可以反映蔡元培美学思想的人道主义精神蕴含。

这里不拟展开讨论日常交往的文化哲学问题，而是着重与此密切相关的传记写作。蔡元培虽然不是一位以写作传记而闻名的文学家，但是在一生中写下了大量的传记作品。从中国蔡元培研究会所编的18卷本《蔡元培全集》（1997—1998年）看，除有关伦理学、教育学、哲学、美学等方面的著述、文章之外，就是多达百余篇（部）的传记作品。它们不仅数量大，而且体式丰、记人多、涉事杂，是我们研究蔡元培时不可或缺的参考资料。从已有研究情况看，它们并没有受到足够的重视，只是在一些传记文学史（如郭久麟《中国二十世纪传记文学史》，2009年）、蔡元培论著选集的序文（如聂振斌《〈文明的呼唤：蔡元培文选〉·前言》，2002年）等当中，有过非常简约的评述，全面的论述至今仍阙如。应该说，传记写作是蔡元培一生的喜爱，而且他的政治、教育、美学、学术等思想的诞生都离不开传记的滋养。蔡元培传记写作的形成、特色及其对中国现代传记文学发展的意义等问题值得我们关注。

（一）亦学亦友

蔡元培于1868年出生在浙江山阴（即绍兴）县城笔飞弄故宅。他的祖父、父亲曾任钱庄经理，有一个叔父是塾师，有一个长兄从事过经商。受乡俗和家庭影响，他以读书为业。6岁时进私塾，初读《百家姓》《千字文》《神童诗》等，后来读《大学》《中庸》《论语》《孟子》等四书，最后读《诗经》《书经》《周易》《小戴礼记》《春秋左氏传》；14岁时学作八股文，至17岁考取秀才，从此不再受业于崇尚宋明理学的王懋修而"自由"读书。除补读《仪礼》《周礼》《春秋公羊传》《谷梁传》《大戴礼记》等经书外，凡关于考据或辞章的书，随

---

① 赫勒.日常生活 [M].衣俊卿，译.哈尔滨：黑龙江大学出版社，2010：212–213.

意检读。在20岁时，他以"伴读"的名义前往当地的徐氏家，校勘《绍兴先正遗书》《铸史斋丛书》等，同时"放胆"阅读，持续达4年之久。此后，他"委身"教育，从而结束了"旧学时代"。

正是在接受启蒙教育、"自由"读书的过程中，蔡元培积累了良好的传记写作素养，并逐渐形成了对中国传记文化的认同感。一般地说，传记是一种兼具历史性和文学性的文体。历史是传记的基础，传记具有历史性，但传记又具有文学的某些特征。因此，作为一名成功的传记作者必须具有知识、素质、能力等方面的禀赋。当然，对于任何一个传记作者而言，这些禀赋也不可能是一时形成的，需要一个获得和体认的过程。从一些自传作品看出，蔡元培对这近十几年的生活经历是颇为"回味"的，认为有不少的收益。《自写年谱》（1936—1940年）曰："从14到17岁，受教四年，虽注重练习制艺，而所得常识亦复不少。"① 《传略（上）》（1919年）曰："徐氏富藏书，因得博览，学大进。"② 他"最得益"的是朱骏声的《说文通训定声》、章学诚的《文史通义》和俞正燮的《癸巳类稿》及《癸巳存稿》。其中《文史通义》是一部重在"阐发史意"的史学理论著作。作者章学诚是史学家、思想家，亦是蔡元培的同乡。他主张先有极繁博的长编，而后可以有圆神的正史的史法；又主张史籍中人地名等均应有详细的检目，以备参考。蔡元培后屡借用之，如1889年编纂《上虞县志》时做《例言》，20余岁时及后来兼长国史馆在修订时试编二十四史检目，都是受章氏影响。"我是崇拜章先生的"，他后来在《我在北京大学的经历》（1934年）中如是说③。清代的俞正燮学问渊博，通经史百家，擅长考据。在《〈俞理初先生年谱〉跋》（1934年）中，他称自己在十余岁时得先生之书，"而深好之"，"历五十年而好之如故"。他崇拜俞氏最重要者有两点：一是认识人权（"男女皆人也"），一是认识时代（"人类之推理与想象，无不随时代而进步"）④。同时，在徐氏家也为蔡元培提供了交友的方便。徐氏家多有乡贤名士出入。所识之人，有熟于清代《先正事略》等书，持论严正的王寄顽；善为八股文与桐城派古文的朱弗卿；能为诗、古文辞，书法隽秀

---

① 蔡元培. 蔡元培全集：第17卷 [M]. 杭州：浙江教育出版社，1998：423.

② 蔡元培. 蔡元培全集：第3卷 [M]. 杭州：浙江教育出版社，1997：659.

③ 蔡元培. 蔡元培全集：第7卷 [M]. 杭州：浙江教育出版社，1997：506.

④ 同③：571–578.

的魏铁珊。此外还有同辈的薛朗轩、马湄莼、何阆仙等。蔡元培经常与他们一起读书、谈天、做计划，彼此切磋，所学日长，乡情也日增。识、学、友之"得"使蔡元培在知识结构、文化观念、处世之道等方面都产生了重要转变，也为传记写作提供了必要的基础。

蔡元培是一个深受文化传统影响的人。他在受教和读书经历中由于广泛接触传统文化，甚至精研了某些经学、史学思想，从而对传记文化有了相当的感悟。中国古代传记在人物选择、材料的选择、事实的呈现以及价值取向等各方面均受注重现实、祖先崇拜、英雄崇拜、留名后世等民族心理影响[①]。这种特征也比较符合他个人的崇拜心理期待。他以传记方式进行写作，既是一种"移情"，又是一种文化认同。从实际写作情况看，传、祭、悼、赞、序、记、忆、墓表、行述、事略、家传等这些古已有之的各种传体，他都有意择而用之，发挥了自己熟稔传记类型的文化优势。正如西方学者所说："每个人都降生在一个先他而存在的文化环境中，这一文化自其诞生之日起便支配着他，并随着他成长和成熟的过程，赋予他以语言、习俗、信仰和工具。"[②]他多以族人、乡人、亲人、名人、友人等为传主，这体现了他对传记伦理的特定诉求。另外从他在留学德、法期间完成的《伦理学原理》（1909年，译著）、《中国伦理学史》（1910年）、《欧洲美术丛述》（仅成《康德美学述》一卷，1916年）、《欧洲美术小史》（仅成《赖斐尔》一卷，1916年）等作品看，他常常以立传的方式介绍中、西伦理学家、哲学家、美学家的生平和思想；而在《〈勤工俭学传〉序》（1915年）、《〈科学界的伟人〉序》（1936年）等文中用"可当传记读"这样的言语评人论书。这种时时以"传记"的眼光进行打量的情况，在近代学人中是非常不多见的，也充分说明了蔡元培个人对于中国传记文化的特殊理解。但对于蔡元培来说，写作传记更重要的意义在于介入政治革命、教育革新等实际问题。

（二）彰显崇高

"任何传记都会依赖于其作者不可避免的偏见。"[③] 此即意味着传记作者往

---

① 张新科.中国古典传记的民族心理[J].陕西师范大学学报（哲学社会科学版），2010（6）：75.

② 怀特.文化的科学：人类与文明的研究[M].沈原，译.济南：山东人民出版社，1988：162.

③ 谢尔斯顿.传记[M].李永辉，尚伟，译.北京：昆仑出版社，1993：84.

往会依从自己的立场进行写作。在中国近代史上，蔡元培主要是以革命家、教育家的身份著称。作为革命家，他是一个坚定的反清革命志士，是一些革命团体的重要骨干，先后组织、领导过中国教育会、爱国学社及爱国女学、光复会、同盟会上海分会；作为教育家，历任教育总长、北京大学校长等要职，积极改革教育制度、提倡美育等。从政治革命到"教育救国"，蔡元培走过了一条极不寻常的道路。特殊的人生经历为他写作传记提供了契机和题材，亦使他的传记作品烙上了鲜明的时代印记。

蔡元培的他传作品中最具特色的当属革命家传和亲友传。革命家传所涉传主均是那些以各种方式参与革命事业的志士、仁人。对于这些立志革命且与自己有深厚交情的革命家，蔡元培重点表现他们的崇高形象，以表彰一种"革命精神"。《徐锡麟墓表》（1912年）是一篇荡气回肠之作，传主是一位因行刺枪杀安徽巡抚恩铭而被俘遇害的革命党人徐锡麟。该文首先叙述明末以来的浙江抗清历史，然后在比较中引出徐氏："在所见世以言论鼓吹光复者，莫如余杭章先生炳麟；而实力准备者，莫如山阴徐先生锡麟，及会稽陶先生成章。"① 全文叙事、抒情和议论三者结合，对徐氏所做的光复事业大力歌颂。徐氏的那种为革命而献身的英勇气概也跃然纸上，催人奋进。《孙逸仙先生传略》（1925年）是一篇在法国里昂举行的孙中山追悼会上的致词。该文较为全面地记录了孙中山从"革命之始"到"革命实现"及之后的人生经历，表现了孙氏的那种"识见、魄力、度量"的革命精神②。正如他在《〈陈树人画集〉序》（1931年）中所言，对革命事业的执着追求使得革命家往往具有"偏重感情"的心理，即所谓的"见其当而为之，虽或见其未必成利必利，而不为所阻"③。因此，蔡元培在写作中又特别注意突出革命家的个性心理特征。《杨笃生先生蹈海记》（1911年）中的杨笃生"以革命为唯一宗旨，以制造炸弹为唯一之事业"，后因"忧同志牺牲，愤清廷腐败，赴利物浦自杀"。文中特别提到了他的"表面虽深自隐密，而激烈之气，往往于无意中流露"的性格。在分析他自杀的原因时，作者没有简单地归之于社会，而是重点写了"脑

① 蔡元培. 蔡元培全集：第2卷 [M]. 杭州：浙江教育出版社，1997：205.

② 蔡元培. 蔡元培全集：第5卷 [M]. 杭州：浙江教育出版社，1997：322-328.

③ 蔡元培. 蔡元培全集：第7卷 [M]. 杭州：浙江教育出版社，1997：183.

炎"这个生理原因（《孙中山传》也写了孙氏死于"肝疾"）①。《太炎革命行述》（1936年）写得较为简短，但对章氏的个性描写颇为细致："出狱时，章剃一光头，人谓恐风吹伤脑。章笑曰：刀尚不怕，乌论风吹。"②由于结合自己的所历、所感、所思，这些革命家形象显得真实、感人，具有强烈的精神号召力和宣传效果，对民众也起到了一种积极的人格启蒙和教育作用。

亲友传以亲人、好友为传主。《悼夫人王昭文》（1900年）、《祭亡妻黄仲玉》（1921年）分别写的是自己的原配夫人王昭文和继妻黄仲玉。两文都描写了妻子的个性、习惯、品质、才华等，并表达出自己的一种情感纠结：一方面，对于她们的任劳任怨地操持家务、教养子女、安贫乐道，以支持丈夫事业的牺牲精神大加赞赏；另一方面，又通过检讨自己没有分担家务，没有给妻子创造一种富裕的生活环境，致使妻子劳瘁过度、中道而亡，表现出强烈的自责和内疚。蔡元培一生忙于为革命、教育等事业奔波，交际广泛，所结识的友人自然众多。《亡友胡钟生传》（1913年）的传主胡钟生是他二十年前就已经结交的好友。"君之于予，周其困而规其过，若昆弟然。"后又数度共事，"两人相信相爱，一如曩昔"。该文表达了蔡元培对胡氏"无端横死"的"可悲""悲愤"之情③。此外，还有《夏瑞芳传》（1918年）、《介绍艺术家刘海粟》（1922年）、《记鲁迅先生轶事》（1936年）、《杜亚泉传》（1937年）等多篇友人传。这些传主来自社会各界，有科学家、文学家、艺术家，等等。亲友传或由于选材细微，或由于用笔独具匠心，或由于视角新颖，而别具一格；加上这些传主都是自己所熟悉的人，生活本身所凝结的情感既真挚、深沉，而又回味无穷。蔡元培用朴实无华的语言，按照生活的真实，顺着情感的发展，自然而然地表现出来，读者也在不知不觉中被感染。

革命家传和亲友传中那些以女性为传主的作品值得我们进一步关注。蔡元培在《在爱国女学校之演说》（1917年）说："革命精神所在，无论其为男为女，均应提倡，而以教育为要本。"④他一向批判传统伦理秩序，提倡男女平等，注重提高女性的革命意识，并要求对女性进行根本的教育，以达到"完

---

① 蔡元培.蔡元培全集：第2卷 [M].杭州：浙江教育出版社，1997：1–3.

② 蔡元培.蔡元培全集：第8卷 [M].杭州：浙江教育出版社，1997：349.

③ 同①：284–286.

④ 蔡元培.蔡元培全集：第3卷 [M].杭州：浙江教育出版社，1997：12.

全之人格"。两篇祭亡妻的作品自然体现了女性对家庭及男性革命事业的支持，这是对普通女性支持革命的肯定。而《女杰》（1917年）是为嵊县（今嵊州）敦伦堂《王氏家谱》所写，传主是王金发之母。王金发曾参加光复会，后在"二次革命"中被害。他将王母比作是宋代的岳母，赞扬她"身处闺困，而能以天下国家为心，其识见固超出寻常万万矣"，并以"女杰"二字奉赠[①]。《赵芬夫人传》（1919年）写的是友人王家驹的夫人赵芬："夫人出则为革命党，处则为良妻贤母，尤与寻常女子不同"；"夫人躬与于革命之战，及见民国成立，又得同志之夫，于国于家，皆得有所表见，其际遇胜秋君（即秋瑾）远矣。"[②]《女画家邵碧芳事略》（1922年）除赞扬传主高超的艺术才能之外，对时代女性也进行了高度赞扬："年来女界，风气渐开，人才辈出，然能就实学上，执一艺与男界相抗衡，使斯道中人，认为国内第一流人物，专门学子，奉为宗师如先生者，盖之未闻。"[③]可以说，为女性做传有利于女性社会地位的提高和社会风气的改造。

（三）生命之解

蔡元培还写有多种多类的自传作品，如《新千年》（1904年）、《传略》（1919年）、《自书简历》（1923年）、《蔡元培先生言行录》（1920年）、《蔡元培言行录》（1931年）、《我所受教育的回忆》（1934）、《我在北京大学的经历》（1934）、《我青年时代的读书生活》（1935年）、《我在五四运动时的回忆》（1936年）、《我在教育界的经验》（1937年）、《子民自叙》（约1912—1916年）、《自写年谱》（1936—1940年）、《日记》（1894—1940年），等等。其中《新年梦》是一篇借小说形式发表自己的社会政治观点，以抨击帝国主义侵略和清政府卖国行径的自传小说。"是时西洋社会主义家荒废财产、废婚姻之说已流入中国，子民亦深信之，曾于《警钟》（原名《俄事警闻》——引者注）揭《新年梦》小说以见意。"[④]此在《传略（上）》所言。该传不仅提供了他个人的许多思想主张，而且显示了一个具有率真性格的自我。蔡元培在文中非常

---

① 蔡元培.蔡元培全集：第3卷 [M]. 杭州：浙江教育出版社，1997：636–637.

② 同①：12.

③ 蔡元培.蔡元培全集：第4卷 [M]. 杭州：浙江教育出版社，1997：751.

④ 同①：664.

敢于坦白自己。如写自己的性格:"之宽厚,为其父之遗传性。其不苟取,不妄言,则得诸母教焉。"① 如写到发妻逝世之后再婚的5个条件:"女子须不缠足者";"须识字者";"男子不娶妾";"男死后,女可再嫁";"夫妇如不相合,可离婚"②。这在当时可谓标新立异、惊世骇俗,亦足见他提倡妇女解放、男女平等、反对封建礼教的进步精神。此传叙写个人家世、求学、投身革命及教育的经历,不过只记到"五四运动"那年。这是他为北大新潮社编印《蔡元培先生言行录》而述写,拟计划"口述",实际是自己写,在名义上又是黄世晖记。至于"五四"之后经历所记,则迟至1935年为新编的《孑民文存》而作,是自己口述、高叔平记录。故《传略》分上、下两部分,通称"传略"或"口述传略"。当然,在这些自传作品中以晚年所写的《自写年谱》最具代表性。

《自写年谱》的撰写始于1936年2月,至1940年2月底逝世前卧病时辍笔。所叙自家世、出生至1921年,前后共计54年。从体例形式看,主体部分是年谱体,按时间先后逐年而写,直到34岁。在手稿第1册的末页,附有为撰写《我在教育界的经验》所列的要项,所述从18至54岁,篇幅也较长。两部分紧密联系,互为补充,使得该著成为蔡元培所有自传作品中最为完整和最有特色的一部。该传使用第一人称"我",显得十分亲切。把自己一生中经历过的许多重要事件一一写出,注重交代家庭环境、文化传统和时代条件对他个人性格形成和人格养成的影响,突出自己在参与革命、教育事业中的所做所为。为此,蔡元培采用了有详有略的叙述方式,如2~5岁、7~10岁、15~16岁、21~22岁,都仅是一二句话而已;而如11~14岁、19~20岁、24~34岁,相当详细,有些年份甚至逐月写出。同时,在写到某一年份时还不时以插入的方式交代许多人、事,如祖父、父亲、母亲、妻子、塾师、同学、好友等,如山阴县况(1岁)、初入塾的幼童读书法(6岁)、八股文(13岁)、科考制度(17岁)、母亲的胃疾(19岁)等。附文部分所述自己在教育界的经历,从在绍兴中西学堂开始至辞北大校长后去海外为止,长达30余年。这也是中国近代教育发生重大变迁的历史时期。《自写年谱》为今人留下了丰富的史料。它充分

① 蔡元培.蔡元培全集:第3卷[M].杭州:浙江教育出版社,1997:658.

② 同①:660.

发挥了年谱这种以传主个人为中心的编年史的特点，通过叙述自己一生各方面的经历，而广泛涉及一些重要的社会事件，这显示出了年谱体的优势。诚如梁启超所言："无论记载事业的成功，思想的转变，器物的发明，都要用年谱体裁，才能详细明白。所以年谱在人的专史中，位置极为重要。"①

蔡元培在晚年写作自传与胡适颇有关系②。作为"传记文学"的竭力提倡者，胡适甚为喜欢年谱这种自传体："我是最爱年谱的，因为我认定年谱乃是中国传记体的一大进化。"他认为，年谱就是一种最好的自传体，"年谱尤近西人之自传矣"。尽管中国古代的年谱主要记载传主的"一生事迹"，但通过"学问思想的历史"，仍可以作为现代传记文学发展的一种重要传体形式。后来他作《章实斋先生年谱》（1922年），便是对古代年谱体例的一次创新实践。胡适也因为深感中国最缺乏"传记的文学"，到处劝他的老辈朋友写自传，蔡元培便是他的一位"老辈朋友"。蔡元培在胡适的影响下写作自传，这说明了他对胡适"传记文学"观的一种积极肯定和对由胡适引发的20世纪30年代"传记热"的介入。但对他个人而言，《自写年谱》又具有特殊意义，这就是在传记写作上进入了一个新的阶段。此前写作的传记，特别是革命家传，主要出于一种政治宣传的需要，具有明确的革命目的。但正如有学者指出："革命话语始终活动在一定的空间场域里，主体对话语的操纵，其主观欲望受到传媒工具（语言、文类、叙述模式等）的制约，也受到话语场域的机制性质、对话境遇乃至文化典律、文学风格的影响。"③因此，作为现代文体的传记特征并没有得到特别鲜明、有力的突出。相比之，《自写年谱》由于本着胡适精神而更符合"传记文学"的真实性原则。作为传记写作时需要普遍遵守的美学原则之一，真实要求传记作者既要在评价传主时持以一种客观、公正的立场，又要在叙述中突出传主的人格化经历。毕竟，"任何传记的写作都是对世俗生活的超越，都不可避免地要将世俗人生理念化、精神化。这一过程是描述生

---

① 梁启超.中国历史研究法（补编）[M]//梁启超.梁启超全集：第8卷.北京：北京出版社，1999：4812.

② 蔡元培在1936年2月9日和11日的"答词"中分别说："胡适之先生常常劝鄙人写自传，如时间允许，鄙人也想写一本"（《在上海各界庆祝蔡元培七旬寿庆宴会上的答词》）；"以前我每次遇到胡适之先生，他总是劝我写篇自传，我也想以余年来写些，谢答社会"（《在上海美专校董会中华职业教育社等四团体公祝蔡元培七秩寿诞宴会上的答词》）。

③ 陈建华."革命"的现代性：中国革命话语考论[M].上海：上海古籍出版社，2000：25.

命的过程，更是解释生命的过程"①。对于他传写作来说，这是一种较为苛刻的要求，而对自传写作来说就比较容易达成这种真实。由于自传所叙述的历史就是自传者亲历、亲见、亲闻的历史，因此往往融入更多的个性色彩，也包含有更多的细节和轶事。蔡元培在《卢骚〈忏悔录〉序》（1925年）中说："要考究著书人的生平，凭他人所做的传记或年谱，不及自传的确实，是无可疑的。"②这就是说，自传比他传更真实可靠，更显生命本色。显然，《自写年谱》具有非常高的传记价值。

　　总的说，蔡元培具有十分深厚的传记修养，写出了许多有质量的他传和自传作品。只可惜他的人生志向并不在传记写作及研究上，此外他也无十分深刻的传记理论见解和非常自觉的现代传记文体意识。尽管如此，蔡元培的传记写作对中国现代传记文学的发展具有重要意义。如果说胡适对这一发展做出了重要贡献，初步实现了传记文学观念的现代转型，那么蔡元培则起到了一定的助推作用。

四、朱光潜的苦质意识

　　朱光潜是中国现代人生艺术思想的最重要提倡者之一。这一思想的明确提出是在《谈美》（1932年）一书中。他认为，造成中国社会现状糟糕的主因不是"制度问题"而是"人心太坏"，故把如何免俗，如何领略艺术的、自然的趣味，使人生美化作为主题。他谈人生谈美学，娓娓道来，是把学问与人格融在一起，具有非常明显的个人风格，从而也形成了与其他美学家不同的一面。揭示这种特点，需要探求他的性格、心理与其美学观念生成之间的同构关系，特别是从他的"自传"中进行发现。他为自己的论著出版几乎都写过序文，包括"序""作者自白""说明""我的自传"等各种形式，还有谈学美学、治美学的"经验教训"，等等。在这些回忆性文本中，较频繁出现"苦""甘苦"等字眼。这是表示他对生活、人生的特定体验和特有感受，也是沉淀在他内心世界的情感基调。在笔者看来，苦质意识当是构成属于朱

---

① 罗勋章.传记文学写作中的伦理叙事 [J].文艺理论与批评，2008（6）：88.
② 蔡元培.蔡元培全集：第5卷 [M].杭州：浙江教育出版社，1997：338.

光潜的一种适应性、区别性的特点。皆知，个体记忆既有个人性质，又有集体性质，但总是具有一种偏向。"他的记忆会适应他的性格或个人生活的框架——甚至他与别人共有的那部分记忆也会被他以区别于其他个体的视角看待。"① 正是这种苦质意识，使得他不断要求脱苦以求乐，并洞悉生命之真谛，其悲剧美学观从中得以印照。而与佛教结缘，更是加深了他对苦质人生的认识，使他拥有更加宽容的文化心态。融通儒与道的人生艺术化思想，亦由此得到体现。

（一）甘苦相伴

朱光潜于1897年出生在安徽桐城乡下一个破落的地主家庭，在私塾、高小完成启蒙教育，入读桐城中学，自学作文，并对中国旧诗产生浓厚兴趣。在经历失意的武昌师范学校学习之后，他来到香港大学求学，名义上是学教育，实际上主要还是学习英国文化、自然科学，就此奠定了一生的教育活动和学术活动的方向。他的学术生涯基本是在出国之后才开始，在日后不断的努力和追求中，形成了自己的学术写作风格。如钱念孙评价："不仅以他的心智对中外古今的丰富知识进行了溶化和提炼，更以他的性格对人生世事和文学艺术多有独到的体验和发现。"② 成长环境、教育经历、人生路向等客观条件，加以主观上的认知、体验，使得他对人生多了一份独特的苦质感受。在从1926年11月发表给青年的第一封信到1943年出版的《我与文学及其他》等一系列论著中，我们很容易发现各种"苦"言。

1925年夏朱光潜取道苏联赴英国开启了留学欧洲生活。《作者自传》曰："在英法留学八年之中，听课、预备考试只是我的一小部分的工作，大部分的时间都花在大英博物馆和学校的图书馆里，一边阅读，一边写作。原因是我一直在闹穷，官费经常不发，不得不靠写作来挣稿费吃饭。同时，我也发现边阅读、边写作是一个很好的学习方法。这样学习比较容易消化，容易深入些。我的大部分解放前的主要著作都是在学生时代写出的。"③ 这段话大体为我

---

① 莫里斯·哈布瓦赫.集体记忆与历史记忆[M]//冯亚琳，阿斯特莉特·埃尔.文化记忆理论读本.余传林，译.北京：北京大学出版社，2012：68.

② 钱念孙.艺术真谛的发掘与阐释[M].深圳：海天出版社，2001：3.

③ 朱光潜.朱光潜全集：第1卷[M].合肥：安徽教育出版社，1987：4.

们提供了朱光潜留学生活的某些"真实"片段。在欧八年，他先后写下了《给青年的十二封信》《变态心理学派别》《变态心理学》《文艺心理学》和它的缩写本《谈美》《诗论》（初稿）、《悲剧心理学》（博士论文），还有一部符号逻辑著作（已佚）等。凭此8部作品，就足以见出他努力刻苦的程度，几乎是把所有的时间都花在阅读和写作上。他之所以能够取得这样的成绩，天资、勤奋自然是很重要的原因，而之所以如此刻苦，则不得不提他面临的生活压力。他的家庭并不富裕，早年因家贫拿不起路费和学费，所以只好就近考入不收费的武昌高等师范学校；考取的是官费留英，却遇上官费经常不发放。艰苦的留学生活并没有使他自弃、沉沦。也许不同于普通人之处在于，他把生活上、经济上的压力转化为学业上的动力，把个人生活体验延伸到写作当中，从而获得了初步成功。

1929年出版的《给青年的十二封信》是由朱光潜在留学伊始就替开明书店的刊物《一般》（即后来的《中学生》）所写稿子集成。在这些颇受国内读者欢迎的书信中，他不断地谈及人生之"苦"：

闲愁最苦！愁来愁去，人生还是那么样一个人生，世界也还是那么样一个世界。（《谈动》）[1]

古今许多第一流作者大半都经过刻苦的推敲揣摩的训练。法国福楼拜尝费三个月的功夫做成一句文章，莫泊桑尝登门请教，福楼拜叫他把十年辛苦成就的稿本付之一炬，重新起首学描实境。（《谈作文》）[2]

中国现当新旧交替时代，一般青年颇苦无书可读。新作品寥寥有数，而旧书又受复古反动影响，为新文学家所不乐道[3]。

"摆脱不开"便是人生悲剧的起源。畏首畏尾，徘徊歧路，心境既多苦痛，而事业也不能成就。（《谈摆脱》）[4]

生活就是为着生活，别无其他目的。你如果向我理怨天公说，人生是多么苦恼呵！我说，人们并非生在这个世界来享幸福的，所以那并不算奇

---

① 朱光潜.朱光潜全集：第1卷[M].合肥：安徽教育出版社，1987：13.

② 同①：36.

③ 同①：38.

④ 同①：50.

怪。(《谈人生与我》)①

　　"最苦""刻苦""辛苦""颇苦""苦痛""苦恼"等各种"苦"词充斥其中。在朱光潜看来，人生是苦的，做文做人也是苦的，但是"苦"并不可怕，可怕的是不能够"摆脱"。他之所以这么不厌其烦地谈"苦"，其实是道出了当时国内一般青年小知识分子"苦闷"的普遍心理状况，而提出利用艺术（美术）摆脱苦境、超越现实的方法，也着实具有吸引力。写给青年的信之成功的原因，其一就是能够针对现实问题并提出解决方法。其二，与他的运思方式有关。"我所要说的话，都是由体验我自己的生活，先感到（feel）而后想到（think）的。换句话说，我的理都是由我的情产生出来的，我的思想是从心出发而后再经过脑加以整理的。"②他习惯从"我"或者"自己的生活"出发，推己及人，将个体经验普遍化。其三，善于与读者交流。他的写作并不是独语式的个人陈述，而是在心里总装着一个读者，故能够时时与读者建立交流。因此，这些给青年的信是身处国外的作者与国内的青年读者之间的一次次心灵交流，容易产生共鸣。夏丏尊这样感叹："'太贪容易，太浮浅粗疏，太不能深入，太不能耐苦'，作者对于现代青年的毛病，曾这样慨乎言之。征之现状，不禁同感。"③3年后出版的《谈美》延续了这种写作风格，不过更具理论色彩和体系性。

　　1933年夏朱光潜归国之后，先是在北京大学、清华大学、中央艺术研究院讲学，后来到四川大学、武汉大学任教。这一时期他出版了多部中文作品，它们皆是精心用力之作。一是在海外完成基础上经不断修改完善的《文艺心理学》和《诗学》，它们都有多个版本。以《诗论》而言，就有"抗战版"（1942年）和"增订版"（1947年）。抗战版序曰："诗学的忽略总是一种不幸。"又曰："在目前中国，研究诗学似尤刻不容缓。"④由此可见他的一番良苦用心。该著最终能够出版，也算是"重理旧业"，为苦涩生活增添了一抹亮色；而出版有

---

① 朱光潜.朱光潜全集：第1卷[M].合肥：安徽教育出版社，1987：58.

② 同①：81.

③ 夏丏尊.给青年的十二封信·序[M]//朱光潜.朱光潜全集：第1卷.合肥：安徽教育出版社，1987：78.

④ 朱光潜.朱光潜全集：第3卷[M].合肥：安徽教育出版社，1987：3-4.

系统的诗学著作，也体现出他对诗学的兴趣和从事学术的信心。二是陆续写作结集成册的《谈文学》《谈修养》和《我与文学及其他》。《谈文学》这本小册子所收录的文章"富有他自己独特的见识和神采"，且"主要的是我自己学习文艺的甘苦之言"①。《我与文学及其他》（1936年，原名《孟实文钞》）共收文章15篇，除了在留学期间所写的3篇之外，其余大都是在近3年零星发表的。出版情况已经反映出这些论著都是他煞费苦心的成果。如果再从写作内容看，我们依然能够发现其中诉"苦"之言。仍以《我与文学及其他》为例。此书内容大致为研究文学的问题、中国诗及中国艺术和西方文学，但主要是诗的研究。正如叶绍钧的序评："各篇谈说的方面不同，可差不多都涉及诗。孟实先生说，'一切纯文学都要有诗的特质'，推广开来，好的艺术都是诗，一幅图画是诗，一座雕像是诗，一节舞蹈是诗，不过不是文字写的罢了。要在文学跟艺术的天地间回旋，不从诗入手，就是植根不厚。孟实先生对文学跟艺术有着深广的理解，从文学跟艺术得到美满的享受，就在他在诗上立下深厚的根基。他把这些文字贡献给读者，读者受他的熏染，也在诗上下功夫，得益自不待言。"②朱光潜仍延续一向爱说理的方式，但着重于诗，强调好诗难得，即是说没有经历一番甘苦，作诗难，而且读诗也不易。在他看来，诗是人生体验的结晶，没有深刻的人生体会，遑论作诗、读诗、评诗。这些颇能反映朱光潜近十年以来的思考重点和治学方向。

除在论著中之外，还有在许多零散发表的文章中，"苦"同样是朱光潜习惯爱用的字眼，不过重在"甘苦"两字：

如果自己没有创作经验，不识其中甘苦，只根据几条死板的规律，称引一点旁人的理论，去说是说非，总不免隔靴搔痒。（《"批评的创造"》，1935年）③

陆志韦先生近来费了许多工夫用心理学方法研究诗的节奏文字意象诸问题。《论节奏》是他所得的成绩的一部。文分两段。……第二段叙述他个人

---

① 朱光潜. 朱光潜全集：第4卷 [M]. 合肥：安徽教育出版社，1987：155.

② 叶绍钧. 孟实文钞·序 [M] // 朱光潜. 朱光潜全集：第3卷. 合肥：安徽教育出版社，1987：489.

③ 朱光潜. 朱光潜全集：第8卷 [M]. 合肥：安徽教育出版社，1987：375.

做诗及试验用五节拍的经过。他主张诗的节奏应根据语调的节奏而加以整理。这是一段自道甘苦的话，所以很亲切有味。(《编辑记（三）》,1937年)①

我读芦焚先生的作品和读萧军先生的作品是同时的。这两位新作家都以揭露边疆生活著称，对于受压迫者都有极丰富的同情，对于压迫者都有极强烈的反抗意识。同时，对于自然与人生，在愤慨之中仍都有几分诗人的把甘苦摆在一块咀嚼的超脱胸襟。(《〈谷〉和〈落日光〉》，1937年)②

不知写作甘苦的人纵然多阅读也大半不能深入。(《就颁布〈大学国文选目〉论大学国文教材》，1942年)③

……其实思想的生发的线索和惨淡经营的甘苦，比已成就的思想还更富于启发性。(《谈对话体》，1948年)④

从上述写作情况看出，朱光潜谈"苦"有一个从以"苦"为主到"甘苦"并重的变化。留学时期是他治学的起始阶段，"苦"则自不待言，且是主要的感受。相对于"苦"的"甘"，主要来自治学之外和生活之余，这就与他的兴趣相关了。《美学拾穗集·缘起》（1980年）曰："我在青年时期在法国卢佛尔宫看过这幅画，时过半个世纪，对它还保存着新鲜愉快的印象。现在想起自己的晚年美学研究，和那三位拾穗的乡下妇人（近代法国画家《拾穗者》）颇可攀上同调。这中间也有一番甘苦，美学界同调者当能体会到我现在的这种心情。"⑤他说自己走上美学道路有"一番甘苦"，想必是说"甘"从"苦"来。"苦"了必求"趣"，"趣"则必有"甘"。且不说欣赏卢浮宫艺术是他的兴趣，选择"美学"本来就是他的"欢喜"所在。《文艺心理学·作者自白》（1936年）曰：

从前我绝没有梦想到我有一天会走到美学的路上去。我前后在几个大学里做过十四年的大学生，学过许多不相干的功课，解剖过鲨鱼，制造过染色切片，读过艺术史，学过符号逻辑，用过薰烟鼓和电气反应仪器测验

① 朱光潜.朱光潜全集：第8卷[M].合肥：安徽教育出版社，1987：556–557.

② 同①：561–562.

③ 朱光潜.朱光潜全集：第9卷[M].合肥：安徽教育出版社，1993：126.

④ 同①：461.

⑤ 朱光潜.朱光潜全集：第5卷[M].合肥：安徽教育出版社，1989：345.

过心理反应，可是我从来没有上过一次美学课。我原来的兴趣中心第一是文学，其次是心理学，第三是哲学。因为欢喜文学，我被逼到研究批评的标准，艺术与人生，艺术与自然，内容与形式，语文与思想等问题；因为欢喜心理学，我被逼到研究想象与情感的关系，创造和欣赏的心理活动，以及文艺趣味上的个别差异；因为欢喜哲学，我被逼到研究康德、黑格尔和克罗齐诸人的美学著作。这样一来，美学便成为我所欢喜的几种学问的联络线索了。……①

可见朱光潜是把美学研究建立在个人兴趣的基础上，正是兴趣缓释了自身因物质贫乏、治学枯燥而带来的各种痛楚。他的美学道路，并非一帆风顺，无论是前期还是后期都历经坎坷，这从晚年所写的《我是怎样学起美学来的》（1979年）、《我攻美学的一点经验教训》（1980年，收入《朱光潜全集》第10卷时改为"我学美学的一点经验教训"，且有删改）、《怎样学美学》（1981年，又作为《谈美书简》一书的"绪言"）等当中能够看出。对于美学道路的追叙，他总是一边诉"苦"，一边味"甘"。但就他对人生的总定义而言，主要是苦的。不过这种苦不是绝对的，因为苦亦能生趣得甘。显然，苦质意识仅仅被看作是来自日常生活层面，这是不足称奇的。它的特殊的一面在于一种转换、一种超越，即能够化苦为乐、为趣、为甘。在朱光潜的那些娓娓道来的文字背后，其实更多的是他对现实人生的痛苦体味，对时代、社会的悲悯之情。正如陈冬梅评价："朱光潜的一生，有遗憾有不甘，却是实实在在以尼采式的审美态度活着的一生，而且更为温和，更为打动人心。"②

（二）悲剧体认

"苦"既可以表示物质贫乏，又可以表示心理苦闷、精神痛苦。一个人如果长久处于苦态中，那么就极易产生消极的情绪，甚至会做出极端的行为。相反，一个人如果能够正确意识到人生的意义、价值，那么就能够振作精神，勇于克服各种困难，从而乐观地面对人生。合理的审视人生的态度，应该是

---

① 朱光潜 . 朱光潜全集：第1卷 [M]. 合肥：安徽教育出版社，1987：200.

② 陈冬梅 . 朱光潜的胆怯 [J]. 粤海风，2010（2）：30.

悲剧的而不是悲观的。"悲观"一般指的是对人生、生活的一种消极的日常生活态度，而"悲剧"具有美学意味。"悲剧不仅是一种使精神有所寄托的东西，也是一种转移注意的方式。它使我们摆脱日常生活的单调贫乏，这也是它能够给人快乐的原因之一。"①脱苦求乐，这是悲剧的一种本质。谈到此，我们就不得不关注朱光潜的悲剧观，特别是他接受尼采的特殊历程，以从中见出他的苦质意识。

朱光潜留学期间主攻的课题是"我们为什么喜欢悲剧"。1927年他在爱丁堡大学心理学研究班的一次小组讨论会上宣读了论文《论悲剧的快感》，并得到詹姆斯博士的建议，把它扩充成一部论著。"最近五年来，我学习的各门课程都与悲剧有关。"②他潜心思考悲剧审美心理问题，成果就是博士学位论文《悲剧心理学》，当时即由斯特拉斯堡出版社出版（1933年）。这部英文著作迟至半个世纪之后才由人民文学出版社出版（1983年，张隆溪译）。对此，他颇有感触，在中译本"自序"中说：

这不仅因为这部处女作是我的文艺思想的起点，是《文艺心理学》和《诗论》的萌芽；也不仅因为我见知于少数西方文艺批评家，主要靠这部外文著作；更重要的是从此较清楚地认识到我本来的思想面貌，不仅在美学方面，尤其在整个人生观方面。一般读者都认为我是克罗齐式的唯心主义信徒，现在我自己才认识到我实在是尼采式的唯心主义信徒。在我心灵里植根的倒不是克罗齐的《美学原理》中的直觉说，而是尼采的《悲剧的诞生》中的酒神精神和日神精神。③

这段自叙是朱光潜对自我世界的披露，极具参考价值。他坦承自己在美学观、人生观方面，都是"悲剧"的，自己其实一直是尼采的追随者。这个直到晚年才做出的澄清，为后人提供了解读视角，形成了"尼采才是朱光潜

① 朱光潜.悲剧心理学[M]//朱光潜.朱光潜全集：第2卷.合肥：安徽教育出版社，1987：461.

② 朱光潜.朱光潜全集：第2卷[M].合肥：安徽教育出版社，1987：221.

③ 同②：210.

的早期艺术人生观"①,"在《悲剧的诞生》中诞生"②等见解。朱光潜对"尼采"经历了一个长期、复杂的认同过程。对此,我们不可不详察。

认同是一种接受,但凡能够接受都需要有期待视野。"青年的苦闷"是"五四"之后国内弥漫的一股普遍情绪,对此朱光潜深感忧虑,表达了解决这一问题既重要又迫切的想法。《消除烦闷与超脱现实》(1923年)指出,"欲望不餍足"即是"失望",即是"烦闷"。"现实不如人期望,人生就越发干燥无味。于是失望,丧气,悲观厌世……都蜂拥而来了。总而言之,烦闷生于不能调和理想和现实的冲突。"③《无言之美》(1924年)指出,关于世界之所以最完美乃是因为它最不完美的这一说法,表面上极为不通但事实上是"含有至理",因为"希望""快慰"往往来自"不美"。"这个世界之所以美满,就在有缺陷,就在有希望的机会,有想象的田地。换句话说,世界有缺陷,可能性(potentialit)才大。"④这段话被引入到给青年的信《人生与我》中。此信中又曰:"人生的悲剧尤其能使我惊心动魄,许多人因为人生多悲剧而悲观厌世,我却以为人生有价值正因其有悲剧。"⑤另一封信"谈摆脱"指出,人生就是"一种理想的冲突场",生命之途程歧路众多,顾虑重重,无所适从。"因为人人都'摆脱不开',所以生命便成了一幕最大的悲剧。"⑥从出国前后发表的这些文章看,朱光潜对人生普遍性有了一些判定,即它是苦闷的、有缺陷的、悲剧的。这为他接受以"超脱"为内涵的尼采悲剧美学准备了条件。

接受一种思想往往需要一些"中介"。朱光潜在论及人生问题的时候已有意识地引用叔本华、黑格尔的观点(如痛苦说、冲突说),但是尚未真正触及尼采本身。他移情尼采首先是受到王国维诗学启发。"在近代的诗论中间,我特别欣赏王国维先生的《人间词话》中所标出的'有我之境'与'无我之境'。王国维先生诗论肯定接受了西方美学的影响,特别是尼采和叔本华的影响。

---

① 宛小平. 叔本华和朱光潜早期美学 [J]. 安徽大学学报(哲学社会科学版), 2002 (3): 29.

② 阎国忠. 朱光潜美学思想研究 [M]. 沈阳: 辽宁人民出版社, 1987: 22.

③ 朱光潜. 朱光潜全集: 第8卷 [M]. 合肥: 安徽教育出版社, 1993: 89.

④ 朱光潜. 朱光潜全集: 第1卷 [M]. 合肥: 安徽教育出版社1987: 71–72.

⑤ 同④: 60.

⑥ 同④: 48–51.

我在美学上的发展是以王国维的《人间词话》为基础的。"① 王国维论诗方式启发了他，让他移目于西方哲学。然而当他到达英国之后，所面对的是克罗齐美学的盛况。故他又从学习克罗齐美学入手，再扩展到研究整个西方哲学和美学。在克罗齐、叔本华、尼采三者中，他更偏向尼采。第一，他的观点"形象的直觉"是对叔本华"审美直观"、尼采"从形象中得到解救"和克罗齐"美即直觉"的整合与贯通。第二，他没有把同为唯意志论者的叔本华和尼采等同起来，而是给予分别对待。在他看来，叔本华是悲观的，而尼采是快乐的，两人在人生观方面具有本质性差别。相比较，尼采的悲剧美学更契合自己向来主张的人生观。第三，他对克罗齐美学随着学习、研究的深入逐渐产生怀疑。克罗齐是20世纪初全欧公认的美学大师，加上所读过美学家的著作多半是在克罗齐影响之下写出来的，可见克罗齐美学对他的影响至深。但是，对它的不满意也随之产生，故后来有了《克罗齐哲学述评》（1948年）一文。朱光潜对待尼采美学，并没有像对待克罗齐美学一样进行专门评述，甚至在归国之后由于"有顾忌，胆怯，不诚实"而"很少谈及叔本华、尼采"②。话虽如此，实际上他与"尼采"之间仍存在多种方式的互动。如把《悲剧心理学》部分汉译，发表《悲剧论——悲剧与实际人生的距离》（1934年）及《看戏与演戏——两种人生理想》（1947年）两篇论文。又如在几经修改而成的中文著作《文艺心理学》（1936年）的"美感经验""悲剧的喜感"等章节中，都出现、利用尼采的观点。从这些情况看，尼采在朱光潜的心理世界中始终是存在的，成为一种挥之不去的"意念"。正是诸多中介因素干扰了读者的认知。如果不进行仔细辨析，我们似乎很难发现其中的脉络。

　　思想之真正接受需要与思想本身形成互化，由入而出才是接受的境界。20世纪三四十年代朱光潜新写的文章，如《眼泪文学》（1937年）、《流行文学三弊》（1940年）、《诗的严肃与幽默》（1947年）、《诗的意象与情趣》（1948年）等，又如收录在《谈修养》（1942年）一书中的《谈恻隐之心》《谈羞耻之心》《谈冷静》《谈英雄崇拜》《谈休息》《谈美感教育》诸篇，从中我们依旧可以发现"尼采"的身影。《谈修养·序》曰："我的个性就是这些文章的中

---

①　朱光潜.略谈维柯对美学界的影响 [M] // 朱光潜.朱光潜全集：第10卷.合肥：安徽教育出版社，1993：670-671.

②　朱光潜.悲剧心理学 [M] // 朱光潜.朱光潜全集：第2卷.合肥：安徽教育出版社，1987：210.

心……我大体上欢喜冷静、沉着、稳重、刚毅，以出世精神做入世事业，尊崇理性和意志，却也不菲薄情感和想象。我的思想就抱着这个中心旋转，我不另找玄学或形而上学的基础。我信赖我的四十余年的积蓄，不向主义铸造者举债。"① 此中见出朱光潜对待治学是十分严谨的，且注重实际功用。他与"尼采"的关系，虽然若即若离，看似令人捉摸，实是"客观"联系的。此时期由于关注个体生命自由的追求，特别是民族生命力的激发，他对尼采哲学、美学的理解更趋理智。

英法留学（1925—1933年）和执鞭高等学府（1933—1949年）是前期朱光潜的两个重要活动时期。从留学到归国，归国后又辗转多校多地，他在生活上并不稳定。这种流动性注定了对世事人生将产生悲剧性的感怀。人生若要清明，就得首先摆正生活态度，不为各种生事所束缚，更需要高扬尼采式生命精神。西方学者曾提出"严肃休闲"的概念。"对于许多追求生命意义的人来说，如果随意休闲或非严肃休闲令人沮丧的话，那么严肃休闲将会为他们提供工作之外的另一种有吸引力的生活方式。"② 从留学生到大学教授，这种身份变化势必影响他的生活方式。《谈修养·自序》（1942年）曰：

> 这些文章大半在匆迫中写成的。我每天要到校办公、上课、开会、和同事同学们搬唇舌、写信、预备功课。到晚来精疲力竭走回来，和妻子、女孩、女仆挤在一间卧室兼书房里，谈笑了一阵后，已是八九点钟，家人都去睡了，我才开始做我的工作，看书或是作文。这些文章就是这样在深夜里听着妻女打呼鼾写成的。因为体质素弱，精力不济，每夜至多只能写两小时，所以每篇文章随断随续，要两三夜才写成，运思的工夫还不在内。我虽然相当用心，文字终不免有些懈怠和草率。关于这一点，我对自己颇不满，同时也美慕有闲暇著述的人们的幸福。③

---

① 朱光潜.朱光潜全集：第4卷 [M]. 合肥：安徽教育出版社，1988：4-5.

② 亨德森.女性休闲：女性主义的视角 [M].刘耳，译.昆明：云南人民出版社，2000：133-134.

③ 朱光潜.朱光潜全集：第4卷 [M].合肥：安徽教育出版社，1988：5.

《谈文学·序》如此交代：

> 这些短文都是在抗战中最后几年陆续写成的……
>
> 文学是我的第一个嗜好，这二十多年以来，很少有日子我不看到它，想到它。这些短文就是随时看和随时想所得到的一点收获。①

朱光潜常常在紧张、繁忙的工作之余奋力写作，工作与休闲之间没有明显的界限（事实上也很难区分开来）。面对这种失衡的生活，唯有保持心灵充实才能得以安身立命，才能满足"身份平衡"（identity balance）。他对生活、生命有了更深入的思考。《学业·职业·事业》（1943年）反对那种空虚的生活状态，主张过一种张"尽责"的生活。《生命》（1947年）感叹人生易逝，要求珍惜现实。"人们不抓住每一顷刻在实现中的人生，而去追究过去的原因与未来的究竟，那就犹如在相加各项数目的总和之外求这笔加法的得数。"② 追求生活意义和生命价值，这是朱光潜努力探索的美学重点，并形成他的前期美学之特色。"无论是谈审美、艺术还是谈美育，无论是对国民性的批判还是对思想道德文化教育的阐述，以情为本以感性为基础是一以贯之的理论基调。"③ 而这种感性的、生命的话语，很大程度是受尼采哲学、美学的影响，或者说是悲剧研究的一种结果。"悲剧不仅引起我们的快感，而且把我们提升到生命力的更高水平。"④ 这个悲剧观用于反观朱光潜自身，也是极其适合的。至于悲剧的崇高、中国悲剧等问题，在晚年的《谈美书简》（1980年）中有详尽的阐释。

（三）佛家心态

"苦"也是一个重要的宗教范畴。佛教有"苦谛"一说，即是说人间有情有漏皆自苦，生老死愁忧恼怨等一切都因苦而起，是人类自虐的结果；感叹"诸形无常"，把人生的本质都归之于痛苦⑤。朱光潜在给青年的信《人生与我》中认为，人生的苦痛、苦恼来自人把自己看作比物重要，来自在生活之

① 朱光潜．朱光潜全集：第4卷 [M]．合肥：安徽教育出版社，1988：155.
② 朱光潜．朱光潜全集：第9卷 [M]．合肥：安徽教育出版社，1993：274.
③ 杜卫．朱光潜前期美学的生命哲学意义 [J]．文史哲，2002（3）：86.
④ 朱光潜．悲剧心理学 [M] // 朱光潜．朱光潜全集：第2卷．合肥：安徽教育出版社，1987：415.
⑤ 祁志祥．佛教美学 [M]．上海：上海人民出版社，1997：97.

外求得目的和人性的善恶之分。基于此,他提出看待人生的"前台"和"后台"两种方法,反对"苦"的存在,主张顺应自然本性,在生活中求得目的。《谈学文艺的甘苦》(1942年)提出"文艺观世法",并作为自己的观世法。在他看来,超世观世的态度是"一种救星"。"它帮助我忘去过许多痛苦、容耐许多人所不能容耐的人和事,并且给过我许多生命力,使我勤勤恳恳在做人。"[①]这些"人生"之论,与佛教主张的因缘而生、随顺世法、护生、众生平等观点是相通的。实际上,佛教对朱光潜有较深的影响。在晚年的一次访谈中,他坦言:"不过说实话,像我们这种人,受思想影响最深的还是孔夫子。道家影响有一些,后来还受一些佛家的影响。在这一点上我和吕澂有些相似。有相当一个时期我搞佛学,佛学在中国还是有影响的。"[②]大体说,朱光潜喜读佛学,接受许多佛理,拥有佛家心态。他的人生艺术化思想,也是在一定程度上吸取佛教要义而形成。

追踪朱光潜受佛教影响的轨迹,需要从他的交友说起。他在一生中交友甚多,可以列出一份长长的名单,所交往的文化名人有40~50人之多。而在这些交往的文化名人中,就有与佛教渊源颇深的丰子恺、弘一法师、熊十力。朱光潜与丰子恺在春晖中学结识、相知,又在上海一起创办立达学园、开明书店和筹办杂志《一般》,结下深厚友谊,后因自己留学,从而各奔东西,致相隔近二十年才有在四川嘉定的短暂重逢。丰子恺是朱光潜认识的"最早,也最清楚"的"当代画家",给人留下既"清"又"和","从顶至踵是一个艺术家"的难忘印象[③]。他的人品和画品之所以是艺术的,很大程度是受到他的老师弘一法师的熏陶。也正是从他那儿,朱光潜知道了弘一法师在佛法和文艺方面的造诣。弘一法师中年出家,经常云游四方,曾应夏丏尊之邀来到白马湖小住,故有了"一面之缘",有了"赠偈"一事。这是他在纪念弘一大师的一篇文章中(1980年)所说的。"我自己在少年时代曾提出'以出世精神做入世事业'作为自己的人生理想,这个理想的形成当然不止一个原因,弘一

---

① 朱光潜 . 朱光潜全集:第3卷 [M]. 合肥:安徽教育出版社,1987:344.

② 朱光潜 . 朱光潜教授谈美学 [M] // 朱光潜 . 朱光潜全集:第10卷 . 合肥:安徽教育出版社,1993:533-534.

③ 朱光潜 . 丰子恺先生的人品与画品:为嘉定丰子恺画展作 [M] // 朱光潜 . 朱光潜全集:第9卷 . 合肥:安徽教育出版社,1993:153-154;朱光潜 . 缅怀丰子恺老友 [M] // 朱光潜 . 朱光潜全集:第10卷 . 合肥:安徽教育出版社,1993:475.

法师替我写的《华严经》偈对我也是一种启发。"① 至于与熊十力相识，是抗战时期随武汉大学西迁至四川后。受他建议，朱光潜开始研读佛典，产生了一些感想。如应黄梅之邀为《中央周刊》所写的《人文方面几类应读的书》（1942年）写道："在佛典中我很爱读《六祖坛经》和《楞严经》，这也许是文人的积习。"② 两人还一起讨论学术问题。1943年秋，朱光潜见到熊十力写给他和叶石荪的一封信，内容是谈自己的《新唯识论》以及与马一浮的关系。在浙、川，这是朱光潜与佛教结缘的两个重要时期。此外，留学期间他因研究悲剧而又接触到印度佛教，从而对佛教有了新的认识。大体说，朱光潜在与佛教人士的交往、佛典研读以及悲剧研究中产生对佛教的一些体悟、看法。特别是与佛教人士的交往，对他的影响甚大。换个角度说，一个学人学术思想的形成离不开与同时代学人之间的互动，以此论朱光潜，理亦如此。

朱光潜对美、艺术、人生的诸多理解，与佛教直接相关。《无言之美》（1924年）谈到美术、伦理、哲学、教育及实际生活各方面都具有"无言之美"，还特别提到"佛教及其他宗教之能深入人心，也是借沉默神秘的势力"③。所以，他也是肯定佛教具有"无言之美"。《悼夏孟刚》（1924年）表达对自杀的意见。写作起因是在吴淞中国公学时所教的学生夏孟刚服毒自杀，而他在一个月后才知道此事，因此十分震惊，感叹世界"污浊极了"，自己则是"堕入苦海了"。他决计为后人免遭如他一样的"苦痛"，要"绝我而不绝世"。他认为，假如夏孟刚也像释迦牟尼，古今许多哲人、宗教家、革命家那样努力"以出世的精神，做入世的事业"，那么他能够"打破几重使他苦痛而将来又要使他人苦痛的孽障"④。此时朱光潜已是在爱丁堡大学，当时刚好又在研究悲剧问题，故对"自杀"方式极不赞成。另外，此文表达对学生爱惜之情的同时，对佛教"末流"有些不满。朱光潜谈佛教，有肯定又有否定，亦并非就佛教而论，也是把它作为一般的宗教情况，这样就方便把宗教问题与艺术问题结合起来看待。《谈理想的青年》（1943年）曰："科学易流于冷酷干

---

① 朱光潜.以出世的精神，做入世的事业——纪念弘一法师 [M] // 朱光潜.朱光潜全集：第 10 卷.合肥：安徽教育出版社，1993：525.

② 朱光潜.朱光潜全集：第9卷 [M].合肥：安徽教育出版社，1993：118.

③ 朱光潜.朱光潜全集：第1卷 [M].合肥：安徽教育出版社，1987：70.

④ 同③：76.

枯,宗教易流于过分刻苦,它们都需要艺术的调剂。艺术是欣赏,在人生世相中抓住新鲜有趣的一面而流连玩索,艺术也是创造,根据而又超出现实世界,刻绘许多可能的意象世界出来,以供流连玩索。有艺术家的胸襟,才能彻底认识人生的价值,有丰富的精神生活,随处可以吸收深厚的生命力。"①这里把科学、宗教与艺术并论,并认为艺术能够弥补前两者的缺陷。朱光潜的宗教观,实际是借助宗教表达艺术的、人生的精神。此文就提出"宗教家的热忱"是一个人将来从事事业的条件之一。《生命》(1947年)是对生命的"思量",其中谈到佛家的生命观。他坦言对佛家"我执"(生命的执着)不甚理解,而宁信庄子的"我化"和儒家的"顺从自然"。在他看来,生命问题在于人们不了解生命,故对付生命先得了解生命。这无疑是在提示"世间纷纷扰攘的人们"②。

佛教对朱光潜的影响,还表现在他个人的人生态度方面。面对纷扰的世事人生,他始终能够保持佛家式的宽容心态。谈到此,我们可以把周作人纳入进来比较说明。两人都参与筹办《文学杂志》,是编委会重要成员。发生"周作人事件"(1938年4月)之后,朱光潜撰文说:"我个人和周作人先生在北京大学同事四年,平时虽常晤谈,但说不上有什么很深的友谊。……我所知道的周作人,说好一点是一个炉火纯青的趣味主义者,说坏一点是一个老于世故怕粘惹是非者。他向来怕谈政治。"③共事一刊,然则关系一般,评价周作人既"好"又"坏"。朱光潜的说辞似有与之撇清关系之嫌,但是这并不意味着他完全否认周作人,至少对于他的为文方面还是相当认可的。

朱光潜在许多文章中引用或评价过周作人作品及其风格。在给青年的信《谈静》中,他在谈到诗人的领略力比一般人都要大的时候,例举了周作人《雨天的书》当中引日本人小林一茶的一首俳句("不要打哪,苍蝇搓他的手,搓他的脚呢"),并称赞"这种情境真是幽美"④。他对出版不久的《雨天的书》(1925年)颇为称好,评之"清""冷""简洁"。"清"是"清淡""清趣"("很难找到第二个能够做得清淡的小品文字。他究竟是有些年纪的人,还能领略

---

① 朱光潜.朱光潜全集:第9卷[M].合肥:安徽教育出版社,1993:159–160.

② 同①:272–279.

③ 同①:9.

④ 朱光潜.朱光潜全集:第1卷[M].合肥:安徽教育出版社,1987:5.

闲中清趣")。"冷"是基于"谐趣"而言的,是"欲笑忍"("他是准备发笑的,可是笑到喉头就忍住了")。至于"简洁",是就文字而言的①。《文艺心理学》谈到"艺术创造"时引用了周作人关于"赋得"与"偶成"的观点。"偶成"是全凭一时兴会,往往是长期修养后的收获,而"赋得"是有意为文,苦心刻画,所以两者是有分别的②。《诗论》谈到原始诗歌作者问题时,这样写道:"在中国歌谣里,我们也可见出同样的演进阶段。最好的例是周作人在《儿歌之研究》里所引的越中儿戏歌。"③《诗与散文》(1932年,后作为《诗论》附录三)谈到"模仿风格"的作家问题时,这样批评道:"误信风格可以矫揉造作,不是周作人而要想学周作人的平淡,不是徐志摩而要想学徐志摩的浓丽,捧心效颦,所以令人觉得俗滥。"④借此又指出"平淡""浓丽"两种风格的利弊和形成之不易。从这些看,朱光潜对周作人那种"平淡自然"的散文风格及他在新文学方面的努力都给予了正面评价。

特别是朱光潜谈"苦",周作人也谈"苦",甚至更深入。周作人对人生境遇凄凉、绝望一面,总是表现出特殊的敏感与深切体验。在他冲淡、平静的文字底下,总是深藏着"苦雨""苦茶""苦竹""苦住"等各种苦涩与无奈。他偏从悲苦一面去体悟人生、解释世界,显然是受到佛教文化的严重影响⑤。这又与朱光潜的情况一样。鲁迅本着对历史的负责态度,强烈批判以周作人、朱光潜为代表的"京派",行走在进步的思想道路上。钱理群这样评价:"尽管鲁迅的历史观中含有悲观主义的成分,但他在根底仍然是历史的乐观主义者,与彻底的历史悲观者的周作人,代表着中国现代知识分子在复杂万端的、充满前进与倒退的历史运动中的不同选择;他们的分歧更突出地表现在实践行为的选择上。"⑥这段话可以成为我们理解的参考。"京派"时期的朱光潜思

---

① 朱光潜.朱光潜全集:第8卷[M].合肥:安徽教育出版社,1993:190–194.

② 朱光潜.朱光潜全集:第1卷[M].合肥:安徽教育出版社,1987:415.

③ 朱光潜.朱光潜全集:第3卷[M].合肥:安徽教育出版社,1987:22.

④ 同③:298.

⑤ 相关研究,参见肖方林.周作人与佛教文化[J].中国现代文学研究丛刊,1993(4):54–65;顾琅川.生命苦谛的慧悟与反抗:周作人"苦质情结"的佛学底蕴[J].绍兴文理学院学报,2004(1):1–5.

⑥ 钱理群.动荡时代人生路的追寻与困惑:周作人、鲁迅人生哲学的比较[M]//程光炜.周作人评说八十年.2版.北京:中国华侨出版社,2005:325.

想，显然具有历史局限性。

朱光潜对于佛教基本是肯定的，主要是就其与中国文化的特定关系而言的。《中西诗在情趣上的比较》（1934年）指出，中国诗不仅仅受老庄和道家学说的影响，也深受佛教的影响，但佛教的影响是有限的。"佛教只扩大了中国诗的情趣的根底，并没有扩大它的哲理的根底。"[①] 他把《菜根谈》列为自己"爱读"的书籍之一，是因为这部书是"融会儒释道三家的哲学而成的处世法"[②]。晚年谈及美学在中国的传统，他说："《诗品》《文心雕龙》和《沧浪诗话》都显然有佛典的影响，而这种影响也显然是有益的。"[③] 肯定佛教并不代表对佛教文化的完全认同。朱光潜不是佛教徒，当然也不是基督教徒。至于《基督教与西方文化》（1958年）一文乃是他在北大西语系讲授基督教《圣经》的基础上完成的。他无意宣传宗教，只是凭自己学习的体会，认识到要理解西方的哲学、文艺、历史等，一定要接触基督教文献。对于宗教，朱光潜大体是本着研究的态度对待之。

总之，佛教对于朱光潜的影响不是决定性的。他虽然一度与佛教结缘，但主要是在儒家与道家即"入世"与"出世"之间进行融通，从而形成人生艺术化思想。"入世的事业"是他毕生之追求。至于如何做到此？这里不再展开详论，仅再提他对艺术修养的强调。1980年秋，朱光潜在全国高校美学教师进修班上念了一首十四行诗。"不通一艺莫谈艺，实践实感是真凭。"[④] 其中的这两句极其通俗的"顺口溜"，却道出了治学应该具有的经验。作为美学研究者，只掌握理论是不够的，还特别需要精通一门技艺，只有通过真实体验才能真正使理论有所依凭。艺术精神是人生艺术化思想的核心所在，而艺术就是使人懂得，甚至实现人生价值与意义的最佳之道，甚至就是人生本身。朱光潜一生坚持理论探索与文艺实践，为后人树立了一个典范。他的人生之路，其实就是一部经典的"美学教材"，值得我们反复研读和深度体会。

① 朱光潜.诗论[M].朱光潜全集：第3卷[M].合肥：安徽教育出版社，1987：85.

② 朱光潜.1934年我所爱读的书籍[M]//朱光潜.朱光潜全集：第8卷.合肥：安徽教育出版社，1993：358.

③ 朱光潜.关于我的"美学文集"的几点说明[M]//朱光潜.朱光潜全集：第10卷.合肥：安徽教育出版社，1993：564.

④ 朱光潜.怎样学美学[M]//朱光潜.朱光潜全集：第10卷[M].合肥：安徽教育出版社，1993：504.

五、宗白华的童年经验

"人生艺术化"不仅是一个理论命题，而且是一个实践课题。宗白华就是这样一位少见的理论与实践并重的美学家。他不断言及"人生的美化""艺术的人生""人生艺术化""创造的人生态度"，并以此为立身处世之道。称宗白华美学是"人生的美学"，显然一点不为过。的确，宗白华在中国现代美学家中也是十分独特的一种类型。与王国维、蔡元培不同，他是"真正、而且可以说是纯粹的美学家"①；又与朱光潜不同，他更是"古典的、中国的、艺术的"②。人心与文心的和谐使之成为中国现代美学家的典型。他始终保持着对生命活力的倾慕、赞美，对宇宙、人生的哲理情思，永葆一颗纯真的"诗心"。这颗诗心是童心性质的，是其童年经验在美学层面的再现、复活。正是自幼具有的诗性气质、爱"观"的个性，形成了"流云"诗观，"欣赏即创造"的艺术观，以"意境"为核心范畴的美学观、人生观。还有重要的一点，这就是在他拥有的那份诗心中饱有强烈的寻找中国文化美丽精神的责任意识。

（一）诗化童年

童年经验，亦称童年体验，指的是在儿童期的生活经历中所获得的体验。这一短暂的成长期，虽然充满稚气，但是往往包含极为深厚、丰富的人生真味。对现实世俗的超越性体验、对经历物直观的把握，这种真实性又是最具有普遍的人生意义的。"从一定意义上说，童年经验本身就是一种审美体验，一种人生最初的审美体验。"③作家、艺术家都极其珍视童年经验。对于这一必然的人生成长过程，宗白华有着自己的体察。他所认知的儿童是艺术的，所亲历的童年是快乐的。他关注儿童、赞美童年、尽情抒写童年生活，从而塑造了一个诗意的"童年"形象。

1. 在诗论中确立

宗白华较早论及童年是在儿童诗问题上。"五四"时期汪静之《蕙的风》风靡一时。他在致一岑的信《〈蕙的风〉之赞扬者》（1923年1月13日）当中

---

① 林同华.宗白华美学思想研究 [M].沈阳：辽宁人民出版社，1987：12.

② 李泽厚.宗白华《美学散步》序 [J].读书，1981（3）：91.

③ 童庆炳.维纳斯的腰带：创作美学谈 [M].上海：上海文艺出版社，2001：261.

盛赞汪诗，并十分看好他的诗："我对这个青年诗人的人格，表充分的同情。他是一个很难得的，没有受过时代的烦闷，社会的老气的天真青年，我们现在的社会还不知道这类的青年是多么的可贵呢！我个人以为这种纯洁天真，活泼乐生的少年气象是中国前途的光明。那些事故深刻，悲哀无力的老气沉沉，就是旧中国的坟墓。我个人以为这种纯洁天真，活泼乐生的少年气象是中国前途的光明。"[①] 在此信中，他还针对胡适对汪诗的批评提出自己的"成熟"观。"所谓成熟，我觉得只是诗人人格年龄上的成熟，并不是诗的艺术上的成熟。儿童诗正需要儿童的情绪，儿童的口吻。"[②] 在他看来，儿童诗的作者往往是成人，但儿童诗的内容应该是儿童的，故诗人的人格、理想对于新诗写作至关重要。这表明此时期他已具有明确的儿童本位观和新诗观，即主张以儿童的立场或者儿童的视角来审视新诗写作问题，因为真正的诗是"人"与"艺"的有机统一。

对儿童诗的见解仅是宗白华论诗的一部分。对于诗，他不作抽象的玄思，追求生动性、诗艺性，要求把诗建立在人生理想和生活美当中。这些可以从他的一些诗论，如《三叶草》（1920年1~3月间与郭沫若、田汉的19封通信集）、《新诗略谈》（1920年）、《我和诗》等当中见出。其中《我和诗》（初写本，1923年；初版，1937年；修订版，1947年）极尽抒发和表达自己的自由、欢乐的童年生活。童年的他，尽情感受美，"童心里独自玩耍的对象"[③]。他爱自然、爱想象，乐于发现美，努力追求诗的感性和理想形式。"我喜欢'夜'色，然而我并不完全是'夜'的爱好者，朝霞满窗时，我也赞颂红日的初生。我爱光，我爱美，我爱力，我爱海，我爱人间的温暖，我爱群众里千万心灵一致紧张而有力的热情。我不是诗人，我却主张诗人是人类底光明的预言者，人类光明的鼓励者和指导者，人类的光和爱和热的鼓吹者。"[④] 赞成高尔基、歌德的观点，肯定诗源于现实又高于现实的观点，这使得他永远把诗作为理想来看待。他的内心中永远闪动着"美"，并融化到诗篇当中，这就是"流云小诗"。

---

① 宗白华.宗白华全集：第1卷 [M]. 合肥：安徽教育出版社，1994：431.

② 同①：433.

③ 宗白华.宗白华全集：第2卷 [M]. 合肥：安徽教育出版社，1994：149.

④ 同③：155.

2. 在比较中突出

儿童是相对成人而言的，儿童的特征往往在与成人的比较中见出。关于两者的差异，宗白华又从艺术的角度进行解释。1926—1927年他在中央大学开设艺术学课程。谈到艺术起源与进化，他以"儿童之玩具及艺术"来说明"初民之艺术生活"，借此比较成人与儿童不同的艺术观。他指出，儿童"意识常混沌，空想力活泼且大，最易象征化"，形成在艺术创造上的特点。"常随便自为，决不摹仿实物，又决不为印象派之纯粹对象，常为修改的简单图画，如桌子，则不必有四角，将主要者画出，烦琐者删去，常如成人之概念然，仅包含事物之主要点。成人常借物以代表情感，如山水表逸趣，花卉表兴致，儿童则否，只将重要点格外显出而已儿童图画，系报告其脑中知识，不是摹仿自然景象，至如唱歌，必发生于愉快之时，情感剧烈时反无之，可知艺术之创造，须在恬淡宁静之中。"故他又认为"儿童的艺术生活"是一个很难"着手"的问题。他告诫人们，假如以成人的眼光及成见进行推测，这是很不合适的，而合适的推测方式应该是站在儿童立场进行，"若以己之童心，设身处地研究之，或可得其大概"[①]。

在谈到常人的艺术观的时候，宗白华也把它与儿童的艺术观进行比较。《艺境》未刊本中有一篇《常人欣赏文艺的形式》（约1942年）。他指出，常人不仅有艺术观，而且他们的艺术观是一切艺术观的基本形式。常人在艺术欣赏的形式和对象方面，都表示一种特殊的立场与范围。常人的艺术观"并不就等于"儿童的艺术观，这是因为"儿童中有所谓'神童'，他的艺术禀赋却在一般常人之上，像莫扎特（Mozart）之于音乐"。常人则不限于任何年龄，对于文艺鉴赏的口味与态度只是天真的、自然的、朴质的、健康的，但它们并不一定是浅薄的[②]。另外，他指出常人的艺术观并不等于平民的艺术观，因为在社会的及教育的各阶级中都有艺术鉴赏上的常人。这间接表明了儿童的艺术观不同于平民的艺术观。综言之，他在艺术观问题上强调儿童的不同于成人的，也不同于常人的、平民的，是在比较中突出儿童的特点。

---

① 宗白华.宗白华全集：第2卷[M].合肥：安徽教育出版社，1994：500—502.

② 同①：313–317.

3. 在抒写中回味

重视童年经验，还表现在宗白华对童年生活的多次自叙。正如一个人永远无法回到童年，它往往是被建构出来的。因此，了解童年的"真实"状况，最直接的途径就是借助回忆性作品。关于他的童年生活，主要散见于两篇自传性质的忆文《我和诗》和《我和艺术》（1983年）。在《我和诗》中，他坦言："回想我幼年时有一些性情的特点，是和后来的写诗不能说没有关系的。"①《我和艺术》是为《艺术欣赏指要》一书所做的序文。此中主要是引述，但在文字上更为简略：

我对艺术一往情深，当归于孩童时所受的熏陶。我在《我和诗》一文中追溯过，我幼时对山水风景古刹有着发乎自然的酷爱。天空的游云和复成桥畔的垂柳，是我孩心最亲密的伴侣。风烟清寂的郊外，清凉山、扫叶楼、雨花台、莫愁湖是我同几个小伴每星期日步行游玩的目标。17岁一场大病之后，我扶着弱体到青岛去求学，那象征着世界和生命的大海，哺育了我生命里最富于诗境的一段时光……②

从《我和诗》到《我和艺术》，写作时间是从1920年代延续到1980年代，跨越了宗白华的大半个人生。其中对童年生活的抒写方式，有一个从"初写""扩写"再到"缩写"的变化。这种跨时性的"重写"，反映出童年经验之于他产生了何等深刻而又深远的影响。而把"我"置于与"诗""艺术"的渊源性关系中，本身就已经体现出他的一种诗性性情。

此外，宗白华大约在1980年写过一份"自传"。这份原刊于《中国现代文学手册（上）》的材料，以条目形式出现，按时间罗列，交代出生、启蒙教育、留学经历、大学任教等情况。有关童年经历，只提到一句："童年在南京模范小学读书。"③但是，这并不能成为我们忽略童年经验，特别是启蒙教育深刻影响他的理由。王国维、蔡元培、朱光潜等现代美学家在早年接受的教育都是传统的，或者说正是这种传统教育为他们日后接受现代教育，从而成就

① 宗白华.宗白华全集：第2卷[M].合肥：安徽教育出版社，1994：149.

② 宗白华.宗白华全集：第3卷[M].合肥：安徽教育出版社，1994：421.

③ 同②：598.

美学事业、形成人格魅力奠定了基础。尽管宗白华在美学气质上与他们有所不同，但是这种影响与他们一样，同样是鲜明的。正如有学者评价："就宗白华来讲，人格和学问是互为表里的。他人格构型的第一步是在浓郁的传统文化氛围中展开的。从在安庆小南门方家大宅出生到南京开始读小学为止，宗白华的'学前教育'是在'桐城'文化的浸淫中完成的，尽管它没有明确的形式，但儿童时期文化塑型对成人的影响之重大是有科学可以论证的。皆知，以儒家为正统的传统文化，修身是至关重要的一步，它是通达事功的必经之途。所以可以在某种程度上说，宗白华的审美人生观的母基是传统'士子'培养土壤。"[①]因此，只有置宗白华于传统与现代交融的语境中，我们才能够深入发掘童年经验之于他建构人生美学的独特意义。

（二）观的姿态

作为人生中一个重要的发展阶段，童年不仅是人的知识积累时期，而且是人的心理发展不可逾越的开端。人的个性、气质、思维方式等的形成和发展，很大程度决定于童年经验的作用。每一个人都有童年，也都有体验童年的个性方式。从《我和诗》看，宗白华在少年时有过创伤的经历（如"17岁一场大病"），但是并没有造成什么心理阴影，而是感受到"世界是美丽的，生命是壮阔的，海是世界和生命的象征"。这种体验是浪漫的、艺术的，本性上又是儿童的。正如丰子恺在《关于儿童教育》（1927年）中指出，儿童之所以是艺术的，是因为他们的一种"绝缘"的态度。"对于人生自然，另取一种特殊的态度。……就是对人生自然的'绝缘'（isolation）的看法。所谓绝缘，就是对一种事物的时候，解除事物在世间的一切关系、因果，而孤零地观看。"[②]这就是说，儿童式的观看是直观的、审美性的。宗白华总爱站在观者的立场审视人生万物。"观"这种普通的日常行为，却能够给他带来生活上的快乐、心灵上的充实。正是爱观的天性、善观的个性赋予他诗意的想象和境界化追求。他的"小诗"、读书笔记、与友人的通信、生活日记等，大都散发着这种从童年起就有的"观"的趣味。

---

① 王进进. 宗白华美学思想述评 [M]. 郑州：郑州大学出版社，2006：1-2.

② 丰子恺. 丰子恺文集：第2卷 [M]. 杭州：浙江文艺出版社，浙江教育出版社，1990：250.

宗白华走上美学道路，结缘的首先是诗，其次是哲学和艺术。《我和诗》披露了他走上写诗之路的历程："喜欢"读唐人的绝句，"注意"康白情、郭沫若的新诗创作，尝试写下《东山寺二首》《别东山寺》《赠一青年僧人》《问祖国》等5首诗（1914年1~2月）。他在留学时期真正用力写诗。收录在"唯一"一部诗集《流云》（1923）中的诗作，"都或多或少或浓或淡地散发出这样一种具有纯真'童心'的时代音调"①。他的诗汲取了冰心小诗的营养，如《流云（七）》："天上的繁星，人间的儿童。慈母底爱，自然底爱，俱是一般的深宏无尽呀！"②他的诗营构出各种意象，以云、星、月、蓝空、大海、宇宙、音乐、梦、镜等出现较多。其中最具特色的意象是"云"，有"流云""白云""晓云""愁云""云波"等，且诗集以第一首诗"流云"来命名。偏爱"云"，这是在他童年就埋下的种子（"看云的变幻""做云谱"）。除把"云"化入小诗，他还把与"云"相关的诗引入文。如《中国诗画中所表现的空间意识》（1949年），为说明中国人的审美意趣，他连续列举了四句带"云"字的唐诗名句："行到水穷处，坐看云起时"（王维《终南别业》）；"去雁数行天际没，孤云一点净中生"（韦庄《题盘豆驿水馆后轩》）；"溪流碧水去，云带清阳还"（储光羲《游茅山》）；"水流心不竞，云在意俱迟"（杜甫《江亭》）。"云"意象在宗诗中富有内涵和意义："激活了诗人的思想""作为诗人的寄托"和"体现着一种生命的精神"③。可以说，"诗"的童年奠定了宗白华的艺术气质和美学方向。

"拿叔本华的眼睛看世界，拿歌德的精神做人。"④宗白华少年时期的这个口号，反映出那时他对生命既要超脱又求入世的思考，这与他结缘哲学有关。1914—1919年他在青岛大学学习。在从青岛回上海入同济后休学的那段时间，他开始接触、研究叔本华、歌德等德国学人（当然还有康德、尼采、席勒等，兹不赘论）。关于叔本华研究，集中体现在《萧彭浩哲学大意》（1917年）、《叔本华之论妇女》（1919年）。《读书与自动的研究》（1919年）也是通篇介绍叔本华，其中曰："走到大自然中，自动的观察、自动的归纳。"⑤同年发表的《读

---

① 李泽厚. 宗白华《美学散步》序 [J]. 读书，1981（3）：91.

② 宗白华. 宗白华全集：第1卷 [M]. 合肥：安徽教育出版社，1994：336.

③ 汪裕雄. 艺境无涯 [M]. 北京：人民出版社，2013：166–171.

④ 宗白华. 少年中国同学会回忆点滴 [M] // 宗白华. 宗白华全集：第3卷. 合肥：安徽教育出版社，1994：416.

⑤ 宗白华. 宗白华全集：第1卷 [M]. 合肥：安徽教育出版社，1994：199.

博格森创化论杂感》《说人生观》等，都有对叔本华观点的引用和评价，其中《人生观》对叔本华所言"世界旁观之则美，身处之则苦"的评价是"颇具深意"①。关于歌德，收入《流云》的《题歌德像》（1922年）曰："你的一双大眼，笼罩了全世界。但也隐隐的透出了你婴孩的心。"②此诗十分简短，却传达了一个"博大深刻与纯真诚挚的和谐统一"③的歌德形象。《歌德之人生启示》（1932年）是为歌德百年忌日而作。他把歌德的人生特点概括为3个"印象"："生活全体的无穷丰富""一生中一种奇异的谐和"和"许多不可思议的矛盾"④。宗白华十分推崇歌德，做了大量的推介工作。"从早年的译述绍介，到后来的留学德国，在课堂听讲之外，更辅之以实地游览，再到归国后的努力译介、大学开课、撰文研究等等，歌德几乎是宗白华生活的一个中心内容。"而他之所以如此推崇，是因为歌德具有"世界关怀""诗心童趣""一灯孤照"的人生精神⑤。

宗白华对艺术有广泛的兴趣，包括文学（尤其是诗）、雕刻、戏曲、舞蹈、音乐、书法等，都是由衷爱好。1920年5月在赴德国经巴黎之机，他便去参观开放不久的罗丹博物馆。"徘徊于罗浮艺术之宫，摩挲于罗丹雕刻之院。"他深深地被罗丹的艺术所感动。在《看了罗丹雕刻以后》（1921年）这篇关于罗丹作品的学习札记中，他说正是欣赏罗丹的艺术作品，从而使得自己在思想上变得更为"深沉"⑥。留德期间，他与国内友人保持通信，分享生活点滴。致柯一岑的信（1922年4月17日）曰："我这两年在德的生活，差不多是实际生活与学术并重，或者可以说是把二者熔于一炉了的。我听音乐，看歌剧，游图画院，流览山水的时间，占了三分之一，在街道里巷中散步，看社会上各种风俗人事及与德人交际，又占了三分之一，还有三分之一的时间看书。"⑦致舜生寿昌的信（1923年11月26日）曰："从前，我读《浮士德》，

---

① 宗白华.宗白华全集：第1卷[M].合肥：安徽教育出版社，1994：19-20.
② 同①：357-358.
③ 杨武能.走近歌德[M].上海：上海社会科学院出版社，2012：417.
④ 宗白华.宗白华全集：第2卷[M].合肥：安徽教育出版社，1994：3.
⑤ 叶隽.德国精神的向度变型：以尼采、歌德、席勒的现代中国接受为中心[M].北京：中央编译出版社，2015：61.
⑥ 同①：309.
⑦ 同①：416.

使我的人生观一大变；我看莎士比亚，使我的人生观察变深刻；我读梅特林，也能使我心中感到一个新颖的神秘的世界。"[1] 赏艺、看书、观剧等这些活动，不仅丰富了他的留学生活，而且增加了他的思想厚度，他的文化理想亦随之发生转变（另论）。

抗战时期宗白华随中央大学搬迁至重庆，再次主编《学灯》，一直持续到1946年夏。此时期，他团结了郭沫若、汪辟疆、方东美、潘菽、胡小石、冯友兰、梁宗岱、熊十力、李长之、周辅成、贺麟、唐君毅、傅抱石、柳无忌、徐悲鸿等各界文化人。他写下了大量"编辑后语"，涉及文学、美学、哲学、史学、绘画、戏剧、教育等多个领域。在日常中，他也始终保持着对生活的一种"诗意的理解"。如1945年前后因躲避空袭而居住在一户农家，事后这样回忆："我在团山堡画室里住了两夜，饱看山光云影，夜月晨曦，读乔卿的画，伊谓的词。"他不禁感叹这个"童贞的世界"是"桑达耶那（《美感》一书的作者——引者注）所常住的永恒世界"[2]。他博览宇宙人生，积累了自然、文化知识，扩展了人文视野，从而为艺术学、美学研究奠定了基础、提供了养料。

宗白华在对诗、哲学、艺术的偏好中无不显露出"快乐"之情绪。心理学家指出："快乐是最普遍的正情绪，带有极大的享乐性质和自信度。快乐使人处于超越束缚、把自己展现于外，接受外界事物的倾向。"与"快乐"一样，"兴趣"也是正情绪。作为"适应性动机"，它容易导致对事物发生兴趣[3]。快乐、兴趣为人的活动提供有利的心境背景，有利于智力操作，给人带来力量，使人处于和谐的境地和自由的状态。宗白华将流动的、充满活力的自然作为思考的起点。《怎么样使我们生活丰富》（1920年）曰："自然是宇宙生命的纯真体现，是审美观照的首选对象，也是美和艺术的创作源泉；取法自然师法自然方能酿就艺术的永久生命。"又曰："黄昏片刻之间，对于社会人生的片段，做了许多有趣的观察，心中充满了乐意，慢慢走回家中，细

---

① 宗白华. 宗白华全集：第1卷 [M]. 合肥：安徽教育出版社，1994：422.

② 宗白华. 团山堡读画记 [M] // 宗白华. 宗白华全集：第2卷. 合肥：安徽教育出版社，1994：396.

③ 孟昭兰. 情绪的组织功能：关于情绪对操作的影响的几个实验总结 [J]. 心理学报，1988（2）：119-120.

细玩味我这丰富生活的一段。"[①] 他体会自然的魅力，感受艺术带给他的启迪："艺术是精神的生命贯注到物质界中，使无生命的表现生命，无精神的表现精神。……艺术是自然的重现，是提高的自然。……"这是他对艺术的"直觉见解"[②]。在晚年他更是直言："美学研究不能脱离艺术，不能脱离艺术的创造和欣赏，不能脱离'看'和'听'。"[③] 这当是源自自身的深切感受和经验总结。他时时保持观的姿态：看、读，饱览万千世界；观审、洞察，体悟人生真义；欣赏、创造，理解艺术真谛。可以承认，宗白华的系统美学基建于"观"的审美发生机制，深得儒家诗学思想的精髓。在孔子诗论中，"兴观群怨"四者有机联系，其中"观"是形式的，也是基础的，即只有通过"可以观"的艺术观赏形式，才能实现"可以兴""可以群""可以怨"的社会政治目的。因此，"诗可以观"既是一种接受论，又是一种创作论。作为一种有意义的人类文化行为方式，"观"事实上代表着一种深邃、广阔的眼光，是对事物之"文""理""德""神"等的洞察，具有"本质的""广博的""观摩的""观赏的"多种意味。"对于中国传统诗人来说，宇宙之中的仰观俯察，不仅是一种现实的观物方式——以此对万物加以体察；同时也是一种重要的自我形象塑造——似乎只有这样的姿态才是充满诗意和值得书写的。"[④] 乐道于唐诗之魅力和晋人、意境之美，志在"发现"中国文化美丽精神的宗白华，正是以"观"这种相当传统的方式保持了"自我形象"。

（三）责任意识

谈童年经验的意义，还必须把它置于个体与社会的关系中才能突显出来。人的成长离不开社会化。这是一个以遵从为特征的对社会的适应过程。正是这种过程使人产生"责任感"。诚然，社会化会阻滞个体发展，但这是人走向成熟的标志。善于利用童年经验的文学家、艺术家，能够坦然面对群体性的压力，"加强生活勇气，保持自己独到的观察、体验和对事物的独到看法"，

---

① 宗白华.宗白华全集：第1卷 [M].合肥：安徽教育出版社，1994：193.

② 宗白华.看了罗丹雕刻以后 [M] // 宗白华.宗白华全集：第1卷.合肥：安徽教育出版社，1994：305.

③ 宗白华.《美学向导》寄语 [M] // 宗白华.宗白华全集：第3卷.合肥：安徽教育出版社，1994：607.

④ 何妍.论"诗可以观"及其对中国传统文学思想的影响 [D].昆明：云南大学，2012：52.

从而形成一贯的和谐的处世风格①。青少年的宗白华是在"反映着这一时期中国社会的复杂性和内在矛盾"的"五四"时代度过的，深切感受到民族中永远需要那种天真纯洁的"青年气"。他竭力适应社会、融入时代，积极面对、迎接和思考"新生活"。面对"苦闷"的生活现实，他深刻意识到丰富人的生活的必要性。《怎样使我们生活丰富》（1920年）提出"对外经验"的要求："增加我们对外经验的能力，使我们的观察研究的对象增加，扩充我们内在经验的质量，使我们思想情绪的范围丰富。"还指出："我们要丰富我们的生活，并不是娱乐主义、个人主义，乃是求人格的尽量发挥，自我的充分表现，以促进人类人格上的进化。"②这种由外而内、内外统一的"生活丰富法"，表现了他致力从社会生活改造方向推进"人的解放"的思想立场。关于这些，在《我所见到五四时代的一方面——少年中国学会与〈学灯〉》（1940年）和《少年中国学会回忆点滴》（1979年）当中有详细的追忆、交代和表明，又在《欢欣的回忆和祝贺——贺郭沫若先生五十生辰》（1941年）、《秋日谈往——回忆同郭沫若、田汉青年时期的友谊》（1980年）等当中得到反映。

　　"五四"前后是宗白华在人生观上发生变化的重要转折期。受新潮影响，他加入了少年中国学会的筹备工作，并在成立、办刊等方面付出了极大努力。该学会由王光祈等人于1918年6月在北京发起。它以"为求学国内外及从事文化事业之青年"为主要参与者；以"本科学的精神为社会的活动，以创造'少年中国'"为宗旨；以"奋斗实践坚忍俭朴"为信条；以"纯洁、奋斗、对于本会表示充分同情"为征求会员标准；以"发行刊物，编译丛书以介绍学术，唤醒民众"为入手的工具。所发行的刊物有《少年中国》和《少年世界》两种，它们在内容上各有偏重，但是对于当时的社会问题都很注意。《少年中国》刊有"诗学研究号""宗教问题号"，《少年世界》刊有"妇女号"和"日本号"（各两册）③。宗白华主要在《少年中国》上发表文章，宣传少年中国学会的宗旨，不断强调青年要进行"创造"，并以之作为"责任"。《我的创造少年中国的办法》（第1卷第2期，1919年8月）指出"不是从武力、政治上去，

---

① 童庆炳.维纳斯的腰带：创作美学谈[M].上海：上海文艺出版社，2001：290.
② 宗白华.宗白华全集：第1卷[M].合肥：安徽教育出版社，1994：191-192.
③ 舒新城.舒新城自述[M].合肥：安徽文艺出版社2013：224-227.

而是社会方面去创造一个'新中国社会'"①。《致〈少年中国〉编辑诸君书》(第1卷第3期,1919年9月)曰:"我们要彻底的做,不可趋做时髦、迎合新中国少年的心理。我们要负创造新少年的责任,……。"又曰:"我们爱国是为爱世界人类,是尽我们一部分发展世界事业的责任。"②《理想中少年中国之妇女》(第1卷第4期,1919年10月)曰:"吾济少年中国之创造,既从社会入手,则中国妇女人格之造就发展,亦吾济重大之责任,妇女人格未能健全,即少年中国未曾健全。盖少年中国乃具健全人格之男女国民所共同组合而成者也。"③《中国青年的奋斗生活与创造生活》(第1卷第5期,1919年11月)提出针对"自心遗传恶习""社会黑暗势力"的两种"奋斗"和致力"小己新人格""中国新文化"的两种"创造",要求"将此四种事业做我们中国现在青年的唯一责任,唯一生活"④。他关注社会问题,把创造"少年中国"精神作为学会和个人的"责任",这是一种弥足珍贵的探索和实践。作为少年中国学会的骨干成员、评议员,会刊的编辑、主编,他热情、主动介入社团加入组织活动,这本身已表明他融入社会、时代的决心。

少年中国学会于1919年7月正式成立。宗白华在8月即受邀编辑《时事新报》副刊《学灯》,并在11月接替主编一职直至次年4月底。在这大约半年时间里,他大胆改革刊物,更是明确将"创造中国新文化"作为"责任"。《〈学灯〉栏宣言》(1920年1月1日)曰:"文化就是人类精神、思想继续不断的工作,以谋人类精神生活和物质生活双方的进化与发展。文化的实际是活动的潮流,不是静止的典型;是创造的工作,不是因袭的模仿。新文化的创造是我们应有的责任,是我们可能的事业。中国文化的进化,停顿已久,我们中国的民族,人人都有创造中国新文化的责任。"⑤在他的带领下,《学灯》在面貌上发生了重要变化:增加了"新文艺"一门,引入了有关西方学术、新思潮等栏目;形成了以"促进教育、灌输文化""学术研究为根本"的办刊理念,使之成为兼具文艺性、思想性、学理性的著名"副刊"。无疑,这对扩大"文

---

① 宗白华.宗白华全集:第1卷[M].合肥:安徽教育出版社,1994:51.

② 同①:57.

③ 同①:183.

④ 同①:94–105.

⑤ 同①:132.

学革命"的成果，促进新诗、现代文学的发展和成熟具有重要意义。他也成为塑造《学灯》品牌的关键人物。

宗白华致力"新文化""新文学"的建设，还可以从发表在《学灯》的诸多文章中见出。《为什么要爱国？》（1919年10月23日）指出"将各地民族的优点充分发展"是"世界各地民族的共同责任"，又称"我们爱国是为爱世界人类，是尽我们一部分发展世界事业的责任"①。《评上海的两大书局》（1919年11月8）批评当时的商务印书馆、中华书局，认为它们"不仅丝毫不晓得有文化责任，并且还正是中国文化的障碍"②。关于"一个问题的商榷"讨论结束时的"编者按语"（1919年11月23日）曰："至于我们对于社会上的责任，只是竭力发挥自由恋爱的真谛，反对代定婚姻的恶习，引起一班青年男女的觉悟及旧习父母的反省。"③《新文学底源泉》（1920年2月23日）指出，文人诗家要以"为文学底质的精神生活"的创造与修养作为"最初最大的责任"。至于文人诗家的精神生活的性质，他认为应当是"真实""丰富"和"深透"④。《新人生观问题的我见》（1920年4月19日）曰："我们现在的责任，是要替中国一般平民养成一种精神生活，理想生活的'需要'，使他们在现实生活以外，还希求一种超现实的生活，在物质生活以上还希求一种精神生活。然后我们的文化运动才可以在这个平民的'需要'的基础上建立一个强有力的前途。"⑤致一岑的信《乐观的文学》（1920年10月2日）曰："文学底责任不只是做时代的表现者，尤重在做时代的'指导者'。我们青年作者底眼光，宜多多致意于将来，不必自己樊笼于时代的烦闷中。时代造成了烦闷，我们应当打破烦闷，创造新时代。"⑥他时时强调建设、创造的"责任"，明确这个责任主体是个人、集体，是包括文人、诗家等在内的所有的文化人，要求他们都应该尽责，积极主动地去承担，而不是做社会生活的"旁观者"。

宗白华是《少年中国》《学灯》的共同作者，经常在两种刊物上相继刊发

① 宗白华. 宗白华全集：第1卷[M]. 合肥：安徽教育出版社，1994：57.
② 同①：89.
③ 同①：110.
④ 同①：172.
⑤ 同①：204.
⑥ 同①：419.

主题上有关联的文章。尽管两刊在宗旨、择文等方面有偏于社会问题或文化问题的差异，但是他并没有囿于这种界限，而是尽情发表自己对社会、文化、学术的各种意见。除此，他在其他刊物上也发表文章，一致倡言"责任"。如在《解放与改造》第2卷第1期（1920年1月）发表《学者的态度和精神》，强调"学者的责任"。他赞赏古印度学者"服从真理、牺牲成见的态度"，中古学者"拥护真理、牺牲生命的精神"，要求学者要以"探求真理"为"责任"，因为"真理是学者第一种的生命"①。这种以"责任"为重的责任意识，深嵌于宗白华的精神世界当中。

宗白华不忘"责任"，追求创造，是把"思想改革"作为思考的动力和目标。在他看来，这是一切改革的基础。这个"思想"是"科学思想"，是"人类最正当最合理最本然的思想"。中国人的思想偏于"直觉的眼光、文人空想的脑筋或依引'圣教量'"，故"这种注重学理价值的习惯非改造不可"，甚至"这种改革比社会政治改造还重要"。至于改造的方法，则应当切实、彻底地研究自然科学，即以"科学头脑"去观察一切、论断一切，而这正是真正新学家的精神、中国未来文化发展的基础②。他对思想改革持以积极态度，反对那些消极的传统思想。如《说人生观》（1919年）批评以老庄为代表的"旷达无为派"，认为此派之人"缺乏大悲心，于人世责任，有所未尽"③。这源于他对中国文化的辩证思考和现代化期待。与"非常发达"的"现代西方城市文明"相比，"东方的森林文明"却是"久已堕落"。对此，他并没有厚此薄彼，全盘否定中国文明，而是强调以"我"为先。《我的创造少年中国的办法》（1919年）曰："现在我们的责任，首在发扬我们固有的森林文明，再吸收西方的城市文明，以造成一种最高的文化，为人类造最大的幸福。"④与那些激进主义者的、保守主义者的立场相比，这种主张循序渐进的思想改革态度，显然更加明智和稳重。

宗白华在"五四"前后就已抱定改革、建设中国文化的理想，这种理想随着他留学及留学归来而变得愈加强烈、明朗。受友人田汉建议，出于研究

---

① 宗白华.宗白华全集：第1卷[M].合肥：安徽教育出版社，1994：131.

② 宗白华.思想改革[N].时事新报·学灯，1919-10-10.（此文《宗白华全集》失收）

③ 同①：25.

④ 同①：38.

康德、歌德需要，加上有少年中国学会成员在海外的便利，1920年5月他启程赴德，开始了留学生活。期间，他广泛接触西方的艺术、哲学和文化，将在欧洲所见所闻所感，包括一些诗作，陆续寄回国内，大都在《少年中国》《学灯》发表。身处海外，仍眷顾国内，与国内的刊物、友人保持联系和互动，又密切关注欧洲学界的动向，尤其是德国汉学家的中国研究，这两方面对他产生了重大影响。特别是后者，增强了他返回到中国文化的决心（参见第2章动静说部分）。可以说，从加入少年中国学会、主编《学灯》到海外留学的7年，这是宗白华在思想上日渐走向成熟的重要阶段。社会的历练、眼界的开拓，这些都成为他实现转向中国文化研究提供了重要背景和条件。他于1925年春回国，自年底起一直在国立东南大学等多所高校任教。在再度主编《学灯》（1937—1940年）期间，他发表了一些有关教育、文化等问题的见解。如《教育合理化运动发端》等"编辑后语"（1939年2月12日）曰："教育是'文化的接代'，教育家所负的责任是要能体验和提炼一国的文化价值，一切过去人类在真（学术）、善（道德）、美和技术方面的成就，用浓厚的热情和丰富的知识传递给与后一代，使他们能应合时代的需要而发扬前进。教育家不一定是文化的发明者和创造者，却是传递文化火炬的人。但教育的目的虽是在此，教育的事业和方法却是一种技术，一种组织和设施：这需要绝对的科学化，合理化。"[①] 他这样概说甚合己意的此文作者常道直的观点。另外就是影响卓著的意（艺）境研究。20世纪三四十年代是他在美学上取得重大突破的时期，所写作的一系列文章基本与意境相关。与海格格尔一生"只研究一个问题"相似，他一生反复阐发意境的问题，"终身情笃于艺境之追求"（《艺境·前言》，1986年）。他一生大半时间都以教育、学术为职，真正践行了学者的使命。

"责任"，这是在宗白华文字中频频出现的字眼。一个人有了责任，才会有使命感，才能有不断追求进步的动力。一个人有了追求，才能体会到苦与乐，才会生发生活热情和人生趣味。梁启超在《最苦与最乐》（1922年）中认为，人生最苦的事既非"贫穷、失意"，亦非"老、病、死"；而是背负着"一种未了的责任"，而人生最乐的事，当是以"责任完了"为第一件。苦与

---

① 宗白华. 宗白华全集：第2卷 [M]. 合肥：安徽教育出版社，1994：218.

乐，这是相对而言的，与一个人是否有责任心息息相关。"大抵天下事从苦中得来的乐才算真乐，人生须知道有负责任的苦处，才能知道有尽责任的乐处。这种苦乐循环，便是这有活力的人间一种趣味。"① 朱光潜在《学业·职业·事业》（1943年）中指出，一个人如果要在学业或职业中成就事业，那么需要具备"公""忠"两种德行。"公"就是公道、公理，即保持客观的看法和公正的立场；"忠"则是恪守职责，唯此才能"精进不懈"，养成"无畏不屈"的坚强意志②。这些事关做人、做事的基本道德品行，与梁启超所说的"责任"在本质上是一致的。责任意识是中国现代美学家共有的可贵精神所在。

总之，宗白华一生是诗的一生、艺术的一生、意境的一生，他的"人生的美学"是诗、艺术、意境三者的合一，具有浓郁的"传统"底色。晚年所写的《我与艺术》曰："艺术趣味的培养，有赖于传统文化艺术的滋养。只有到了徽州，登临黄山，方可领悟中国之诗、山水、艺术的韵味和意境。"又曰："艺术的天地是广漠阔大的，欣赏的目光不可拘于一隅。但作为中国的欣赏者，不能没有民族文化的根基。外头的东西再好，对我们来说，总有点隔膜。我在欧洲求学时，曾把达·芬奇和罗丹等的艺术当作最崇拜的诗。可后来还是更喜欢把玩我们民族艺术的珍品。中国艺术无疑是一个宝库！"③ 他以切身的体验向世人传达他的"中国心"，显示出向来具有一股热衷中国文化的深厚情怀。作为美学家宗白华的意义，在于他秉承传统士人精神，"把许多现代价值的实现作为独有的责任"④。忽视此，我们也就难以体认到宗白华在现代中国美学史上的经典地位。

① 梁启超. 梁启超全集：第9卷 [M]. 北京：北京出版社，1999：152.

② 朱光潜. 朱光潜全集：第9卷 [M]. 合肥：安徽教育出版社，1993：152.

③ 宗白华. 宗白华全集：第3卷 [M]. 合肥：安徽教育出版社，1994：615.

④ 余英时. 士与中国文化 [M]. 上海：上海人民出版社，2003：6.

结　语

　　以上三章，基于关键范畴、核心命题、重点美学家展开日常生活与中国现代美学的关联性研究。从日常生活维度审视中国现代美学，增强了我们对中国美学现代性的深刻认识。中国现代美学作为美学，无疑是具有体验性质的。美学人在不断突破"边界"中前行，在接受异域的、外来的美学的同时，勃发、创造中国本土美学。这种特点又为我们理解日常生活美学提供了思想史视域。生活与艺术、个体与社会、精英与民众，这三层关系是需要着重指明的。

（一）

　　在今天，"生活"一词十分通俗、通行，"美来自生活""文学源于生活又高于生活""文艺是现实生活的反映"等观点亦已成为常论。但是，把生活作为文学、艺术的源泉，有一个不断认知和理论形成的过程。就生活（life）概念而言，它是现代的产物。它的基义含义是"活的生命"及其具体表现，无论中西皆是如此。深入地看，它在中西哲学的地位并不相同，中国是本元性的，西方是非始元性的次级现象。在近代中西文化碰撞的背景下，两者产生了交汇与冲撞。可见，这一概念在中国的崛起，一方面是与西方互动而来的影响，另一方面是中国本土自身的发展逻辑。它是一个混合着"life"（生命—生活）与"生"的共同体，表征为生命、生活、生存、生动、生机、活泼、活跃、活动、活着等各种现代汉语词汇[①]。从这方面说，"生活"本身即具有现

---

　　① 张法.生活（life）概念：历史沉浮之因缘与当代崛起之追问 [J].社会科学战线，2016（1）：137–143.

代特征。所谓的"现代生活"无非是对这一特征的强化，但它能够突出领域之分合。日常性总是相对非日常性而言的，后者之于前者乃是一种超越，蕴涵着美学发生的契机。生活的现代化改造，是生活与艺术之关系的想象和重建，而生活与艺术的"交叉地带"，则提供了现代思想活跃的阵地。

生活与艺术不能直接画上等号，两者往往是冲突的。肯定艺术之于生活的意义和价值，就是要求艺术日常化。日常化来自日常性，来自对日常生活的关注。日常性乃是一个生存或存在问题，而不只是一种底层生活、生计的问题。作为一种日常经验的"日常化"，指的是以生命个体为核心，在生活实践基础上形成的稳定认知系统，具有强烈的经验认同性、习惯性和自在性。它的存在是通过日常化经验得以确认。因此，日常化维系着日常生活的平稳与恒定，传递出一种安定和安全感，强化着对生活秩序的遵从。日常化是连续的，而艺术化是一种中断，与已有形成差异、落差。如唯美主义批判将生活与艺术对立起来的做法，追求两者的完全统一。但是这种主张在中国，一方面受到欢迎，另一方面又受到抵制，表现出道德上的悖论。中国现代思想界存在着多种文艺学、美学的流派，有着各种复杂的，甚至是相互对立的理论主张。如"为艺术而艺术"与"为人生而艺术"的流派竞争，"浪漫主义"与"现实主义"的方法论对立，这种情况很大程度在于对生活概念的不同理解，当然也有生活本身的问题。杜威说："对将美的艺术与正常的生活过程联系起来的敌意性，是一种感伤的，甚至是悲剧性的，对日常方式的生活的评论。只是在生活常常发展受阻、受挫，变得呆滞与沉重之量，正常生活过程与创造和欣赏审美的作品之间内在对立的思想才会受到欢迎。"① 从生活的现实性来理解艺术的必然性，使生活与艺术达成平衡，特别是因时代、主义等条件的变化而不断调整两者各自的内涵、外延，并在彼此的互动中不断生发出新的整体性意义，把握这种变化非常重要。

生活趋向艺术，艺术融合生活，两者是可以达到统一的。所造成的边界消弭，并不意味着艺术价值的丧失，反而使得艺术价值越来越得到突出。艺术在本质上是生活的。"艺术因为凝聚着我们的理想、愿望、需求、焦虑等等情感而成为与我们的生活紧密相连的东西；艺术还是对人类超越存在困境和

---

① 杜威. 艺术即经验 [M]. 高建平，译. 北京：商务印书馆，2005：28.

以想象性的方式满足现实缺乏的一剂良药；同时艺术还是一种我们人类诗意存在的象征系统。"①在特定的文化、时代语境中，生活与艺术的关系会出现合法性危机，但是对生活的确证始终是前提。从当代发展趋势看，艺术也是越来越趋近生活，甚至成为生活本身。这些都昭示日常化与艺术化的辩证关系。艺术化是使生活非日常化。这种方式自古有之，在技术变革时代变得更加普遍，也更加引人关注。艺术化涉及物质的、态度的层面，又涉及观念的、理论的层面，后者又是使之起着决定性作用的一步。大体说，日常化、艺术化都是普遍的现象，它们相互需求、相互制约、相互转化。

（二）

"每一个人的生活既是广泛的社会与生活力量的表现，也是具体的和独一无二的表现。"②个体相对于群体而言，具有独立的一面，又总是与群体不可分离。两者之间的联系是文化的，体现在日常生活之中。日常生活就是个体对一种来自实践惯例的遵从和接受。这种理所当然性（taken-for-grantedness），无碍主观行动，毕竟人的生活是选择性的。"在日常生活中，我们无时无刻不发现选择的动作在不知不觉中发生。"且不论衣食住行，还有职业、婚姻等，凡是有价值的东西都有选择。选择之于人生"更为重要"，人面对选择则需要"勇气、毅力及眼光"③。对于处于时代激流中的个体而言，选择生活方式更是关键。如同普通公众，文化思想启蒙者也时时面临着自身生活选择的问题，甚至他们处于更困难的选择之中。钱理群曾这样评价周作人：

这既是对于现实人生——现实生活的"忙"与"苦"、人生的"不完全"与"短暂"——的正视（这与鲁迅确有相通之处），又是逃避——用周作人自己的话来说，"现在中国情形又似乎正是明季的样子，手拿不动竹竿的文人只好避难到艺术世界里去"。周作人则是将"生活"也"艺术"化了。但在周作人生活的充满民族危难、社会动乱的时代，做这样的"生活的艺

---

① 廖国伟. 艺术哲学初步 [M]. 广州：广东人民出版社，2003：6.

② 英格利斯. 文化与日常生活 [M]. 张秋月，周雷亚，译. 北京：中央编译出版社，2010：24.

③ 朱维之. 选择与人生 [M] // 上海理工大学档案馆. 沪江大学学术讲演录. 上海：上海交通大学出版社，2011：119–121.

术"的追求，不仅不合时宜，而且必然导致知识分子精神的贫困；周作人自身历史的发展即证明了这是一条精神的死胡同。但"生活的艺术"这一命题本身是包含着建筑在现代物质文明与精神文明基础上的生活现代化的要求的，因此，它必然蕴含着属于未来的因素；在以后的时代里，在另一种历史条件下，当中国人民重新选择自己的生活方式时，也许重又会注意到周作人的"生活的艺术"——当然，这需要另一种眼光，进行新的改造，这是自不待言的。①

　　追求生活艺术化，对处于思想困境中的周作人而言，确有所宜亦有所不宜。如鲁迅所批评："超时代其实就是逃避"；"身在现世，怎么离去？这是和说自己用手提着耳朵，就可以离开地球者一样的欺人。"他把文艺与社会统一起来，认为文艺不能"独自飞跃"，须是"用于革命，作为工具的一种"②。显然，这种文艺功利主义是政治的需要。自然，文艺家要服从这种需要，而不是选择漠视，擅自脱离时代、社会而自作主张。但是，文艺的功能并不是单一的和固定的。时代、社会的发展会催生甚至复活文艺的多重作用，使得文艺与生活的关系更为多姿。钱氏并没有完全否定周作人。他本着小心翼翼的态度进行批评，甚至承认具有某种未来价值。的确，以周氏为代表的"人生艺术化"与当代文化语境中的"日常生活审美化"既有相似之处，又有根本区别。前者扎根于中国传统，显示了在战乱纷繁的年代中国先进的知识分子综合中西方的学术资源，寻找救国道路的愿望。作为中国美学的现代性传统，这一思想是偏重个体实践的社会改造方式，具有明显的现代伦理关怀精神。由于长期处于动乱、穷困中，加上许多人为因素的干预，很难说形成一种真正的社会思潮主流。而后者是在西方的语境下首先产生的，且是中国学者借以阐释中国的部分现象。我们对于两者必须作如是观，唯此才能更好理解中国现代学人的人生选择方式。

　　"日常生活通常是指世俗的、习惯的和常识的，且支撑和维系着我们每天

---

① 钱理群.动荡时代人生路的追寻与困惑——周作人、鲁迅人生哲学的比较[M]//程光炜.周作人评说八十年.2版.北京：中国华侨出版社，2005：330.
② 鲁迅.文艺与革命[M]//鲁迅.鲁迅大全集：第4卷.武汉：长江文艺出版社，2011：298.

生活之脉络的惯例行为。"①这种看似无甚重大意义的"日常生活",却具有一种诗性象征作用。人生艺术化之追求,成为挑战传统、确立主体地位和实现终极价值的方式②。建构人生观,提供大经大法,赋予生命意义、目的感,又是与解决日常生活中极度的烦闷困惑分不开的。这就是说,面对如"生之烦闷"这样的私人领域,却诊断为公共问题,通过"主义"对日常生活的意义世界提供庞大资源③。日常生活带有个人性,而一旦把它当作集体话语,则成为相对于"现代"的"传统"的代名词。在中国传统思想中,日常生活是被一个被遮蔽的领域。因此,批判传统就是对日常生活的重新发现。中国传统美学之所以在近代被终结,根本在于"传统"遭遇危机,逼使做出范式转换。这背后的逻辑,并不是在完全背离,而是在激活传统,把中国传统美学置换为中国美学传统,从而成为具有中国性的美学范式、美学思维。因此,中国现代思想的形成、存在根本离不开公、私两种领域的互动。同时,这种境况在不自觉中形成了对西方文化的批判与拯救。正如杨平指出:"中国现代知识分子扭转了西方美学的知识论倾向,在建立现代美学的过程中走上了另外一条道路:创立生存论美学。尽管他们还没有这样的理论意识,但实际上这种美学确实诞生了。"④

(三)

传统与现代是促进中国现代美学思想发生、发展的两股重要力量。那么什么是"传统"?什么是"现代"?两者又是如何整合的?由此形成了各种探讨。在这一过程中,启蒙精英起到了主导作用。他们结合本土历史现实、整合学术资源、创建思想和理论,并将美学问题置于政治、社会的问题解决框架之中。梁启超、王国维、蔡元培是中国现代美学起源三大家,他们深深地怀着建构新型国民性的启蒙动机。梁氏(特别是前期)试图在政治的高度建立美学的强大功能,把美学政治化,以国家话语替代个人话语,把个人话

① 费瑟斯通.消解文化:全球化、后现代主义与认同[M].杨渝东,译.北京:北京大学出版社,2009:76.
② 蔡翔.日常生活的诗情消解[M].上海:学林出版社,1995:17.
③ 王汎森."烦闷"的本质是什么:"主义"与中国近代私人领域的政治化[M]//许纪霖,刘擎.新天下主义.上海:上海人民出版社,2015:263-304.
④ 杨平.康德与中国现代美学思想[M].上海:东方出版社,2002:173.

语转换成集体话语。这种功利性追求是把美学作为政治变革、社会革新的工具。王氏虽然身处政治的主漩涡之外，更多地以个人身份参与国民性话语建构，却凭个人的学术努力开辟了中国美学的新境界。蔡氏的思想力量无疑是巨大的。他的国民性批判是通过审视中国的民间社会现实来反映中国必须进行革命的思想动员。即以普及美育这种先进方式达到救国救人的改造社会目的。他们在美学上的建树，都离不开中国文化现代化这一主题。中国现代知识分子作为反思中国文化的一股重要力量，使得中国文化获得现代生机。陈独秀、李大钊等一批新文化运动者通过对日常生活的批判而展开国民性新构，旨在塑造自为的日常民众主体。在传统组织架构中，日常生活是自在自发的，而在现代组织中则是可以游移的。日常生活的边界取决于日常主体的自觉性程度。文化精英对于日常生活的想象，是现代性的一部分，是作为启蒙者启蒙民众。但是，这种单纯呼吁新思想、新观念的文化启蒙，充其量只能影响少数的知识精英和政治精英，而对大多数停留在生存的日常态中的普通民众往往收效甚微[①]。事实上，启蒙对象除被启蒙者之外，还包括启蒙者自身。启蒙精英虽然是民众中较为出众的一批人，但是终究脱离不了民众的身份，而民众才是日常生活的主体。

扎根于本土文化传统的现代人生艺术化思想，显示了中国先进启蒙知识分子综合中西方的学术资源，寻找救国道路的愿望，具有积极意义。但是，他们对于民众日常生活的想象大多是图景描述，或者说被作为某种孤立的客体予以考察。不仅此，这种构想是小范围的、有限的群体之"行为"。朱光潜在《私人创校计划》（1924年）中说："我们如果想以教育改造社会，而又想收效迅速，必须先培养一班领袖人物，将来可以领着群众向光明处走。这种人物既以改造社会为目的，自身先要脱除民族劣根性，战胜环境恶势力。"[②] 这是一种精英化教育的目标。这种教育，其实是人生境界之修养，就是美育。他在《音乐与教育》（1943年）说："内心和谐而生活有序，一个人修养到这个境界，就不会有疵可指了。"在他看来，音乐是极尽完美的艺术，"可以普及深入一般民众，从根本上陶冶人的性格"，之于人生至少有"表现""感

---

① 邹诗鹏.日常生活批判与知性启蒙 [M] // 杨小娟.走向中国的日常生活批判.北京：人民出版社，2005：350.

② 朱光潜.朱光潜全集：第8卷 [M].合肥：安徽教育出版社，1993：111.

动""感化"的多重功用。故美育需利用好音乐这个"最好的工具",德育需从美育做起,振奋民族精神也就需要对中国教育"有一个彻底的改革"①。朱光潜的教育诉求,集中代表了中国现代美学家通过艺术、美等审美超越的方式进行生活改造的愿望和决心。他们试图通过"改写"民众这个生活主体来达到启蒙的目的,即在强调日常生活感性启蒙的同时,又把变革重建作为知性启蒙。显然,这种启蒙是具有时代局限的,原因在于:"人文知识分子的自我启蒙首先乃是一场自身生活方式的革命,即走出那种把自己假想为日常生活之外的高高在上者,真实地置于日常生活之中,切入大众意识,然后才能够谈得上面对日常生活的超越与批判。"②

日常生活并非是贫乏的存在物,"包含比我们想象的要有意义得多"③。经验意义上的日常生活蕴含着丰富的内涵,如主体与客体的多向交流,经历与想象的深层关系、意义的生产与实践。在对日常生活世界的体验中,通过确立人的经验结构,可以建构文学、艺术、政治、伦理等各种活动范式。故转型的日常生活具有总体性价值。正如有学者指出:"日常生活转型总是切入了异常复杂的意识形态内涵,并以一种强大的影响力渗透到个体信仰方面,由之形成了以公义为核心的公共伦理意识。"④ 所谓公共伦理(Public Ethics),就是一套规范主体行为、保证其公正性,以合理实现公平、正义为目标的价值标准体系。它是普遍的、非人格化的,是传统个人美德的现代转型。这些无不表明:日常生活不仅是一个突出的问题领域,而且是值得大力研究的对象。当然,增强对日常生活的认知,必须将它提升到文化哲学层面来看待。现代化经验启示我们:日常生活的自在自发的状态,无论是对人的现代化,还是整个社会现代化,都有严重的阻滞作用,因此必须对它进行批判和重建。在此问题上,西方学者已有自觉的认识和努力,且在理论上有了诸多建树(参见本书导论)。而中国走向现代化过程中,这种批判与重建也正深刻地经历着,悄然地影响着中国人的认知结构。这些已然是中国日常生活理论的重要

---

① 朱光潜.朱光潜全集:第9卷[M].合肥:安徽教育出版社,1993:144-145.

② 邹诗鹏.日常生活重建与知性启蒙[M] //杨小娟.走向中国的日常生活批判.北京:人民出版社,2005:359.

③ 英格利斯.文化与日常生活[M].张秋月,周雷亚,译.北京:中央编译出版社,2010:4.

④ 田海平.日常生活转型与公共伦理意识[M] //杨小娟.走向中国的日常生活批判.哈尔滨:黑龙江大学出版社,2005:398.

部分。我们必须坚定持以批判性的眼光重建日常生活。"只有从日常生活批判入手，才能扎实地建立起关于文化转型，进而关于人的现代化的理论。"[①]就美学而言，人学本性必然要求它始终夯实在人的基础上。回归到人的问题，回归到中国美学的原创性语境中，就是回归到中国人诗意日常生活的追求当中。美学在日常生活理论格局中占据着一个特殊的位置。特别是美育，它通过审美特殊性来超越领域之分，使生活与艺术熔合，使人完美地存在。现代美育之提倡旨在提高、普及公众的审美能力。也只有使公众普遍具有这种意识，才能普遍地实现审美的日常生活。因此，美育的前景值得期待。

人根本无法离开日常生活。1942年何其芳写下了《多少次呵当我离开了我日常的生活》一诗：

> 多少次呵我离开了我日常的生活，
> 那狭小的生活，那带着尘土的生活，
> 那发着喧嚣的声音的忙碌的生活，
> 走到辽远的没有人迹的地方，
> 把我自己投在草地上，
> 我像回到了我最宽大的母亲的怀抱里，
> 她不说一句话，
> 只是让我在她的怀抱里静静地睡一觉，
> 然后温柔地沐浴着我，
> 用河水的声音，用天空，用白云，
> 一直到完全洗净了我心中的一切琐碎、重压和苦恼，
> 我像一个新生出来的人……
> 但很快地我又记起我那日常的生活，
> 那狭小的生活，那满带着尘土的生活，
> 那发着喧嚣的声音的忙碌的生活，
> 我是那样爱它，
> 我一刻也不能离开它，

---

① 衣俊卿.回归生活世界的文化哲学 [M].哈尔滨：黑龙江人民出版社，2000：462.

我要急急忙忙地走回去，

我要走在那不洁净的街道上，

走在那拥挤的人群中，

我要去和那些汗流满面的人一起劳苦，

一起用自己的手去获得食物，

我要去睡在那低矮的屋顶下，

和我那些兄弟们一起做着梦，

或者一起醒来，唱着各种各样的歌，

我要去走在那些带着武器的兵士们的行列里，

和他们一起去战斗，

一起去争取自由……

呵，我是如此愿意永远和我的兄弟们在一起，

我和他们的命运紧紧地连结着，

没有什么能够分开，没有什么能够破坏，

尽管个人的和平很容易找到，

我是如此不安，如此固执，如此暴躁，

我不能接受它的诱惑和拥抱！

……①

此诗具体、生动，表明了诗人对日常生活的一种态度，在今天读来仍是具有十足的感召力。

---

① 何其芳. 夜歌 [M]. 重庆：诗文学社，1944：167–168.

参考文献

一、基础部分

[1] 艾思奇.艾思奇文集：第1卷[M].北京：人民出版社，1981.

[2] 白天鹅，金成镐.无政府主义派[C].长春：长春出版社，2013.

[3] 莫朝豪.园林计划[M].广州：南华市政建设研究会，1935.

[4] 茅盾.茅盾全集：第14，18，29卷[M].北京：人民文学出版社，1996.

[5] 傅斯年.现实政治[M].西安：陕西人民出版社，2012.

[6] 方东美.科学哲学与人生[M].上海：商务印书馆，1936.

[7] 冯友兰.三松堂全集：第4卷[M].郑州：河南人民出版社，1986.

[8] 丰子恺.丰子恺文集[M].杭州：浙江文艺出版社，浙江教育出版社，1990—1992.

[9] 邓以蛰.邓以蛰全集[M].合肥：安徽教育出版社，1998.

[10] 田汉.田汉全集：第13-14卷[M].石家庄：花山文艺出版社，2000.

[11] 太虚.太虚法师文钞初编第一编[M].上海：中华书局，1927.

[12] 吕澂.美学浅说[M].上海：商务印书馆，1923.

[13] 吕澂.西洋美术史[M].上海：商务印书馆，1922.

[14] 吕澂.晚近美学思潮[M].上海：商务印书馆，1924.

[15] 陆丹林.市政全书[M].上海：道路月刊社，1928.

[16] 李安宅.美学[M].上海：世界书局，1934.

[17] 罗家伦.新人生观[M].上海：商务印书馆，1942.

[18] 罗荣渠.从西化到现代化：五四以来有关中国的文化趋向和发展道路论争文选 [C].北京：北京大学出版社，1990.

[19] 刘宏权，刘洪泽.中国百年期刊发刊词600篇（上）[Z].北京：解放军出版社，1996.

[20] 梁启超.梁启超全集：10卷 [M].北京：北京出版社，1998.

[21] 郎绍君，水中天.二十世纪中国美术文选：上册 [C].上海：上海书画出版社，1999.

[22] 李石岑.李石岑讲演集 [M].南宁：广西师范大学出版社，2004.

[23] 李石岑.李石岑哲学论著 [M].上海：上海书店出版社，2010.

[24] 梁漱溟.梁漱溟全集：第1，2，4卷 [M].济南：山东人民出版社，2005.

[25] 李大钊.李大钊全集：第1，2卷 [M].北京：人民出版社，2006.

[26] 鲁迅.鲁迅大全集：第1，4，11卷 [M].武汉：长江文艺出版社，2011.

[27] 郭沫若.郭沫若全集（历史编）：第3卷 [M].北京：人民出版社，1984.

[28] 郭沫若.郭沫若全集（文学编）：第15卷 [M].北京：人民文学出版社，1990.

[29] 康有为.康有为全集：第5，7卷 [M].北京：中国人民大学出版社，2007.

[30] 华林.艺术思潮 [M].上海：出版合作社，1925.

[31] 华林.艺术文集 [M].2版.上海：光华书局，1928.

[32] 胡经之.中国现代美学丛编1919—1949[C].北京：北京大学出版社，1987.

[33] 胡适.胡适全集：第1卷 [M].合肥：安徽教育出版社，2003.

[34] 蒋慎吾.近代中国市政 [M].上海：中华书局，1937.

[35] 贾植芳，陈思和.中外文学关系史资料汇编1898—1937（上下册）[Z].桂林：广西师范大学出版社，2004.

[36] 瞿秋白.瞿秋白文集（文学编）：第1卷 [M].北京：人民文学出版社，1985.

[37] 徐蔚南.生活艺术化之是非 [M].上海：世界书局，1927.

[38] 徐庆誉.美的哲学 [M].上海：世界学会，1928.

[39] 徐朗西.艺术与社会 [M].上海：现代书局，1932.

[40] 许晚成.青年人生观 [C].上海：国光书店，1940.

[41] 夏晓虹．追忆梁启超 [C]．北京：中国广播电视出版社，1997.

[42] 徐静波．梁实秋批评文集 [C]．珠海：珠海出版社，1998.

[43] 徐葆耕．会通派如是说：吴宓集 [M]．上海：上海文艺出版社，1998.

[44] 张东荪．人生观 ABC[M]．上海：世界书局，1929.

[45] 张野农．怎样使生活美术化 [M]．上海：纵横社，1939.

[46] 张竞生．张竞生文集 [M]．广州：广州出版社，1998.

[47] 朱谦之．一个唯情论者的宇宙观及人生观 [M]．上海：泰东图书局，1928.

[48] 朱光潜．朱光潜全集 [M]．合肥：安徽教育出版社，1987—1993.

[49] 周谷城．周谷城文选 [M]．沈阳：辽宁教育出版社，1990.

[50] 周作人．周作人文类编 [M]．长沙：湖南文艺出版社，1998.

[51] 陈之佛．陈之佛文集 [M]．南京：江苏美术出版社，1996.

[52] 陈望道．陈望道文集：第 1-2 卷 [M]．上海：上海人民出版社，
1979-1981.

[53] 陈独秀．陈独秀著作选：第 1-3 卷 [M]．上海：上海人民出版社，1993.

[54] 张钦士，选辑．国内近十年来之宗教思潮 [C]．燕京华文学校，1927.

[55] 赵澧．唯美主义 [C]．北京：中国人民大学出版社，1988.

[56] 张君劢，丁文江．科学与人生观 [C]．济南：山东人民出版社，1997.

[57] 陈平原，王枫．追忆王国维 [C]．北京：中国广播电视出版社，1997.

[58] 程光炜．周作人评说八十年 [C]．2 版．北京：中国华侨出版社，2005.

[59] 陈学明．让日常生活成为艺术品：列斐伏尔、赫勒论日常生活 [C]．
昆明：云南人民出版社，1998.

[60] 陈独秀．新青年：10 卷 [M]．北京：中国书店出版社，2011.

[61] 上海理工大学档案馆．沪江大学学术讲演录 [C]．上海：上海交通
大学出版社，2011.

[62] 沈国威．新尔雅：附题解·索引 [M]．上海：上海辞书出版社，
2011.

[63] 舒新城．舒新城自述 [M]．合肥：安徽文艺出版社，2013.

[64] 孙宜学．泰戈尔在中国：第 2 辑 [C]，南昌：江西高校出版社，2016.

[65] 宗白华．宗白华全集：4 卷 [M]．合肥：安徽教育出版社，1994.

[66] 蔡元培．蔡元培全集：18 卷 [M]．杭州：浙江教育出版社，1997—

1998.

[67] 宋恩荣，章咸.中华民国教育法规选编1912—1949[Z].南京：江苏教育出版社，1990.

[68] 杨哲明.美的市政 [M].上海：世界书局，1927.

[69] 姚可夫.《人间词话》及评论汇编 [C].北京：书目文献出版社，1983.

[70] 晏阳初.晏阳初文集 [M].北京：教育科学出版社，1989.

[71] 杨贤江.杨贤江全集：第1-2卷 [M].河南教育出版社，1995.

[72] 袁刚.民治主义与现代社会：杜威在华讲演集 [M].北京：北京大学出版社，2004.

[73] 郁达夫.郁达夫全集：第8卷 [M].杭州：浙江大学出版社，2007.

[74] 俞玉姿，张援.中国近现代美育文选1840—1949[C].上海：上海教育出版社，2011.

[75] 闻一多.闻一多全集：第2卷 [M].武汉：出版社，1983.

[76] 王统照.王统照文集：第6卷 [M].济南：山东人民出版社，1984.

[77] 王国维.王国维文集：4卷 [M].北京：中国文史出版社，1997.

[78] 王光祈.王光祈文集：第4辑 [M].成都：巴蜀书社，2009.

[79] 汪亚尘.汪亚尘论艺 [M].上海：上海书画出版社，2010.

[80] 徐莹晖，王文岭.陶行知论生活教育 [M].成都：四川教育出版社，2010.

二、相关研究部分

1.国内作者

[81] 安怀起.中国园林史 [M].上海：同济大学出版社，1991.

[82] 艾秀梅.日常生活审美化研究 [M].南京：南京师范大学出版社，2010.

[83] 吴星云.乡村建设思潮与民国社会改造 [M].天津：南开大学出版社，2013.

[84] 彭锋.美学的感染力 [M].北京：中国人民大学出版社，2004.

[85] 蒲震元.中国艺术意境论 [M].北京：北京大学出版社，2004.

[86] 彭玉平.王国维语境中的"人间"考论 [J].徐州师范大学学报（哲

学社会科学版），2011（6）.

[87] 马建辉 . 中国现代文学理论范畴 [M]. 兰州：兰州大学出版社，2007.

[88] 佛雏 . 王国维诗学研究 [M]. 北京：北京大学出版社，1987.

[89] 佛雏 . 王国维哲学美学论文辑佚 [C]. 上海：华东师范大学出版社，1993.

[90] 傅道彬 . 诗可以观：春秋时代的观诗风尚及诗学意义 [J]. 文学评论，2004（5）.

[91] 费孝通 . 乡土中国 [M]. 北京：人民出版社，2008.

[92] 董德福 . 生命哲学在中国 [M]. 广州：广东人民出版社，2001.

[93] 杜月升 . 价值与劳动 [M]. 北京：中国经济出版社，2003.

[94] 杜卫 . 朱光潜前期美学的生命哲学意义 [J]. 文史哲，2002（3）.

[95] 杜卫 . 审美功利主义：中国现代美育理论研究 [M]. 北京：人民出版社，2004.

[96] 杜卫 . 中国现代人生艺术化思想研究 [M]. 上海：三联出版社，2007.

[97] 童庆炳 . 维纳斯的腰带：创作美学谈 [M]. 上海：上海文艺出版社，2001.

[98] 谭好哲，刘彦顺 . 美育的意义：中国现代美育思想发展史论 [M]. 北京：首都师范大学出版社，2006.

[99] 倪梁康 . 胡塞尔现象学概念通释 [M]. 北京：三联书店，1999.

[100] 聂振斌 . 中国近代美学思想史 [M]. 北京：中国社会科学出版社，1991.

[101] 兰爱国 . 日常生活：喧嚣与拯救：20世纪文学的"现代性"历程 [J]. 文艺争鸣，1997（6）.

[102] 刘泽亮 . 生生之道与中国哲学 [J]. 周易研究，1996（3）.

[103] 雷颐 ."日常生活"与历史研究 [J]. 史学理论研究，2000（3）.

[104] 刘仲林 . 中国创造学概论 [M]. 天津：天津人民出版社，2001.

[105] 刘锋杰 . 文学政治学的创构：百年来文学与政治关系论争研究 [M]. 上海：复旦大学出版社，2013.

[106] 李泽厚 . 美学三书 [M]. 北京：安徽文艺出版社，1999.

[107] 李玥.在日常生活中遭遇现代性 [J].江苏社会科学,2003(4).

[108] 李小娟.走向中国的日常生活批判 [C].北京:人民出版社,2005.

[109] 罗义华.论梁启超"流质性"与转型期中国文学的现代性 [M].武汉:华中师范大学出版社,2007.

[110] 陆发春.新文化与新生活:以胡适及"新生活"周刊为中心 [J].安徽大学学报(哲学社会科学版),2012(2).

[111] 陆扬.日常生活审美化批判 [M].上海:复旦大学出版社,2012.

[112] 高觉敷.中国心理学史 [M].北京:人民教育出版社,1985.

[113] 葛荣晋.中国哲学范畴史 [M].哈尔滨:黑龙江人民出版社,1987.

[114] 高瑞泉.中国现代精神传统:中国的现代性观念谱系 [M].上海:上海古籍出版社,2005.

[115] 古风.意境探微:上下卷 [M].南昌:百花洲文艺出版社,2009.

[116] 黄兴涛."美学"一词及西方美学在中国的最早传播 [J].文史知识,2000(1).

[117] 黄晖,徐百成.中国唯美主义思潮的演进逻辑 [J].社会科学战线,2008(6).

[118] 郝雨.中国现代文化的发生与传播:关于五四新文化运动的传播学研究 [M].上海:上海大学出版社,2002.

[119] 洪子诚.当代文学关键词 [M].桂林:广西师范大学出版社,2002.

[120] 胡继华,宗白华.文化幽怀与审美象征 [M].北京:文津出版社,2005.

[121] 靳明全.关于周作人的新村思想 [J].文学评论,1993(6).

[122] 金雅.梁启超美学思想研究 [M].长春:商务印书馆,2005.

[123] 金雅.人生艺术化与当代生活 [M].北京:商务印书馆,2013.

[124] 金观涛,刘青峰.观念史研究:中国现代重要政治术语的形成 [M].北京:法律出版社,2009.

[125] 姜义华.现代性:中国重撰 [M].北京:北京师范大学出版社,2013.

[126] 祁志祥.佛教美学 [M].上海:上海人民出版社,1997.

[127] 钱理群.周作人的传统文化观 [J].浙江社会科学,1999(1).

[128] 夏晓虹.文学语言与文章体式:从晚清到五四 [M].合肥:安徽教育出版社,2006.

[129] 徐复观.中国艺术精神 [M].上海:华东师范大学出版社,2001.

[130] 肖鹰.中西艺术导论 [M].北京:北京大学出版社,2005.

[131] 谢清果.中国视域下的新闻传播研究 [M].厦门:厦门大学出版社,2010.

[132] 薛雯.人生美学的创构:从克罗齐到朱光潜的比较研究 [M].哈尔滨:黑龙江人民出版社,2010.

[133] 许纪霖.现代中国思想史论:上卷 [M].上海:上海人民出版社,2014.

[134] 朱式蓉,许道明.朱光潜论"境界"[J].天津社会科学,1988(2).

[135] 朱耀垠.科学与人生观论战及其回声 [M].上海:上海科学技术文献出版社,1999.

[136] 朱寿桐.林语堂之于白璧德主义的思想邻壑现象 [J].福建论坛(人文社会科学版),2008(7).

[137] 朱立元.美育与人生 [J].美育学刊,2012(1).

[138] 郑国和.柴四朗"佳人奇遇"研究 [M].武汉:武汉大学出版社,2000.

[139] 周宪.旅行者的眼光与现代性体验:从近代游记文学看现代性体验的形成 [J].社会科学战线,2000(6).

[140] 周宪.文化现代性与美学问题 [M].北京:中国人民大学出版社,2005.

[141] 周宪.审美现代性 [M].北京:商务印书馆,2005.

[142] 周红.新发现的四篇朱光潜佚文 [J].江苏教育学院学报(社会科学版),2008(3).

[143] 周小仪.唯美主义与消费文化 [M].北京:北京大学出版社,2002.

[144] 邹诗鹏.人学的生存论基础:问题清理与论阈开辟 [M].武汉:华中科技大学出版社,2001.

[145] 张孝宜.人生观通论 [M].北京:高等教育出版社,2001.

[146] 张贞."日常生活"与中国大众文化研究 [M].武汉:华中师范大学出版社,2008.

[147] 张法.回望中国现代美学起源三大家 [J].文艺争鸣,2008 (1).

[148] 张法.生活(life)概念:历史沉浮之因缘与当代崛起之追问 [J].社会科学战线,2016 (1).

[149] 张丽军.想象农民:乡土中国现代化语境下对农民的思想认知与审美显现(1895—1949)[M].济南:山东人民出版社,2009.

[150] 张公善.生活诗学:后理论时代的新美学形态 [M].合肥:中国科学技术大学出版社,2013.

[151] 赵可.市政改革与城市发展 [M].北京:中国大百科全书出版社,2004.

[152] 赵平.文学与人生 [M].芜湖:安徽师范大学出版社,2011.

[153] 钟少华.中文概念史论 [M].北京:中国国际广播出版社,2012.

[154] 陈植.造园学概论 [M].北京:中国建筑工业出版社,2009.

[155] 陈文忠.美学领域中的中国学人 [M].合肥:安徽教育出版社,2000.

[156] 陈赟.困境中的中国现代性意识 [M].上海:华东师范大学出版社,2005.

[157] 陈来.回向传统:儒学的哲思 [M].北京:北京师范大学出版社,2011.

[158] 陈平原.中国现代学术之建立 [M].北京:北京大学出版社,1998.

[159] 陈洁.上海美专音乐史 [M].南京:南京大学出版社,2012.

[160] 沈光明.留学生与中国文学的现代化 [M].武汉:华中师范大学出版社,2011.

[161] 任剑涛.道德理想主义与伦理中心主义:儒家伦理及其现代处境 [M].上海:东方出版社,2003.

[162] 蔡翔.日常生活的诗情消解 [M].上海:学林出版社,1995.

[163] 蔡震.郭沫若的个性本位意识与传统文化情结 [J].文学评论,1992 (5).

[164] 蔡震.文化越境的行旅:郭沫若在日本二十年 [M].北京:文化艺术出版社,2005.

[165] 俞吾金.现代性现象学:与西方马克思主义者的对话 [M].上海:上海社会科学院出版社,2002.

[166] 衣俊卿.回归生活世界的文化哲学 [M].哈尔滨:黑龙江人民出

版社，2000.

[167] 杨正润. 现代传记学 [M]. 南京：南京大学出版社，2009.

[168] 杨武能. 走近歌德 [M]. 上海：上海社会科学院出版社，2012.

[169] 叶隽. 德国精神的向度变型：以尼采、歌德、席勒的现代中国接受为中心 [M]. 北京：中央编译出版社，2015.

[170] 王攸欣. 朱光潜学术思想评传 [M]. 北京：北京图书馆出版社，1999.

[171] 王一川. 中国现代性体验的发生：清末民初文化转型与文学 [M]. 北京：北京师范大学出版社，2001.

[172] 王德胜. 美学的改变 [M]. 北京：社会科学文献出版社，2013.

[173] 宛小平. 叔本华和朱光潜早期美学 [J]. 安徽大学学报（哲学社会科学版），2002（3）.

[174] 宛小平. 方东美与中西哲学 [M]. 合肥：安徽大学出版社，2008.

[175] 汪民安. 文化研究关键词 [M]. 南京：江苏人民出版社，2007.

[176] 魏鹏举. 王国维境界说的知识谱系 [J]. 文艺理论研究，2004（5）.

[177] 吴其昌. 梁启超传 [M]. 天津：百花文艺出版社，2004.

[178] 吴丕. 进化论与中国激进主义1859—1924[M]. 北京：北京大学出版社，2005.

[179] 吴雁南. 中国近代社会思潮1840—1949：第2卷 [M]. 长沙：湖南教育出版社，2011.

[180] 王杨宗. 近代科学在中国的传播（下）[M]. 济南：山东教育出版社，2009.

[181] 冯亚琳，阿斯特莉特·埃尔. 文化记忆理论读本 [M]. 余传林，译. 北京：北京大学出版社，2012.

2. 国外作者

[182] 岸本能武太. 社会学 [M]. 章太炎，译. 上海：广智书局，1902.

[183] 艾略特. 艾略特文学论文集 [M]. 李赋宁，译注，南昌：百花洲文艺出版社，1994.

[184] 阿伦特. 人的境况 [M]. 王寅丽，译. 上海：上海人民出版社，2009.

[185] 欧肯. 近代思想的主潮 [M]. 高玉飞，译. 合肥：安徽人民出版社，

2013.

　　[186] E.W. 奥尔特 . "生活世界"是不可避免的幻想：胡塞尔的"生活世界"概念及其文化政治困境 [J]. 邓晓芒，译 . 哲学译丛，1994（5）.

　　[187] 柏格森 . 创化论（上下册）[M]. 张东荪，译 . 北京：商务印书馆，1919.

　　[188] 鲍姆嘉滕 . 美学 [M]. 简明，王旭晓，译 . 北京：文化艺术出版社，1987.

　　[189] 布罗代尔 . 日常生活的结构：可能与不可能 [M]. 顾良，施康强，译 . 北京：三联书店，1992.

　　[190] 皮柏 . 节庆、休闲与文化 [M]. 黄藿，译 . 北京：三联书店，1991.

　　[191] 马尔库塞 . 现代文明与人的困境：马尔库塞文集 [M]. 李小兵，等，译 . 上海：三联书店，1989.

　　[192] 明恩溥 . 中国乡村生活 [M]. 午晴，唐军，译 . 北京：时事出版社，1998.

　　[193] 芒福德 . 城市发展史：起源、演变与前景 [M]. 宋俊玲，倪文彦，译 . 北京：中国建筑工业出版社，2005.

　　[194] 麦克卢汉 . 理解媒介 [M]. 何道宽，译 . 北京：商务印书馆，2007.

　　[195] 福尔迈 . 进化认识论 [M]. 舒远招，译 . 武汉：武汉大学出版社，1994.

　　[196] 费瑟斯通 . 消解文化：全球化、后现代主义与认同 [M]. 杨渝东，译 . 北京：北京大学出版社，2009.

　　[197] 大英百科全书出版社编辑 . 西方大观念 [M]. 陈嘉映，译 . 北京：华夏出版社，2007.

　　[198] 杜威 . 艺术即经验 [M]. 高建平，译 . 北京：商务印书馆，2005.

　　[199] 大英百科全书出版社编辑 . 西方大观念 [M]. 陈嘉映，译 . 北京：华夏出版社，2007.

　　[200] 尼采 . 悲剧的诞生 [M]. 刘崎，译 . 北京：作家出版社，1986.

　　[201] 诺曼·霍兰 . 文学反应的共性与个性 [J]. 周宪，译 . 文艺理论研究，1987（3）.

　　[202] 刘禾 . 跨语际实践 [M]. 宋伟杰，译 . 北京：三联书店，2002.

[203] 列斐伏尔. 日常生活批判：3卷 [M]. 叶齐茂，倪晓晖，译. 北京：社会科学文献出版社，2018.

[204] 歌德. 歌德谈话录 [M]. 朱光潜，译. 上海：上海译文出版社，1988.

[205] 高利克. 中国现代文学批评发生史 1917—1930[M]. 陈圣生，译. 北京：社会科学文献出版社，2000.

[206] 郭颖颐. 中国现代思想中的唯科学主义 1900—1950[M]. 雷颐，译. 南京：江苏人民出版社，1998.

[207] 凯文·林奇. 城市形态 [M]. 林庆怡，陈朝晖，译. 北京：华夏出版社，2001.

[208] 怀特. 文化的科学 [M]. 沈原，译. 济南：山东人民出版社，1988.

[209] 胡塞尔. 欧洲科学危机和超验现象学 [M]. 张庆熊，译. 上海：上海译文出版社，1988.

[210] 海德格尔. 在通向语言的途中 [M]. 孙周兴，译. 商务印书馆，1997.

[211] 海德格尔. 存在与时间 [M]. 陈嘉映，王庆节，译. 北京：三联书店，2012.

[212] 黑格尔. 美学：第1卷 [M]. 朱光潜，译. 北京：商务印书馆，1996.

[213] 霍华德. 明日的田园城市 [M]. 金经元，译. 北京：商务印书馆，2000.

[214] 海默尔. 日常生活与文化理论导论 [M]. 王志宏，译. 北京：商务印书馆，2008.

[215] 韩森. 传统中国日常生活中的协商 [M]. 鲁西奇，译. 南京：江苏人民出版社，2009.

[216] 赫勒. 日常生活 [M]. 衣俊卿，译. 哈尔滨：黑龙江大学出版社，2010.

[217] 吉登斯. 现代性与自我认同 [M]. 赵如东，方文译，译. 北京：三联书店，1998.

[218] 吉登斯. 社会理论与现代社会学 [M]. 文军，赵勇，译. 北京：社会科学文献出版社，2003.

[219] 吉登斯. 社会学：批判的导论 [M]. 郭忠华，译. 上海：上海译文

出版社，2013．

[220] 吉尔伯特，库恩．美学史 [M].夏乾丰，译.上海：上海译文出版社，1989．

[221] 约翰·凯利．走向自由：休闲社会学新论 [M].赵冉，译.昆明：云南人民出版社，2000．

[222] 琼斯东．工业世界与公民生活 [M].吴鹏飞，译.上海：民智书局，1933．

[223] 许茨．社会实在问题 [M].霍桂桓，索昕，译.北京：华夏出版社，2001．

[224] 席勒．美育书简 [M].徐恒醇，译.北京：中国文联出版公司，1984．

[225] 谢尔斯顿．传记 [M].李永辉，尚伟，译.北京：昆仑出版社，1993．

[226] 神林恒道．"美学"事始：近代日本"美学"的诞生 [M].杨冰，译.武汉：武汉大学出版社，2011．

[227] 日田敏．现代艺术十二讲 [M].丰子恺，译.上海：开明书店，1929．

[228] 卢卡奇．审美特性：第1卷 [M].徐恒醇，译.北京：中国社会科学出版社，1986．

[229] 查尔斯·泰勒．自我的根源：现代认同的形成 [M].韩震，译.上海：译林出版社，2001．

[230] 塞托．日常生活实践1：实践的艺术 [M].方琳琳，黄春柳，译.南京：南京大学出版社，2015．

[231] 伊格尔顿．美学意识形态 [M].王杰，译.南宁：广西师范大学出版社，1997．

[232] 英格利斯．文化与日常生活 [M].武桂杰，译.北京：中央编译出版社，2010．

后 记

　　本课题最初想法来自休闲美学研究，期间不断遭遇"日常生活"一词。在这种"干扰"之下，我有了专门研究的冲动，后来觉得如果专门研究"日常生活"，操作起来难度较大，为了有更大的发挥余地，决定把它与具体情境结合起来。自从新世纪初涉足文艺学以来，我一直对中国现代美学感兴趣，遗憾的是在这方面还没有什么专题成果。于是我把两者结合起来，同时申报了教育部项目并且获得立项。

　　多年来，我的研究与教学基本是围绕汉语美学关键词展开，本研究大体也是如此。在我看来，关键词是一项可以长期从事的工作，且极富挑战性。如何做到以小见大，且有据可依，这并非朝夕可得，需要长期的积累和不断地思考。同样，本书写作面临巨大的困难与艰辛。研究方向决定了我必须要翻阅、参考大量的原始资料。当我面对那些陈旧页面的时候，我感受到了历史的厚重，感觉那些文字都是有生命的，我时时处于与它们交流、对话当中……

　　在研究过程中，我也深深感受到目前中国现代美学研究还有很大的空间。但是有许多现实的情况摆在眼前，之一就是资料问题。自20世纪90年代以来，以王国维等为代表的中国现代经典美学家的"文集"或"全集"先后出版，有的还出了新"全集"。研究这些经典美学家，现有资料是基本能够满足研究之需的。但是不得不说，有的"全集"并不"全"，有的美学家并未引起足够重视。如吕澂这样的美学大家，研究成果倒有许多，但至目前他的美学论著尚未得到全面整理及出版。再如余箴（樊炳清）、杜亚泉、华林、俞寄凡等这些学人，都具有丰富的美学思想，可惜研究成果又甚寥寥。还有就是期刊报纸方面，由于年代久远，查询起来比较困难，很是费一番劳苦。因此，深入中国现代美学研究，资料整理仍是十分迫切的工作。在研究中，仅仅关注几位经典美学家是远远不够的，还需要把更多的学人纳入进来。当然，最重要的是我们在新时代语境下重新审视中国现代美学，找到一个合适的视角并立图有所创见。

本书的框架仍保持原先设计。在实际写作过程中，有些部分大大超出预先的范围、容量。我不敢贸然增加，索性抽出，为以后研究做准备。第三章本来计划有关于丰子恺的一节，但由于各种原因，只能搁置，好在无损现在的布局谋篇。总之，我是在努力调查、阅读、归纳、整合的过程中完成研究的（尤其体现在第一章）。2018年11月课题顺利结项之后，我把书稿再度认真修改，精心打磨，以便正式出版。特别是对所引文献，进行了仔细核校。由于调查所得和论证所引资料较多，我已尽可能注出，若有疏漏，敬请谅解。另外，第一章第一节、第二章第二节第三部分、第三章第一、三节，已经以论文形式公开发表。这些都是需要在这里交代的。

本书的完成，前前后后累计4年之久。我感觉几乎是在"严肃休闲"中度过的，写作与休闲一并成了我的日常生活，但愿诗意不失、生活美好。感谢教育部人文社科规划办将此项课题立项，感谢有浙江师范大学人文学院和文艺学学科这个温馨的集体，感谢陈碧、边利丰、黄世权、张法、刘彦顺、吴海庆诸位教授提供各种帮助。殷切期盼读者批评指正。

2019年1月